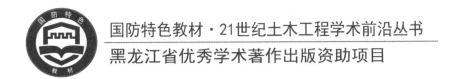

国防特色教材·21世纪土木工程学术前沿丛书

黑龙江省优秀学术著作出版资助项目

地下空间规划与建筑设计

耿永常　编著

哈尔滨工程大学出版社
Harbin Engineering University Press

内 容 简 介

本书较全面地论述了城市地下空间建筑设计理论、方法与应用,全书共分9章,主要内容包括:绪论、城市地下空间规划、地下商业街设计、地下停车库设计、城市地铁设计、地下综合体设计、地下人民防空建筑设计、其他地下空间建筑以及地下建筑实例。本书涉及内容宽泛,具有较强的系统性与应用性,书中结合大量国内外实例,收录了近年最新的设计与研究成果,便于教学使用以及读者自学。

本书可供高等院校土木工程、建筑学、城市地下空间工程、隧道与地下工程、岩土工程、轨道交通工程、市政建设工程等相关专业的本科生及研究生参考和学习使用,也可供城市规划、土木工程、设计施工及管理等相关技术人员学习和参考。

图书在版编目(CIP)数据

地下空间规划与建筑设计 / 耿永常编著. — 哈尔滨:
哈尔滨工程大学出版社, 2019.12
ISBN 978 – 7 – 5661 – 2394 – 7

Ⅰ. ①地… Ⅱ. ①耿… Ⅲ. ①地下建筑物 – 城市规划 –
建筑设计 Ⅳ. ①TU984.11

中国版本图书馆 CIP 数据核字(2019)第 161221 号

选题策划　石　岭
责任编辑　卢尚坤　李　想
封面设计　李海波

出版发行　哈尔滨工程大学出版社
社　　址　哈尔滨市南岗区南通大街 145 号
邮政编码　150001
发行电话　0451 – 82519328
传　　真　0451 – 82519699
经　　销　新华书店
印　　刷　哈尔滨市石桥印刷有限公司
开　　本　787 mm × 1 092 mm　1/16
印　　张　21.75
字　　数　555 千字
版　　次　2019 年 12 月第 1 版
印　　次　2019 年 12 月第 1 次印刷
定　　价　59.80 元
http://www.hrbeupress.com
E-mail:heupress@ hrbeu.edu.cn

前　言

21世纪是我国城市地下空间蓬勃发展的世纪。回顾我国地下空间近半个世纪的发展过程,城市地下空间的利用伴随着国民经济的不断发展和城市建设规模与水平的不断提高。在我国历史上曾经出现过两次地下空间开发的热潮,第一次是20世纪60～70年代,我国曾在"战备"的方针指导下,开展了大规模的以"人防工程"为主线的建设,并取得了十分突出的成就。如1965年北京建设的地铁成为我国城市轨道交通建设的起点,1970年天津建设的地铁,1973年哈尔滨开始建设的地铁及80年代全国第一个地下商业街等,全国各地先后建设了大量各种类型的地下人民防空工程。第二次是21世纪之后随着我国城市化进程的加快及人口的急剧增长,城市出现了土地资源紧张,环境、交通压力增大等方面问题,突出了地下空间开发利用的重要性。在此背景下地下商业街、地铁、地下综合体、地下综合管廊等的建设遍布全国,更大规模的地下空间建设浪潮已然来了。如已投资运营的珠港澳大桥海底隧道(6.7 km),正在规划中的世界最长的渤海跨海隧道(123 km),我国建设的世界最深的地下工程(最深处达2 400 m)——用来探测宇宙暗物质的"中国锦屏地下实验室"等,这些都说明了我国地下空间开发的技术水平及规模已经迈入世界前列。

地下空间开发的意义在于使城市空间扩容、缓解交通拥堵、保护环境及防灾、减灾等,还具有跨江越海、军事掩蔽及打击、能源储藏、特种试验等广泛而特殊的用途。这些足以说明地下空间已成为重要的新型国土资源,并具有十分突出的社会、环境、经济及战备等综合效益。

我国地下空间的发展需要大量的地下工程领域的专业技术人才,同时特别需要地下空间规划与建筑设计方面的图书或教材。编者在几十年的教学科研与工程实践中编著出版了《地下空间建筑与防护结构》《城市地下空间建筑》《城市地下空间结构》《建筑设计资料集》(第8分册地下建筑篇)等教材与专著,本书在原来教材的基础上,通过不断总结经验,收录近年来作者及同行专家的最新研究成果与设计实践,结合最新的相关规范编写了本书。本书共分9章,各个章节按地下空间建筑类型进行划分,主要有地下空间规划、地下商业街、地下停车库、地铁、地下综合体、地下人防工程及其他类型的地下空间建筑等内容,并有国内外设计实例以供参考。本书可作为高等院校土木工程、城市地下空间工程、隧道与地下工程、岩土工程等专业的本科生及研究生的教材,也可作为地下工程、人防工程、土木工程及建筑学领域的设计、施工、监理和管理人员的培训教材,对从事该领域的教学和科研人员也具有一定的参考价值。

在本书的编写过程中,哈尔滨工业大学耿永常教授带领的地下空间科研团队参与了本书的部分编写工作,高艳群、贺瑞峰、黄海燕提供了本团队的设计作品实例,负责资料收集与更新、文稿整理及编写等工作,本书第 1 章及第 9 章中部分实例由 Camélia Mina Geng 编写及提供,在此均表示衷心的感谢。

由于编写人员的时间及水平有限,难免有欠妥之处,恳请广大读者批评指正,不胜感激。

编著者　耿永常
于哈尔滨工业大学
2019 年 11 月 7 日

目 录

第1章 绪 论

1.1 地下空间的含义与特性

从历史上看,建筑物伴随着人类的起源而出现。在原始社会,建筑物是人类为了躲避风雨和防御野兽侵袭而产生的。在漫长的社会发展与进步过程中,从最早的地下穴居到后期的地面建筑,特别是 19 世纪开始的钢筋混凝土、玻璃等应用将建筑技术推向了一个崭新的阶段,并推动了高层建筑与地下建筑的快速发展。19 世纪中叶发达国家开始了地下空间的现代化开发和利用。自 20 世纪 60 年代开始,我国进行了大规模的人民防空工程(人防工程)建设,到 21 世纪初我国的地下建筑及高层建筑水平均已跻身世界先进行列。目前对地下空间进行有序、合理、经济、高效的开发与利用已经成为 21 世纪城市建设的主题。地下空间广泛应用于城市交通、商业、文化、娱乐、体育、市政、仓储、物流、防空、防灾、环保、能源等领域,并取得了令世人瞩目的丰硕成果。截至 2018 年底,我国进行了大规模的轨道交通建设,投入运营的轨道交通已达 5 761.4 km,其中地铁长达 4 354.3 km;在各大中城市建设了规模庞大的地下综合体;开发建设了连接深圳和中山的"深中通道"跨海桥隧工程,其中包括长约 7 km 的海底隧道;建设了港珠澳跨海大桥的海底隧道,长约 6.7 km,是当今世界上埋深最大、综合技术难度最高的沉管隧道。这些世界一流的超级工程展示了我国在跨海桥梁与穿海隧道领域的世界顶级水平。

地下空间资源的开发与利用已证明其可有效解决城市中用地空间饱和、交通拥挤、环境污染、防灾抗毁和解决地面无法解决的城市中多种矛盾问题,作为城市的新型国土资源,地下空间将是给城市带来可持续发展的重要途径。

1.1.1 地下空间的含义

地下空间是相对地上空间而言的,指地表以下,自然形成或人工开发的空间。地下空间资源是已有的和潜在的可利用地下空间的总称。城市地下空间是指城市规划区内的地下空间。地下建筑是指在地表以下修建的建筑物和构筑物,泛指用于各类生活、生产、防护的地下建筑物及构筑物。地下构筑物一般指人员不直接在内进行生活、活动的地下场所,如矿井、巷道、各类管廊、隧道及野战工事等。

1.1.2 地下空间资源属性

联合国自然资源委员会于 1981 年把地下空间确定为重要的自然资源,1991 年《东京宣言》也把其作为城市建设的新型国土资源。对资源采取的策略应该是保护与合理利用,根据社会条件因地制宜地进行开发利用。

地下空间作为资源说明它一旦被开发就很难再生,不仅不易消除而且会对未来造成长久的影响,这也是它的稀缺性。地下空间还受到地面环境的影响,如城市中建筑、道路等设施以及地下土层环境,说明它必须满足社会发展需要并经过审慎规划才能进行有序开发建设,这是它的局限性。地下空间还具有其他特性,如优越的掩蔽防护及抗震性能,优越的恒温及环保性能等。

1.1.3 地下空间的特点

现代社会开发利用地下空间资源具有下述几个特点:

(1)城市地下空间可以吸收和容纳众多的城市功能及城市活动,为城市规模化扩展提供了十分丰富的空间资源,是城市可持续发展的必由之路。

(2)开发地下空间有利于节约城市用地、保护环境、节约资源、改善交通、减轻污染等,在经济、社会、环境、防灾等多方面具有综合效益。

(3)地下空间建筑处在一定厚度的岩层或土层覆盖下,具有良好的防护性能,可有效地防御包括核武器在内的各种武器的杀伤性破坏。

(4)地下空间建筑有较强的防灾、减灾优越性,能较有效地抵御地震(图1.1)、飓风、暴雪等自然灾害,以及爆炸、火灾等人为灾害。

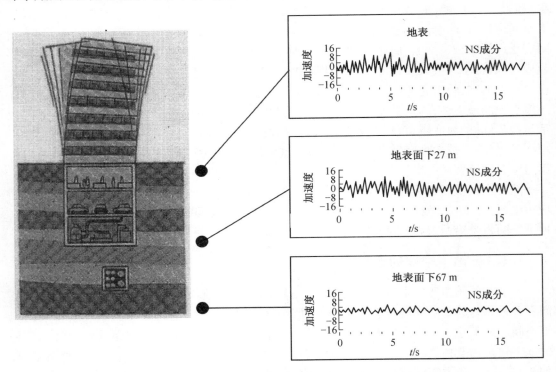

图 1.1　地下建筑的抗震性能

(5)地下空间的密闭环境和比较稳定的温度场可形成良好的密闭性与热稳定性,适宜修建对掩蔽及内部环境有较高要求的工程,如人防指挥中心、地下储库、精密仪器生产用房及科研实验建筑等。

(6)地下空间的开发利用具有很大的局限性及不可逆性,应进行长期分析预测及审慎规划,进行分阶段、分地区、分层次、高效益的开发利用。

(7)地下空间建设投资很高,建设周期和平均使用寿命较长,对社会和城市贡献大。

（8）地下空间建筑施工难度大且复杂，其封闭的特性对设备要求较高。

（9）地下空间建筑的缺点是自然光线不足，与室外环境隔绝，应采用通风空调系统及阳光引入技术等，以达到人类生活使用的环境标准。

1.2 地下空间的发展历史与背景

1.2.1 地下空间发展历史

人类对地下空间的利用经过了漫长的历史时期，回顾地下空间利用的产生及发展的历史，可以使我们了解地下空间的过去、现在及未来。地下空间在建筑学上有其特有的演变规律，它伴随着人类社会的发展而演变，与人类社会的进步与发展、政治与经济、宗教与战争、城市发展过程、自然灾害以及科学探索等因素有关。

1. 原始社会的地下空间建筑

根据考古发现和史籍记载，在远古时期人类就开始利用天然洞穴居住、躲避风雨、抵御野兽。在北京西南郊周口店村龙骨山发现的北京猿人所居住的天然山洞，距今约60万年。在周口店龙骨山上，还发现被称为"新洞人"和"山顶洞人"两种古人类在天然洞穴中的生活遗址，距今约一万年（图1.2）。

(a)　　　　　　　　　　　　(b)

图1.2 周口店山顶洞人

在山西垣曲、广东韶关和湖北长阳也曾经发现旧石器时代中期"古人"居住的山洞。这种洞穴的利用是原始人类在生产力水平较低的情况下所采用的生存方式。在法国阿尔萨斯及英国苏格兰等地也发现了原始人类的栖居洞穴（图1.3）。

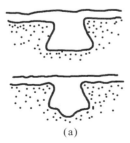
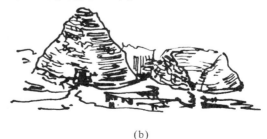

(a)　　　　　　　　　　　　　　　　　(b)

图1.3 原始人类栖居场所

(a)法国阿尔萨斯竖穴（新石器时代遗迹的两种剖面，上小下大，其平面略呈圆形，故又称袋穴）；

(b)英国苏格兰新石器时代的蜂巢屋

在公元前8000～公元前3000年的新石器时代,出现了大量掘土穴居,从简单的袋形竖穴到圆形或方形的半地穴,上面用树枝等支盖起伞状的屋顶(图1.4)。我国发现新石器时代遗址7 000余处,古代文献也有记载,如《易·系辞》谓"上古穴居而野处";《礼记·礼运》谓"昔者先王未有宫室,冬则居营窟,夏则居橧巢"。

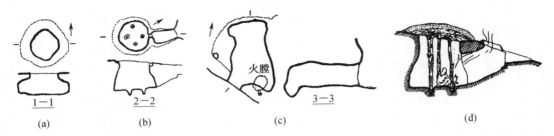

图1.4 新石器时代的竖穴和横穴

(a)竖穴;(b)袋形穴;(c)横穴;(d)袋形穴复原图

我国黄河流域典型的村落遗址有西安半坡村、临潼姜寨、郑州大河村等,住房多为浅穴,房中央有火塘。在西安半坡村发掘的新石器时代仰韶文化(距今5 600～6 700年)的一处氏族部落遗址,是黄河流域规模最大、保存最完整的母系氏族公社村落遗址,遗址面积约为50 000 m²,距今有6 000多年的历史。遗址分为居住、制陶、墓葬3个区,居住区是村落的主体。住房有两种形式,一种是方形,一种是圆形。方形多为残穴,面积约20 m²,最大可达40 m²,浅穴深度50～80 cm,入口有坡形道,坡向室内,内承重采用3～4根木柱,内墙壁为木柱斜撑,屋顶为双坡顶以挡风雨,屋顶或壁体铺草或草泥,室内地面用草、泥土铺平压实(图1.5)。此时的建筑已经利用了地形和材料的特点,并不断改进技术。

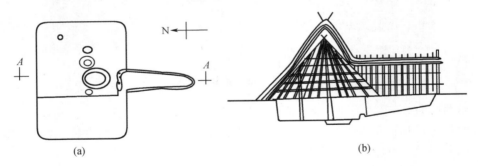

图1.5 陕西西安半坡村原始半地下穴居

(a)平面图;(b)A—A剖面图

黄河中下游地区的龙山文化(距今3 000～4 000年)父系氏族公社时期的氏族分布更广泛、更密集,出现了套间房址。如陕西省西安市长安区客省庄的半地下穴式住宅(图1.6),有前后两间不同的卧室,平面呈吕字形,中间有门道,外室墙中挖一个小龛作灶,建筑功能上具有分区作用。河北省邯郸市磁县的商代早期遗址中发现了迄今为止最早的横穴,山西省运城市夏县的龙山文化遗址中也有十多处横穴。到龙山文化后期,地穴越来越浅,地面建筑逐渐增多,洞穴转为存放物品之用。

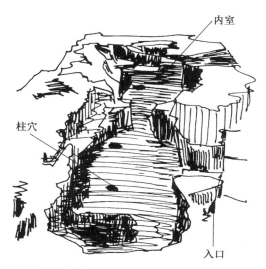

图 1.6 陕西省西安市长安区客省庄原始社会半地下穴式住宅遗址

2. 奴隶社会的地下空间建筑

公元前 4000 年以后,在美索不达米亚的两河流域、南亚、东亚、爱琴海沿岸和美洲的中部出现了世界上最早的奴隶制国家。这时地下空间的利用已不仅仅满足于单纯的居住要求,而是进入了更广泛的功能领域。如古埃及金字塔是用巨大石块堆积成的墓葬,金字塔内部空间与地下空间通过甬道连接,在西面与南面还有"玛斯塔巴"群,为早期帝王陵(图 1.7)。

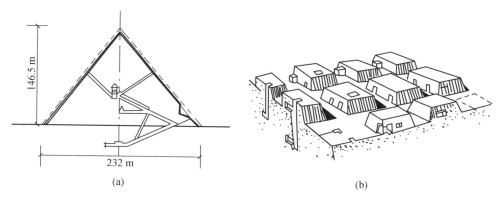

图 1.7 古埃及的地下空间利用

(a)胡夫金字塔剖面图;(b)"玛斯塔巴"群

公元前 1250 年,新王朝时期修建的阿布辛贝勒·阿蒙神大石窟庙为古埃及石窟建筑中的杰出代表(图 1.8),其内部空间全部凿岩而成。石窟正面把悬崖凿成像牌楼门的样子,宽40 m,高 30 m。门前有 4 尊国王拉美西斯二世的巨大雕像,像高 20 m,内部有前后两个柱厅,末端是神堂,前柱厅的 8 根柱子是神像柱,周围墙上布满壁画。

公元前 2200 年巴比伦地区的幼发拉底河底隧道、公元前 1800 ~ 公元前 1200 年中国殷代的墓葬群、公元前 500 年波斯的地下水路、公元前 312 ~ 公元前 226 年期间修建的罗马地下输水道、公元前 37 年左右东罗马帝国的地下蓄水池等,都是当时地下空间工程的杰出代表。

| (a) | (b) | (c) |

图 1.8　阿布辛贝勒·阿蒙神大石窟庙

(a)平面图;(b)入口立面;(c)实景图

3. 封建社会的地下空间建筑

春秋时代末期,中国奴隶社会开始向封建社会转变,到公元前 475 年进入战国时代,中国的封建制度逐步确立。这一时期在地下空间应用方面主要有陵墓、粮仓、军用设施及宗教石窟等。陕西省西安市临潼区骊山的秦始皇陵于公元前 206 年建成,至今虽未大规模发掘,但据《水经注》记载,该陵"斩山凿石,旁行周回,三十余里"。结合已发掘的兵马俑坑群可以推断,此陵可能是中国历史上最大的地下陵墓。

我国隋朝(公元 7 世纪)在洛阳东北建造了近 200 个规模达 600 m×700 m 的地下粮仓,其中第 160 号粮仓直径 11 m,深 7 m,容积达 446 m^3,可存粮 2 500~3 000 t,发掘时仓内还保存原来储存的谷物。宋朝在河北峰峰(今邯郸市峰峰矿区)建造的军用地道,长约 40 km。这些民用及军用地下空间的利用,已经达到了较高的水平。

自公元 4 世纪中叶佛教传入我国后,著名的云冈石窟、莫高窟等相继建成,它们是在山崖峭壁上开凿的洞窟形佛寺建筑。南北朝时期最重要的石窟有山西大同市的云冈石窟、甘肃敦煌市的莫高窟、甘肃天水市的麦积山石窟、河南洛阳市的龙门石窟、山西太原市的天龙山石窟、河北峰峰矿区的南北响堂山石窟等。除了敦煌莫高窟和洛阳龙门石窟在隋唐以后相继大量开凿外,其余各处的主要石窟多是在公元 5 世纪中叶至 6 世纪后半期约 120 年间开凿的(图 1.9)。

在我国河南、山西、陕西、甘肃等省的黄土地区,人们为了适应地质、地形、气候和经济条件,建造了各种窑洞式住宅与拱券住宅。窑洞一种为靠崖窑(图 1.10),常常数洞相连或上下分层;另一种为平坦地面上开挖下沉式天井,然后在下沉土壁上开出窑洞空间,这种窑洞称为地坑窑或天井窑。目前仍有约 3 500 万~4 000 万人居住在窑洞中。迄今为止发现的最古老的黄土窑洞遗址为陕西省宝鸡市的金台观,它是一座道教寺庙,由 9 个窑洞组成,为明朝道士张三丰所建(图 1.11)。

4. 资本主义社会及近现代的地下空间建筑

(1)资本主义社会将地下空间作为城市文化的一部分

在资本主义的发展浪潮中,地下空间建筑由封建社会以神庙及陵墓为中心的建筑风格转变为以城市建设为中心的实用类型。例如,1613 年英国建成了世界上第一条地下水道;1859 年伦敦大规模地下排水系统改造工程正式动工,下水道在伦敦地下纵横交错,工程于1865 年完工,全长达 2 000 km;1681 年修建的地中海比斯开湾隧道,全长 170 m;1843 年英国伦敦建成了越河隧道,1863 年又建成世界上第一条城市地下铁道(简称地铁)(图 1.12);1871 年穿越阿尔卑斯山,连接法国和意大利的长 12.8 km 的隧道开通。这些都说明资本主义社会具备了一定的地下空间开发技术。

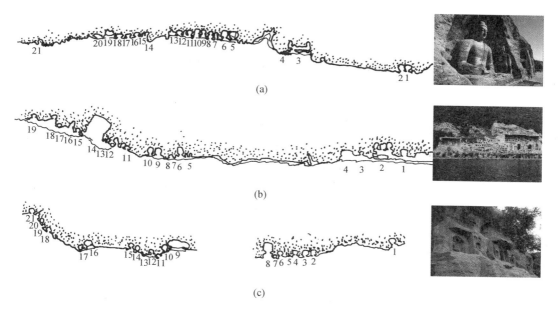

图 1.9　云冈石窟、龙门石窟、天龙山石窟

（a）山西大同市云冈石窟；（b）河南洛阳市龙门石窟西峰；（c）山西太原市天龙山石窟

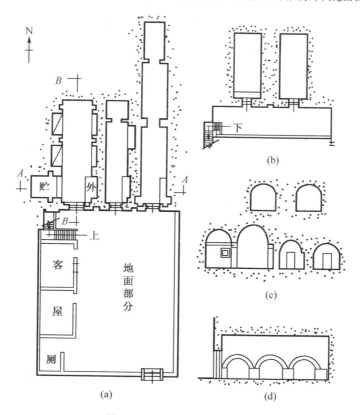

图 1.10　河南巩义市靠崖窑

（a）一层平面图；（b）二层平面图；（c）A—A 剖面图；（d）B—B 剖面图

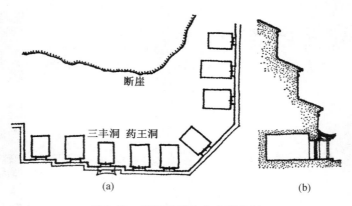

图 1.11　陕西宝鸡市金台观窑洞
（a）元代古窑洞现存平面；（b）断崖剖面

图 1.12　世界第一条地下铁道

（2）两次世界大战推动了地下空间的利用

两次世界大战期间，各国为战争服务的地下空间防护体系及后方生产体系建设量很大，主要有人员掩蔽工程、指挥所、军用工厂、物资库、医院、电站及地下交通网等。

从 1863 年伦敦建成第一条地铁开始到两次世界大战期间，发达国家地铁建设一直没有停止，如纽约、布达佩斯、维也纳、巴黎、柏林、布宜诺斯艾利斯、马德里、雅典、东京、莫斯科等城市都相继开展了地铁建设。

（3）战后将城市地下空间作为资源开发

第二次世界大战结束后的地下空间应用主要有两个方面，首先是因战争的惨痛教训而建设的防护工程系统，如战备物资存储掩蔽及交通系统；其次是有计划地改建现代大都市，开展新城运动，进行区域整治和环境改造，推动了地下空间建筑的开发与利用，如第二次世界大战后的伦敦规划、莫斯科总体规划、新宿规划等。

1981 年美籍华裔建筑师贝聿铭主持设计了法国卢浮宫的翻修和改建，他将扩建部分设置在卢浮宫地下，避开了场地狭窄的困难和新旧建筑之间的冲突，设计了一系列地下空间，包括入口大厅、展廊、剧场、餐厅、商场、文物仓库、修复实验室和地下停车库等，并将各个翼楼连接起来，在新增和重新布置了博物馆的辅助空间后，卢浮宫可以增加馆藏，展出更多的艺术品（图 1.13）。

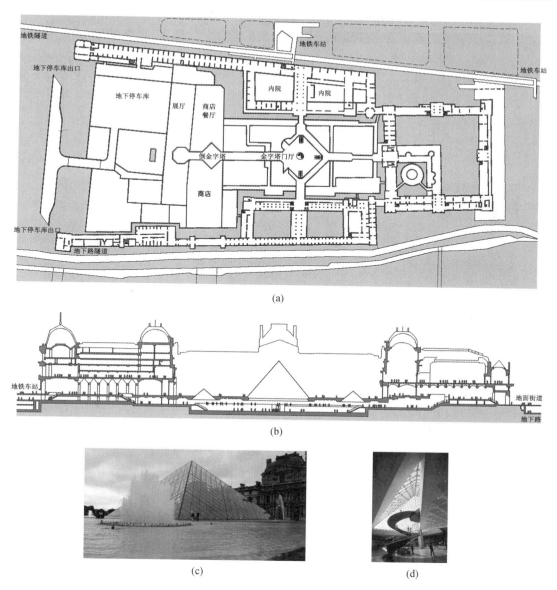

图 1.13 巴黎卢浮宫改扩建工程

（a）地下夹层平面图；（b）广场横向剖面图；（c）广场金字塔景观；（d）地下空间内部环境

　　20 世纪后半叶，由于世界经济快速增长和科学技术的发展，人类社会取得了空前的成就，城市现代化建设和改造有了很大发展。建设城市地下空间成为扩大空间容量、改善生活质量的好方法。我国在这方面起步较晚，城市矛盾在最近几十年才被充分认识到。近 60 年来，我国逐渐开始利用地下空间，并取得了很大成绩。

　　5. 中国人防与地下空间建设

　　20 世纪 60 年代，我国的地下工程建设以人防工程为主体，地下空间利用功能单一，如青岛市四方区的防空洞修建于 20 世纪 60～70 年代，地下人防工程打通了 12 座山，穿过了 3 条河，贯通了市内 5 个区，形成了山上山下、坑道地道基本连通的形态。

哈尔滨是我国北部边防城市,当时的地缘关系决定了其战略地位的重要性。1973 年 8 月 1 日被批准建设的地下隧道按照地下铁道的要求进行设计施工,长度约 9.5 km,沿线修建了 6 个车站。专项工程有指挥所、地下商店、地下粮店、地下车库、通信枢纽及其他配套设施,总面积约为 111 800 m²,是哈尔滨市 20 世纪 70 年代最大的工程项目。该项目已于 2013 年 9 月 26 日实现了地铁 1 号线的通车,一、二期工程全线长度增加到 17.46 km,有 18 座地铁车站。此外著名的哈尔滨果戈里大街(原奋斗路)地下商业街于 1988 年建成开业,分上、下两层,共 13 000 m²,是我国最早的地下商业街,以及我国第一个最大规模采用"逆作法"施工的地下工程。哈尔滨的地下商业街发展迅速,极大地提高了区域的城市环境(图 1.14)。

(a)　　　　　　　　(b)　　　　　　　　(c)

图 1.14　哈尔滨红博中央公园地下商业街
(a)地面环境;(b)中部主通道;(c)尽端溜冰场

20 世纪 80 年代后,我国改革开放的指导方针也影响了地下空间的建设,以前人防建设偏重战备的设计理念转变为"平战结合"的指导思想,开始把可利用的地下人防工程改造成具有与地面环境相协调的活动空间,无论是原有的人防工程还是新建的地下空间都强调"平战结合"的设计理念,特别是要论证其必须具有突出的经济、社会、战备等效益。至此,我国逐步强调地下空间与城市建设的协同关系。20 世纪 90 年代以来,地下空间建设开始进入一个快速增长的时期。

1965 年 7 月 1 日,我国第一条地下铁道——北京地铁一期工程动工兴建,全长 23.6 km,设有 17 座车站和 1 座地面车辆段,于 1969 年 10 月 1 日通车。1979 年香港全长 43.2 km 的地铁开始运营。自 20 世纪 60 年代起,我国上海先后修建了越江、引水、电缆及市政工程等 20 多条地下隧道,总长达 30 km。1995 年上海地铁 1 号线(长 16.1 km)正式开通运营。地铁的快速发展为我国城市地下空间的发展开创了新的局面,现全国众多城市已开展地铁建设,不仅方便了人们的出行、推动了城市建设,而且拉动了地区的经济。以地铁发展为依托,我国城市地下空间呈现加速发展的趋势。

1.2.2　城市发展面临的问题

当今社会各类矛盾日益突出,其中主要矛盾是人口不断增长、土地紧张、自然资源减少、环境污染、交通拥堵及能源危机等,这将严重威胁人类的生存。截至 2015 年年底我国人口城镇化率已超过 56.1%,预计 2020 年我国人口的城镇化率将达到约 60%。城市人口数量的迅速增长使城市中各种矛盾愈加严重,这些矛盾将成为制约城市经济发展和可持续发展的重要因素。

1. 城市人口急剧膨胀

1950 年全球人口不足 25 亿,到了 1987 年全球人口达到 50 亿,是 1950 年的 2 倍,到

2012 年世界人口已达 70 亿,人口以爆炸式的速度增加,人均耕地不断减少。城市人口的增加和城市的扩大是引发各类城市问题的重要原因,所以控制人口膨胀速度,节约有限的耕地是摆在全世界人类面前的重大课题。

2. 城市的发展破坏土地资源

土地是人类生存的母体,自然环境的破坏及土地的减少,对人类来说是可悲的事情,人类要想健康地生存就必须保护自然环境,减少对土地的滥用。

3. 交通的拥堵降低了城市效率

交通拥堵、事故高发、停车难等一系列交通问题是我国现阶段各城市普遍存在的现象。交通拥堵使人们出行效率降低,已成为城市发展中突出、棘手的问题。

4. 环境的污染破坏了生态平衡

环境污染包括大气、水、固体废弃物和噪声等污染。汽车尾气排放、工业排放、水质污染等对空气、土地和水的影响最大,进而损害人体健康。

5. 能源和资源紧缺带来了生存危机

由于城市人口过于密集以及对资源的不合理利用,造成城市能源和资源短缺。人类对自然资源的掠夺使近海、江河、近空、森林、土地都遭受到了难以挽回的影响,直接影响了人们的生产和生活。

1.2.3　地下空间的发展动因

1. 城市人口的密集

我国人口到 2017 年末为 13.9 亿,预计 2030 年前后总人口将达 16 亿。这样的人口形势对生态空间、城市生活空间形成了巨大的压力。地下空间能够为城市带来巨大的发展空间,可有效解决城市中的诸多矛盾,因此具有十分突出的意义。

2. 土地资源的有限

我国人均耕地面积仅为世界平均水平的 1/4,以占世界 7% 的耕地养活世界 19% 的人口,因此不能通过占用耕地来发展城市,这决定了城市空间的拓展应在不增加或少增加土地占用的前提下进行。

3. 高度城市化推进

高速的城市发展形成了立体化的新的城市空间构成。充分利用地下空间,使城市功能设施向地下空间发展,对城市现代化集约发展具有明显的效果。

4. 城市交通的矛盾

城市交通的矛盾主要包括人行、车行以及人车间的相互影响等,利用地下空间能够有效解决现存的交通矛盾,因此地下空间成为城市建设中有效解决交通矛盾的最佳办法。

5. 改善城市生态环境

我国城市的发展不均衡并且城市环境污染严重,利用地下空间可以节约城市用地、增加绿地、减少污染,是改善城市环境的重要方法,有利于实现城市、人与环境和谐发展。

6. 城市综合防灾能力突出

地下空间具有防御多种外部灾害的能力,是地面空间无法替代的,应建立以地下空间为主体的城市综合防灾体系,在城市遭受某种灾害时可以有效保护人民的生命财产安全和物资的安全,即便在地面城市被毁坏的极端情况下也能在一定程度上保存部分城市功能。

1.3 地下空间的分类与研究内容

地下空间工程的研究和建造涉及工程的开发与规划、勘察与设计、施工与维护等多学科的科学和技术。地下空间常见的分类方法包括按使用功能分类、按岩土性质状况分类、按结构形状分类、按施工方法分类等。

1.3.1 按使用功能分类

地下空间是城市功能空间在地下方向的延伸,是城市活动的重要组成部分,也是城市发展的重要方向。

根据地下空间功能的内容与人工环境要求,鼓励发展适宜建设在地下空间的功能设施。在日本的有关文献中,城市地下空间利用的内容按有人和无人进行分类(表 1.1)。

表 1.1 日本地下空间分类

有人空间	无人空间			
	基础设施	生产设施	储存设施	防灾设施
住宅、地下室、学校、医院、商业街、办公室、文化设施、停车库	上下水道、煤气、电力管道、交通设施	发电工厂、生产工厂	能源库、粮库、水库、废物库	避难设施、防洪设施、储备设施

1.地下居住建筑

地下居住建筑主要包括地下生土建筑、覆土建筑及住宅附建式地下室等。地下居住建筑可利用平地或坡地建造,具有节能、节地、冬暖夏凉、保护地面环境等优点,但有湿度、通风和日照条件不足等问题,因此建筑技术在地下建筑空间环境上的应用十分重要。

(1)地下生土居住建筑,包括中国黄土高原的窑洞建筑(图 1.15),北非、西亚和中东等地区的生土建筑。该建筑需要干旱少雨的气候特征以及较好的岩土稳定性和强度,一般位于经济和技术受限制或落后的地区。

(2)半地下覆土建筑,主要分布在美国和欧洲等发达国家与地区,有利于节能、节地、保护地面景观环境(图 1.16)。

(3)住宅附建式地下室附建于地面居住建筑,是现代城市居住建筑或别墅建筑的地下空间利用,一般用作居住功能的辅助,如活动空间、停车、仓储、防灾空间以及设备机房等。

2.地下交通建筑

城市地面交通拥挤及人车混杂是现代都市最突出的矛盾之一。地下交通功能的开发已经成为现代大都市发展的必然趋势,主要包括地铁、地下道路、地下人行通道、地下停车库、地下交通场站及地下综合交通枢纽等。近几十年来地下交通功能得到大力开发,尤其国外许多大城市,已经形成了完善的地下交通系统,在城市交通中发挥着重要的作用。

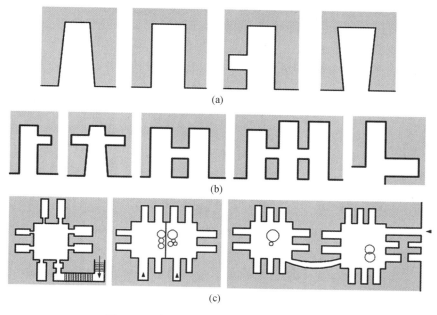

图 1.15 中国黄土高原的窑洞建筑平面图
（a）单孔靠山式窑洞平面形式；（b）多孔靠山式窑洞平面形式；（c）下沉式窑洞平面形式

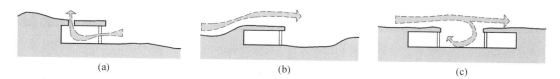

图 1.16 半地下覆土住宅的主要建筑形式
（a）地面覆土式；（b）靠山覆土式；（c）下沉覆土式

　　城市交通地下化发展具有众多优点：避开地形地貌及地面上各类交通的干扰，分流地面交通流量，降低交通事故；不受城市街道布局的影响，提高运输效率；基本上消除空气污染和噪声污染；节省城市交通用地，节约土地费用；便于与其他地下空间设施组织在一起，从而提高城市地下空间综合利用的程度。

　　（1）地铁是城市公共交通体系中以快速、大运量、用电力牵引为主要特点的轨道交通设施。我国的地铁建设速度已居世界首位，截至 2018 年末，我国大陆地区开通运营的城市轨道交通线路达 5 761.4 km。地铁作为城市主要发展的公共交通设施，在缓解城市交通矛盾中起到了重要的作用。

　　（2）地下道路是地表以下供机动车、非机动车、行人等通行的城市道路。地下车行道路在缓解城市中心区交通拥堵、疏导中心区交通压力等方面作用尤为突出。

　　（3）地下人行通道是解决地面人车混行的好方法，不仅可以过街、连通其他地下空间设施，还可在一定范围内（多为城市中心区）形成地下公共人行系统，多与地下商业街、地铁车站等结合设计。

　　（4）地下停车库是设于地表以下，用于停放机动车或非机动车的地下建筑。其主要特点是容量大,基本上不占用城市土地,位置选择灵活,可利用道路、广场、绿地、建筑物地下室及山体岩洞等进行建设,也可利用车行联系通道,将多个地下停车库相互连通,共用汽车出入口,从而形成地下停车系统,可以较好地解决中心区停车难的问题。

(5)地下综合交通枢纽是将城市轨道交通、民航、铁路、公共汽车等多种交通方式汇集,并利用地下空间进行相互换乘,形成大型车站集合体(图1.17)。多种交通方式汇合,多条线路立体交叉,可以大大降低对地面环境的影响。

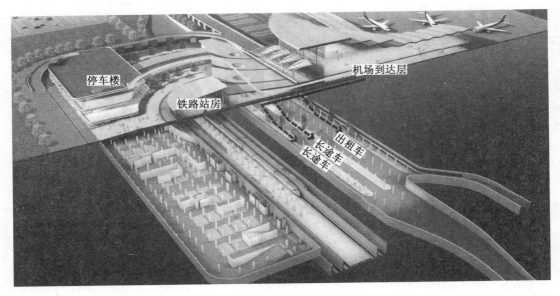

图 1.17 某地下综合交通枢纽

3. 地下市政公用建筑

城市市政公用设施是城市基础设施的重要组成部分,是维持城市正常生活和城市发展的必要条件。地下市政公用设施包括地下市政管线、地下综合管廊及地下市政场站。随着城市的快速发展,市政公用设施的地下化、综合化、系统化将是主要的发展趋势和方向。

(1)地下市政管线是地下给水、排水、燃气、热力、电力、信息与通信、工业等管道线路及附属设施的统称,一般直埋于地表以下或收纳于综合管廊。

(2)综合管廊是建于地下用于容纳两种及以上市政管线的专用隧道及附属设施,便于维修与更换,可延长市政管线的使用寿命,有效保障生命线系统的稳定、安全。

(3)地下市政场站包括给水处理厂、污水处理厂、再生水处理厂、泵站、变电站(图1.18)、通信机房、燃气调压站、垃圾转运站和雨水调蓄池等,可节约土地资源,安全性高,具有显著的综合效益。

4. 地下公共服务建筑

地下公共服务建筑主要包括文化、商业、娱乐、教育(图1.19)、体育、医疗卫生等功能类型。地下公共建筑在功能、空间、环境、结构及设备等方面与地面上的同类型建筑并无原则上的区别,但由于人流密集,对防火疏散及出入口设置有更高的要求。

单一功能的地下公共建筑可单独建设,也可附建于地面上的公共建筑。多种功能组织在一起时,形成地下综合体,是城市地下空间资源集约化利用的体现。

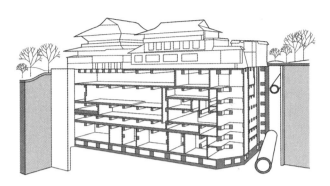

图1.18 东京电力公司地下变电站示意图

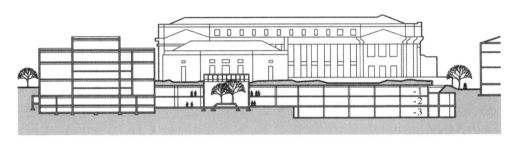

图1.19 哈佛大学地下图书馆剖面图

5. 地下防灾减灾建筑

城市综合防灾是地上、地下有机联系的整体,地下空间建筑对于多种自然灾害、战争灾害及人为灾害具有很强的综合防护能力,是城市综合防灾的一个重要组成部分。地下防灾减灾建筑主要包括人民防空工程及防灾减灾安全设施。我国长期发展人民防空工程,近年来对平时灾害的防御逐渐加强,做到防空、防灾一体化发展,全面提高城市的防灾、抗毁能力。

(1)人民防空工程包括指挥通信工程、医疗救护工程、防空专业队工程、人员掩蔽工程及配套工程等,是以战争灾害为防护对象的防护工程,能有效保护人民生命和财产安全。

(2)防灾减灾安全设施包括地下消防、防洪、抗震、应急避险等设施,可以提高城市抗灾能力,尽量减轻灾害造成的损失和破坏。

6. 地下仓储物流建筑

(1)地下仓储不占地面用地,利用岩石和土层地下空间的热稳定性、密闭性、容量大等特点,存储各类物资和能源。地下储库包括水库、食物库、能源库、物资库及废物库等。地下储库的库存损失小于地面库,安全性高于地面库。

(2)地下物流系统是采用现代运载工具和信息技术实现货物在地表下运输的物流系统,目前有两种主流形式,即管道式地下物流系统和隧道式地下物流系统。地下物流系统具有缓解交通压力、提高货物运输效率、改善城市生态环境等优点。

7. 地下工业建筑

地下工业建筑通常是指人们从事生产、制造产品等所需要的地下空间,可用于多种工业生产类型,如轻工业、手工业、水利电力、精密仪器、军事及航空航天工业等。地下空间具有良好的防护性能,能为精密生产和科学试验提供恒温、恒湿、防尘或防振等特殊的生产环境(图1.20)。

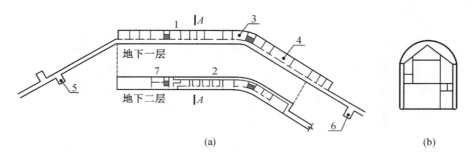

1——一般精密机加工;2——高精密机加工;3——热处理;4——表面处理;
5——空调机房;6——风机房;7——专用卫生间

图1.20 某地下工厂布置方案

(a)平面图;(b)A—A剖面图

8.地下军事建筑

地下军事建筑主要是指军事用途的地下建筑,如武器弹药库、战斗机库、军事基地、战斗工事、导弹发射井等(图1.21)。

图1.21 地下军事建筑

(a)战斗机库剖面示意图;(b)某地下海军基地

9.其他特殊地下建筑

地下空间除上述功能以外,还包括文物、古迹、矿藏、墓葬及溶洞等功能类型的地下建筑。

1.3.2 按岩土性质分类

地下空间位于地面以下,受岩土介质影响较大,岩土性质影响地下建筑的规划、设计及施工,因此地下建筑按岩土性质可以分为两大类。

1.岩石地下建筑

岩石地下建筑是指在岩石层中挖掘的洞室,包括利用和改造的天然溶洞或废旧矿坑等,又称硬土建筑。其又划分为贴壁式建筑和离壁式建筑,包括各类民用及军事工程等。

新建的岩石地下建筑应根据使用要求、地形、地质条件等进行规划设计。天然溶洞如果地质条件较好,其形状和空间又较适合于某种地下空间功能,就可以进行适当加固和改建,这样可节省大量开挖岩石的费用和时间。

2. 软土中地下建筑

软土中地下建筑是指在土层中挖掘的地下建筑,外环境介质为土壤,包括各类民用及军事工程等。根据建造方式又可分为单建式和附建式两种,单建式是指独立在土中建设的地下建筑;附建式是附属于上部建筑物的地下室,或与上部地面建筑同时设计、施工的地下建筑结构的总称(图1.22)。

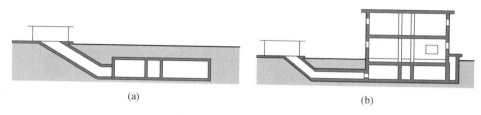

图1.22　软土中地下建筑
(a)单建式;(b)附建式

1.3.3　其他分类方法

1. 按结构形状分类

常见的地下结构形式包括矩形框架结构、圆形结构、拱与直墙拱结构、薄壳结构、开敞式结构、落地拱与短直墙拱顶结构等。

2. 按施工方法分类

地下工程施工方法有明挖法、盖挖法、逆作法、盾构法、暗挖法、地下连续墙法、沉井法、沉箱法、顶管法、围堰法、矿山法、掘进机法、新奥法等。

3. 按人防工程构筑方式分类

我国按人防工程构筑方式把地下建筑分为坑道式、地道式、单建式和附建式四种类型。

1.3.4　城市地下空间的研究内容

地下建筑已成为社会发展条件下的一门新学科,它含义宽、内容广泛、专业性强,是一门涉及范围十分广阔的综合性学科。由于地下空间的外部环境以岩土为介质,因此工程地质、水文地质、岩土力学等是十分重要的专业基础,与原有土建类学科结构工程、建筑学等都有相当密切的联系,可以说城市地下空间是土木工程领域的一个分支。

城市地下空间及地下空间建筑所研究的内容主要有以下几个方面。

1. 地下空间建筑和地下空间利用的发展历史与方向

主要通过对地下空间发展的研究,为地下空间的开发提供理论基础与依据。

2. 地下空间资源的调查与评估

对城市地下空间资源进行科学的调查与评估,是地下空间合理、有序开发的保障,对于地下空间资源利用的区域控制与开发强度非常重要。

3. 城市地下空间开发利用的综合规划

包括地下空间总体规划、地下空间详细规划,以及各地下空间功能设施系统规划等。

4.各类地下空间的建筑设计

地下建筑具有比地面建筑更宽泛的使用功能,如在瑞士及法国边境地区建设的大型电子对撞机实验室,它在地下深达100 m,长26.659 km的环形隧道内进行重建宇宙"大爆炸"发生后宇宙初级形态的试验,试验要求对撞机内质子束以接近光速的速度在隧道内狂飙11 245圈,显然这在地面很难完成。某些地下建筑功能的综合化是地下空间的发展方向。地下综合体复杂的功能组合是建筑设计必须研究和总结的内容,它涉及的学科和专业面广且复杂,空间上的优化组合是设计的重要目标。

5.城市地下空间工程技术

城市地下空间工程技术包括地下空间建筑、结构、设备、防护、市政管线、交通隧道等各个专业理论与技术,及地下空间工程的施工方式等。

6.地下空间环境

地下空间环境主要研究与地下空间环境有关的问题,如环境(空气、声光热等)、防灾、防水排水、环境与生理和心理上的相互作用等。

7.城市地下空间的建设管理

城市地下空间的建筑管理主要包括地下空间开发利用的评估、审批、投资融资模式、运营管理、产权制度、法规制度、效益评价等,是从宏观到微观对地下空间开发建设进行管理的过程与方法。

8.其他地下空间技术的研究

伴随着城市地下空间的发展,一些新的开发类型将不断出现,其研究的内容也十分广泛,包括资源和能源的开发、储备及利用,废旧矿井、天然溶洞的开发和利用,地下大型快速交通(飞行廊道或高速列车)及微型隧道技术的利用等。大量地下空间开发的应用实践将充实和提高理论研究的水平,并反过来进一步指导实践,弥补实践中的不足。

1.4 地下空间发展的趋势与意义

1.4.1 地下空间发展的趋势

随着社会的发展,地下空间在功能上从单一到综合,在研究上从定性到定量,通过统筹发展、上下协调,充分结合市场经济背景,地下空间开发更具前瞻性与实用性。未来地下空间的发展趋势可以概括为以下几个方面。

1.地下空间是城市可持续发展的空间资源

对旧城的改造和新城的建设,可以通过开发地下空间满足扩大城市空间容量的需求。地下空间的开发能够解决城市发展中的诸多问题,是促进城市生态文明建设、城市化与现代化、城市可持续发展的必由之路。地下空间未来更趋向网络化、系统化、深层化发展。

2.大型地下综合体是城市密集区发展的趋势

地下综合体是将交通、商业及其他公共服务设施等多种功能组合在一起的地下建筑,体现地下空间利用的集约化与高效化(图1.23)。通过地铁、地下道路等地下公共交通设施把多个大型地下综合体在水平及纵向上连接起来形成地下城,是未来大中城市地下空间发展的方向。

3.发展多功能的地下高速交通网是地下空间利用的重点

地下交通网主要包括地下道路交通网、铁路交通网,以及海底隧道、越江隧道等,对缓解城市的交通拥堵和城市污染起着十分重要的作用。在发达国家多以地铁为骨干,连接郊区铁路、高速公路、高架电车等,形成一个地上与地下、市区与郊区互相连通转换的高速交通网。如法国制定的发展巴黎地下交通网的规划分为上下两个部分,深层为 100 ~ 300 m 深的四条辐射状干线,与市郊和省外 10 条高速线路相连;次深层为棋盘网状,上下连通,且布置大面积的停车库,每小时可有 10 万辆汽车在地面与次深层之间出入。日本修建的东京都中央环状新宿线是一条埋深 40 m、双向 4 车道、长 11 km 的地下高速公路,经过多个重要的商业中心,有效地缓解了地面的交通压力。

图 1.23 地下综合体示意图

4. 发展加强防灾功能的地下空间

地下空间对战争灾害、自然灾害、人为灾害具有良好的防御性能,各国都利用地下空间进行防灾方面的建设。如瑞士建造的掩蔽所能够保证 90% 的总人口在危急情况下得到掩蔽。美国科罗拉多州某军事基地位于 400 ~ 500 m 深的花岗岩下方,能抗击核武器直接命中,核战争环境中能保障 6 000 人生存数月,号称"世界上最坚固的军事堡垒"。日本东京紧临东京湾,有利根川、荒川等几条大河经过,随时面临洪水内涝的危险,因而东京投资 2 400亿日元(约合人民币 200 亿元),耗时 14 年(1992—2006 年)在地下 50 m 处建成了堪称世界上最先进的防洪排水系统——首都圈外围排水道。工程全长 6.3 km,系统总储水量达670 000 m³。排水系统建成后的当年,该流域遭水浸的房屋数量由最严重年份的 41 544 家减至 245 家,浸水面积由 2.78×10^8 m² 减至 6.5×10^5 m²,对日本琦玉县、东京都东部首都圈的防洪、泄洪起到了极大的改善作用(图 1.24)。

5. 城市市政公用设施的地下空间利用

地下市政公用设施的发展包括各类市政场站设施的地下化建设、地下综合管廊广泛应用、地下雨水调蓄、加强地下生命线系统建设及推进海绵城市建设等。日本学者尾岛俊雄在 20 世纪 80 年代提出了在城市地下空间内设立再循环系统的设想,即回收废料,储存热能、水资源等以备需要时使用(图 1.25)。近年日本提出了一个覆盖东京 23 个区的大深度公用设施复合干线网的计划,由干线综合管廊组成一个满足地下输送、处理、回收、储存的市政系统(图 1.26)。

图 1.24 日本首都圈外围排水系统

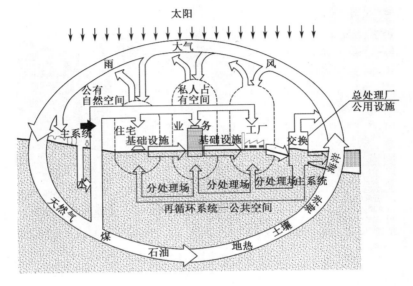

图 1.25 城市再循环系统概念示意图

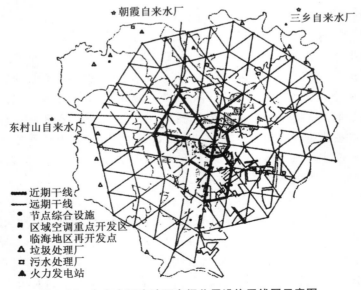

近期干线
远期干线
● 节点综合设施
▣ 区域空调重点开发区
• 临海地区再开发点
▲ 垃圾处理厂
□ 污水处理厂
▲ 火力发电站

图 1.26 东京大深度地下空间公用设施干线网示意图

6. 发展建立资源、能源的储存与循环利用系统

资源、能源对于社会的发展至关重要,非再生资源随着消耗的增加而日益减少。提高能源利用效率、控制污染物排放、改善环境质量是建设资源节约型和环境友好型城市的重要内容。发展建立资源、能源的地下回收、储存及循环利用系统,具有安全、节能、经济等多种优点,可缓解能源危机,促进低碳生态城市建设。

瑞典一座地下热水库建在 210 m 深的岩石中,把地面上热电站余热产生的热水存在容积为 200 000 m³ 的洞罐中,向首都一个大居民区供应热水(图 1.27)。美国岩石蓄热库利用岩石良好的蓄热性能将热能长期储存(图 1.28),使用时通入常温空气,加热后输出。热空气可以由热电站提供,也可由太阳能收集器生产。这种蓄热库的输入和输出温度在 500 ℃以上,可储存 4 ~ 6 个月,造价低,容量大。当前地下 2 000 ~ 4 000 m 的高温岩体热能利用正引起各国的重视。此外利用地下空间的密闭环境储存和处理放射性废物的研究和试验也正在英国、瑞典和加拿大等国进行。

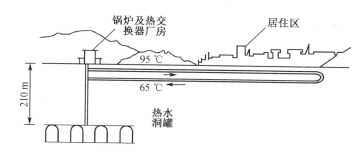

图 1.27 瑞典一座地下热水库工作示意图

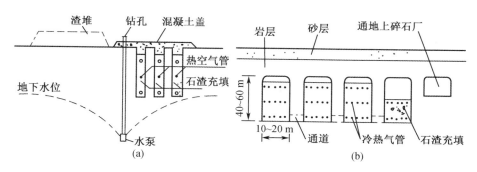

图 1.28 美国的两种岩石蓄热库

7. 地下空间信息技术的发展

技术上可通过 GIS(地理信息系统)与 BIM(建筑信息化管理)等信息技术的应用,建立地下空间信息数据库及信息平台,提升地下空间开发建设与管理的规范化、精准化和智能化水平。

1.4.2 地下空间发展的意义

地下空间的发展具有十分显著的优越性及战略意义,它为解决人类的生存提供新的空间资源,并具有突出的社会、经济、环境、防灾等综合效益,开发地下空间将对人类下一阶段的发展,特别是对那些人口众多的地区具有极其重要的意义。

1. 缓解生存空间危机

随着城市人口及城市数量的增加，扩大城市空间容量的需求与城市土地资源紧缺之间的矛盾日益突出，地下空间作为潜力巨大的自然资源，对于扩展人类的生存空间具有重要的意义。

2. 解决城市发展中的问题

地下空间的开发利用能较有效地解决城市发展中的诸多问题，克服城市现代化过程中的诸多矛盾，如土地资源减少、交通拥堵、环境污染、能源紧缺等。

3. 提升城市防灾能力

随着城市的发展，对各类灾害的防护要求也越来越高，地下空间具有优越的防灾性能，尤其是在抗风、抗震等抗击自然灾害及战争等人为灾害方面优势显著，地下空间发展在城市综合防灾、减灾中具有十分重要的作用与意义。

4. 促进城市现代化发展

地下空间的建设最终将发展为地下城市形态，有助于促进城市的集约化和可持续发展，提高城市人口的生活质量，使城市经济、社会及生态环境和谐发展，达到高度的现代化。

第 2 章　城市地下空间规划

2.1　地下空间规划概述

城市地下空间规划是城市规划的重要组成部分,在过去的一段历史时期内,城市规划中未考虑地下空间的规划与建设。我国建设部于 1997 年 12 月颁布了《城市地下空间开发利用管理规定》,使地下空间工程规划工作走向法制化。

伴随着我国新时代城市现代化的需求及轨道交通的快速发展,城市地下空间资源的开发利用进入了全新的发展时期,地下空间功能的多样化与综合系统化给城市带来了十分重大的影响,它涉及城市布局、原有规划的修订、区域的功能、道路交通、景观绿化、地下空间设施及环境保护等很多方面,所以城市地下空间规划作为地下空间开发的基础,更需在理论方法、编制技术和理念上做到不断完善,成为城市地下空间建设的重要指导文件。

2.1.1　地下空间规划的概念与原则

1. 地下空间规划的含义

城市地下空间规划是对一定时期内城市地下空间开发利用的综合部署、技术要求、具体安排和实施管理,是城市规划的重要组成部分,是地下空间开发利用建设与管理的依据和基本前提,其规划范围和期限应与城市总体规划一致。编制城市地下空间规划应与国土、交通、市政、防灾、仓储物流、能源环保、商业文体及历史文化名城保护等专项规划相衔接,注重涉及公共安全、公共利益的地下公共空间资源的规划建设。

2. 地下空间规划与城市规划的关系

城市总体规划是依据当地的经济和社会发展规划、自然资源条件及历史现状特点等,对一定期限内城市的规模、发展方向、土地利用、空间布局等所做的综合部署和具体安排,是城市规划建设和管理的依据。随着社会发展需要,城市总体规划逐步增加了地下空间、轨道交通、人防工程及综合防灾等专项规划内容。《城市规划编制办法》规定,城市地下空间规划是城市总体规划的一个专项子系统规划。城市总体规划是编制地下空间规划的依据,城市总体规划与地下空间规划的规划成果应相互协调。

(1)旧城区的地下空间开发滞后于地面空间的开发建设,受地面建成区的影响较大,地面空间的建设形态往往决定了地下空间的发展模式。

(2)新城区的规划体系相对比较完善,应注重三维空间的开发,将地上、地下统筹规划,使地下空间开发与地面城市规划建设相契合。

3. 地下空间规划的原则

地下空间开发利用是为了保证城市的可持续发展,为了保护人类赖以生存的自然环境,因此地下空间规划应坚持以下基本原则:

（1）统筹规划

地下空间规划应综合统筹、全面协调，注重规划的可实施性。根据城市社会经济发展水平、对地下空间的需求及具备的开发条件，确定地下空间在各规划期内的发展目标，并建立相应的指标体系。

（2）综合利用

地下空间开发利用应坚持功能综合化、交通立体化、空间人性化，注重地上、地下空间的协调发展，地下空间在功能上鼓励混合开发、复合利用，提高空间的使用效率。

（3）公共优先

城市地下空间利用应坚持公共设施和系统设施优先的原则，应与城市轨道交通紧密结合、集约建设，形成以地下公共交通网络为骨架、地下市政公用设施为基础、城市公共中心为重点的地下空间体系。

（4）连通整合

地下空间通过高效的连通，可以形成体系化的地下空间网络，对现有和规划的地下空间进行系统整合，便捷互连，可大幅地提升地下空间的使用效率。

（5）资源保护

地下空间规划应坚持资源保护与协调发展并重的原则，加强生态环境保护，改善城市地面空间生活环境，降低城市耗能，注重保护城市人文资源和历史文化。

（6）综合防灾

地下空间规划应与城市防灾、减灾紧密结合，注重国家安全与公共安全，强调战时防空和平时防灾的统一，建立以地下空间为主体的城市综合防灾体系。

（7）开发有序

地下空间开发应遵循由浅入深，将不同的地下空间功能设置于不同的竖向开发层次，科学利用地层深度，坚持近期与远期相呼应的原则。

2.1.2 地下空间规划的任务与意义

1. 地下空间规划的任务

城市地下空间规划承担着指导和监督地下空间发展的主要任务，具有法律效力，涵盖所有有关地下空间开发利用的主要内容，对一定时期内的地下空间提出发展预测，确定发展方向、开发原则、功能、规模及布局，并对各类地下空间设施进行综合部署和统筹安排。

（1）约束、规范及引导地下空间的建设

对地下空间资源进行保护性开发，需要统筹全局、综合规划、长远发展、合理安排开发层次与建设时序。

（2）协调、平衡城市空间的建设容量

协调、平衡地上与地下空间的建设容量，使城市功能得以重新分配和优化，促进城市健康发展。

（3）建设、管理地下空间的技术依据

地下空间规划是地下空间建设的约束手段，也是地下空间开发、管理及制定管理政策的技术依据。

2. 地下空间规划的意义

地下空间规划可以提高地下空间的利用效率，使地下空间资源更合理、有序、高效、可

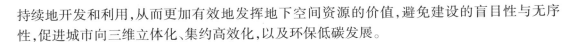

持续地开发和利用,从而更加有效地发挥地下空间资源的价值,避免建设的盲目性与无序性,促进城市向三维立体化、集约高效化,以及环保低碳发展。

2.1.3 国内外地下空间规划概况

1.国外地下空间规划概况

在过去几十年中,国外许多大城市的地下空间的开发利用取得了很大的成效,积累了不少的经验。

(1)日本

日本是最早开始地下空间现代化开发和利用的国家之一,随着经济发展及技术手段的不断提升,城市地下空间逐步向深层化、综合化方面发展。通过对地下公共空间的合理规划控制,日本地下空间的发展充分体现网络化、综合化、一体化及围绕轨道交通建设等特点,并且具有一套较为健全的法规体系作为支撑(表2.1)。

表 2.1　日本地下空间发展历程及政府规划调控

年代	发展程度	政府规划调控
20世纪30年代	围绕地铁项目开始发展地下街	浅层开发技术研究
20世纪50~70年代	重大地下项目全面开展,带动了地下街的发展;20世纪70年代末开始进行大规模地下街利用,地下空间的平均利用深度为15 m	结合旧城改造推动地下空间开发
20世纪80年代	80年代末开始研究50~100 m深的地下空间开发利用	加强法律法规对地下空间开发建设的控制约束
21世纪	制定"大深度地下空间的开发计划"	2001年4月实施《大深度地下利用法》

(2)加拿大蒙特利尔

加拿大蒙特利尔拥有号称全世界规模最大的地下城,覆盖整个商业中心区方圆2~3 km² 范围,建筑面积达400万平方米,地下步行街总长约30 km,连接了区内几乎所有的公共建筑、10个地铁车站、2个火车站和1个长途车站。

蒙特利尔地下空间主要围绕地铁车站和中心区改造而规划建设。规划以地铁系统为地下城的格局,强调地上、地下空间的整合。伴随中心区大规模的重建,地下公共人行通道进行了有序的扩张,更加提高了中心区的吸引力(表2.2)。

表 2.2　蒙特利尔地下空间发展历程及政府规划调控

年份	发展程度	政府规划调控
1962	商业区建筑的地下室通向城市广场,开始了中心区的地下空间建设活动	1960年之前开始规划地铁建设
1963—1969	地铁的建设带动了整个城市的发展,地下公共人行通道开始与地铁相衔接	廉价征收次发达地区的土地用于地铁建设,出租地铁物业增加财政收入

表 2.2(续)

年份	发展程度	政府规划调控
1970—1979	综合大楼开始建造,连续的室内人行通道和宽敞的门廊开始形成	授权批准地铁上盖物业,鼓励开发商把新建筑与地铁相连的建筑相衔接
1980—1989	随着综合建筑的增多,新增和延长了地下公共人行通道	制定区域级地铁计划,推动地铁对更大范围的影响
1990—1999	为了配合剧增的大型项目而延长了许多地下公共人行通道	政府采取措施恢复中心区繁荣,将项目集中建设,鼓励地下商业连成网络
2000—2003	2/3 的地下设施里有商业空间,城市中心区的建筑趋向地下、地面一体化	开展地下城规划,形成遍布整个市中心的连续性步行网络

（3）法国巴黎拉德芳斯

巴黎拉德芳斯通过强有力的规划和市场调控建设了著名的"双层城市"。拉德芳斯地下空间通过整体规划,将交通设施、基础设施设于地下,地面实现完全绿化和步行化。规划通过加强对交通的控制引导,建立完善的地下交通系统,建设双层交通空间,形成人车分层,过境与到达交通分层,成为新城开发的成功典范(图 2.1)。

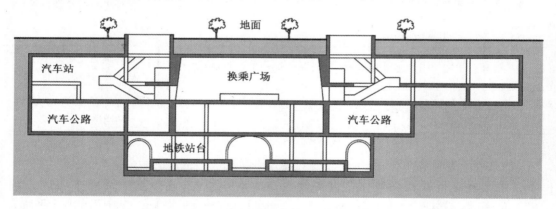

图 2.1　巴黎拉德芳斯新城东区中心轴线横剖面图

2. 国内地下空间规划概况

进入 21 世纪,我国城市地下空间开发数量快速增长,体系逐步完善,城市地下空间规划得到了普遍重视,很多城市都编制了地下空间规划。2002—2004 年,北京市制定了地下空间规划,到 2015 年北京的地下空间建成面积已达 6 000 万平方米。在北京之后,上海、重庆、天津、青岛、厦门等几十个城市也相继编制了城市地下空间专项规划。许多城市结合中心区改造和新区建设开展了地下空间详细规划,如北京中央商务区、王府井商业区、大连经济技术开发区、杭州钱江新城、天津滨海新区等。在法律法规方面除了国家住房和城乡建设部(简称住建部)2012 年颁布的《城市地下空间开发利用管理规定》以外,很多城市还相继出台了地下空间开发利用的地方性法规,有效地规范和引导了地下空间的开发利用。

目前中国的城市轨道交通建设速度已居世界首位。截至 2018 年底我国大陆地区开通运营的城市轨道交通线路达 5 761.4 km。

上海陆家嘴中心区通过全面的规划,注重城市设计,塑造城市形象;注重交通规划,解决中心商务区复杂的交通问题;注重综合管廊等基础设施建设,做到统一规划与开发;将土地从二维区划控制扩展到三维形态控制。陆家嘴中心区借鉴国外的经验,在基础设施方面力求节省投资,获得最大的综合效益。此外上海还开发了世博园区、火车南站、五角场等大型地下综合体。

深圳在地下空间的立法及规划管理方面积累了很多的经验,编制了《城市地下空间利用发展规划》,对中心区展开了地下空间利用规划的国际招标,颁布了《深圳市地下空间利用暂行办法》,编制了《深圳市地下空间设计指引》等,从而使地下空间开发与城市建设紧密结合。

2.1.4　地下空间规划的发展趋势

我国的地下空间规划实施应结合我国的具体情况,总结和学习国内外发展的经验,遵循我国城市建设及地下空间开发的规律,其发展趋势包括以下几个方面:

(1)完善地下空间法律制度

日本的法律法规在大规模开发地下空间的 10 年后才逐渐健全,实现了对地下空间开发建设的有效控制。加拿大蒙特利尔地下空间规划也逐步发展为与市场结合来引导开发的模式。我国需要健全相关政策、法律法规、管理制度等支撑体系,规范地下空间的开发建设。

(2)结合现有城市状况及社会需求

当前我国地下空间开发正处于大规模发展的前期,相当于日本和加拿大 20 世纪 70 年代的发展水平。我国需要结合经济发展,合理规划,逐步完善对地下空间的利用。地下空间规划应具有前瞻性与实用性,体现综合化与定量化。

(3)突出综合效益把控,合理分期

注重结合轨道交通建设及旧城改造带动地下空间的发展,加强对站点周边地下空间规划的控制与引导,抓住旧城改造的契机,实现地下空间的规模化开发。

2.2　地下空间规划分类体系与内容

2.2.1　地下空间规划编制体系

地下空间规划分为总体规划和详细规划两个阶段。地下空间总体规划分"规划纲要"和"专项规划"两个层次进行编制。地下空间详细规划分为控制性详细规划和修建性详细规划。根据城市规划建设与发展需要,还可编制地下空间开发利用的概念规划、近期规划及城市设计等(图 2.2)。

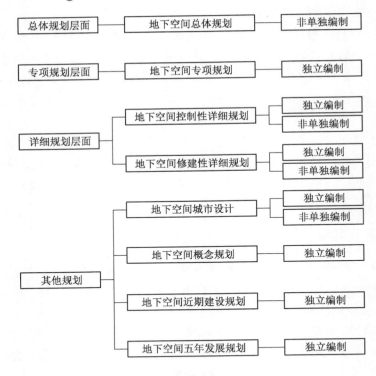

图 2.2　规划编制体系

1. 地下空间总体规划

（1）地下空间总体规划纲要

在城市及新城新区总体规划编制中，设置地下空间利用专章，主要研究地下空间开发利用的指导思想与基本原则；确定地下空间的资源潜力与管控区划；明确地下空间开发利用的总体目标、发展策略及总体布局等；确定近期重点区域地下空间开发的规划要求。

（2）地下空间专项规划

地下空间专项规划是全面细化、落实地下空间总体规划目标任务的专业规划，规划期限及范围应与城市总体规划的期限及范围相一致，为详细规划的编制提供法定依据（图2.3）。

地下空间专项规划的主要内容有：地下空间的现状分析与评价、资源调查与评估、需求分析与预测；确定地下空间规划的管制区划、目标与发展策略、总体规划布局、分项设施系统规划、近期建设与建设时序；制定实施与管理措施等。

2. 地下空间详细规划

地下空间详细规划是进一步细化、深化地下空间专项规划的重要环节，是保障规划实施与管控的重要依据，可结合地面详细规划同步编制，也可单独编制。

（1）控制性详细规划

地下空间控制性详细规划（以下简称"地下空间控规"）是开发的直接依据，能根据上层规划的构想，形成微观、具体的控制要求，直接引导地下空间修建性详细规划的编制或地下建筑的设计（表2.3）。

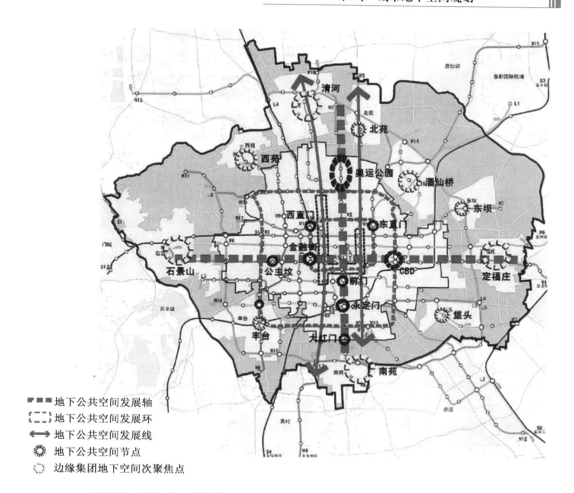

图 2.3　北京地下空间专项规划——中心城地下空间开发利用布局示意图

表 2.3　地面控制性详细规划与地下空间控规的比较

项目	土地利用		建筑控制		设施配套		行为活动	
地面控制性详细规划	土地使用性质	环境容量控制	建筑控制	城市设计引导	公共设施配套	市政设施配套	交通活动	环境保护
地下空间控规	土地使用控制	容量控制	地下建筑控制	地下建筑内部空间设计引导	各专项设施配套	人防设施配套	—	—

　　地下空间控规的主要任务是针对公共性和非公共性地下空间的开发利用,制定规定性和引导性管控指标体系及要求。通常以编制地下空间规划法定图则(图 2.4)来细化管控技术要求。地下空间控规为地下空间的建设、管理提出科学的依据和标准。

　　地下空间控规的主要控制内容有:明确开发强度、使用功能、建设规模与容量、出入口、连通口及预留口布局等控制要求;对重点片区各设施建设时序、分期连通措施等提出控制要求;制定地下空间规划控制导则。

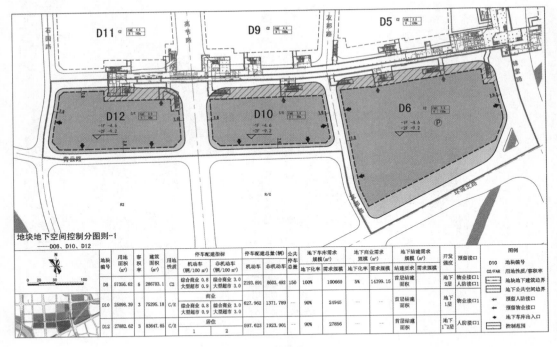

图 2.4　某地下空间控规分图图则

单独编制的地下空间控规,一般以城市规划中的控制性详细规划为依据,属于补充性控规。如与地面控规协同编制,可做到互相平衡与制衡,形成地上、地下空间一体化的控制性详细规划。

（2）修建性详细规划

依据地下空间总体规划及控制性详细规划确定的控制指标和规划要求,编制综合开发利用方案,进一步明确地下空间建设的平面布局、功能区划、空间整合、公共活动空间等;确定各项设施之间的关系、规定性控制指标及竖向设计;深化重要节点、交通系统、连通口及出入口设计方案;提出环境设计导则;明确建设时序、安全防灾、投资估算及规划实施保障措施等内容。

3.其他规划

（1）城市设计

地下空间城市设计属于城市设计的重要组成部分,重点分析研究地下空间与地上空间的整体性与协调性。将规划区域内的各类地下功能设施、外部空间形体、开发强度与建设模式、公共与非公共空间、景观环境等要素,进行地下与地上的一体化设计,使各种功能设施互相配合,地下与地上空间的体系与形式完美统一,达到综合效益的最大化。

（2）概念规划

从宏观层面对规划区地下空间开发利用的现状与趋势进行预判,对地下空间的发展提出规划方案和战略部署,强调思路的创新性、前瞻性和指导性。

2.2.2 不同功能区域地下空间规划

1. 城市中心区地下空间规划

城市中心区是交通、商业、金融、办公、文化、娱乐、服务等功能最完善的地区,常指旧城中心区,多数城市没有明确、固定的界线范围。城市中心区具有经济繁荣、容积率高、地价高昂、土地利用高效、城市病问题突出等特点。

为了促进城市中心区的发展,很多国家的城市在实践中逐步形成了地面空间、上部空间和地下空间协调发展的城市空间模式,即中心区立体化再开发规划(图2.5)。地下空间功能综合利用是中心区立体化再开发的重要方式,通过统一规划将更多类型的地下建筑集中,形成功能上互补、空间上互通的综合性地下空间,扩大了空间容量,提高了空间集约度,带来了巨大的综合效益。

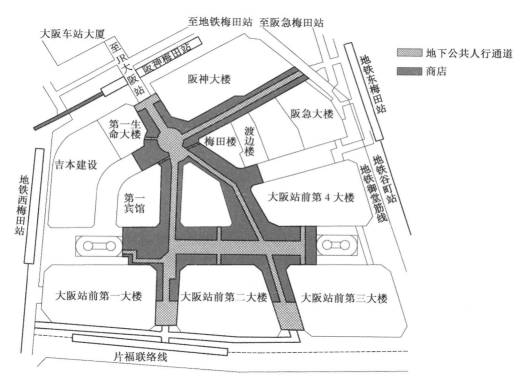

图2.5 1990 年以后的大阪梅田地区立体化再开发总平面示意图

2. 城市历史文化保护区的地下空间规划

很多历史文化古都拥有丰富的历史文化遗产,拥有众多古迹、文物或传统文化风貌区,具有很高的历史价值、艺术价值和科学价值,这些历史建筑、历史街区多以历史文化保护区的形式保留在原有城市当中。在城市发展过程中保护与发展之间存在着诸多矛盾,如道路交通改造与传统格局的矛盾,传统建筑、基础设施的陈旧与提高生活质量间的矛盾,文物古迹保护与开发旅游的矛盾等。对于以上矛盾,地下空间在扩大空间容量、更新城市基础设施、改善环境、保护文物等方面具有极大的优势。

历史文化保护区的地下空间开发应以保护为主,注重控制开发规模、开发功能与开发强度,并加强环境协调及防灾方面的指引(图2.6)。

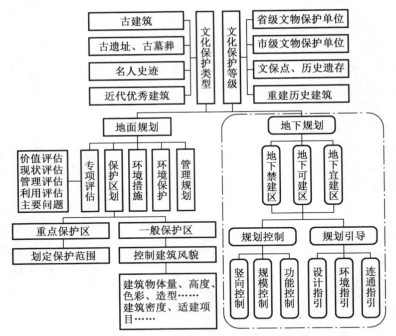

图2.6 历史文化保护与地下空间开发规划引导图

芬兰赫尔辛基市于20世纪70年代建造了规模巨大的地下城。目前地下城拥有400座各类地下建筑物,包括教堂、城市数据中心、停车库、购物中心、健身房、垃圾收集设施、田径场、溜冰场、供该国各甲级冰球队训练的冰上运动馆,以及世界上最大的地下公交站等。地下城的规模仍在不断扩大,当地已制定了地下空间总体规划,更多的地下空间设施将陆续建造。地下空间的开发对于当地的历史建筑保护、城市风貌保护及城市功能更新都起到了重要作用。

3.城市居住区地下空间规划

居住区地下空间开发利用可以促进居住区的集约化发展、完善服务功能、提升交通环境、改善生态环境、减少环境污染、增加安全防护水平,以及丰富景观环境艺术。适宜居住区地下空间利用的功能有交通、公共活动、公用设施及防灾设施等,包括具有防护功能的掩蔽系统、地下停车、休闲娱乐、商业服务、市政公用等功能设施。

居住区地下空间规划应坚持"以人为本"的原则,注重营造居住环境,主要有附建式、单建式和整体式三类开发利用形式(图2.7)。

(1)附建式 居住区地下空间利用的初级阶段,常利用住宅附建式地下室作为停车、设备、人防等功能空间。

(2)单建式 私家车的发展推动了地下停车库的建设,当住宅附建式地下室的空间达不到服务设施配建的要求时,通常利用居住区的广场、绿地和道路开发地下空间,以满足居住区功能的要求。

(3)整体式 居住区地下空间进入整体、系统开发阶段,可实现人车分流,营造良好的地面景观及生态环境。随着社会发展,国内外居住区更趋向于地上及地下空间、公共绿地及人文景观的一体化设计,突出地上与地下空间的流通与互动(图2.8)。

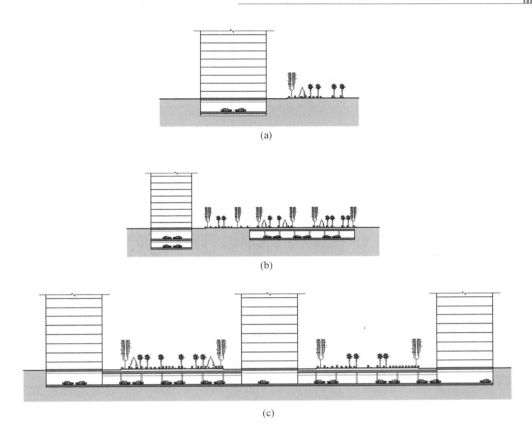

图2.7　居住区地下空间开发形式

（a）附建式；（b）附建式＋单建式；（c）整体式

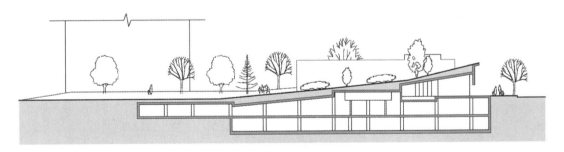

图2.8　居住区地上、地下空间一体化设计

4.城市新区及特殊功能区的地下空间规划

当大城市和特大城市发展到一定阶段后将规划开发新的功能区,形成城市的副中心,如中央商务区、经济技术开发区、科技园区、保税区等。国内外建设新城区都重视三维空间的开发,规模化开发地下空间,使新城区的容量合理,环境质量优良。由于新区地面空间与地下空间统一规划,其发展完善程度较高,如杭州钱江新城、广州珠江新城等。

2.3 地下空间规划的技术要点

2.3.1 资源评估

地下空间资源评估是对地下空间资源潜力、质量和价值的综合评价,是衡量地下空间资源可合理开发利用的工程条件、有效理论容量、适建性用地规模与空间分布、适用功能及开发方式、合理规模和价值等方面综合质量的统称。

地下空间资源评估应以战略性、前瞻性与长效性为基础,通过调查、分析和评估等手段,对地下空间资源类型、特点、开发潜力和工程适宜性等各类评估要素(图2.9)进行定性和定量的分析评价,为资源

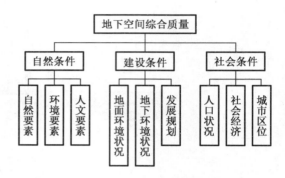

图2.9 地下空间综合质量评估

的节约及高效利用提供基础、客观的分析依据(图2.10)。主要评估要素包括以下方面:

(1)自然要素 地形地貌、工程地质与水文地质条件、不良地质与地质灾害区、地质敏感区、矿藏资源埋藏区等。

(2)环境要素 生态敏感区、风景名胜区、重要水体和水资源保护区等。

(3)人文要素 城市历史文化保护区,古建筑、遗址遗迹、墓葬等文物保护建筑,文化遗产(文物)埋藏区等。

(4)建设要素 规划建设条件及现状、建筑空间限制与容量控制、已开发地下空间设施情况等。

(5)社会要素 人口状况、社会经济发展水平、土地类型与价值、城市区位与交通条件、城市现代化程度等。

2.3.2 需求预测

城市地下空间规划必须从城市自身需求入手,解决城市发展的切实问题。地下空间需求的影响因素众多,包括城市区位、社会经济发展水平、自然地理条件、城市空间布局、土地利用性质(表2.4)、地面建设强度、轨道交通、人口密度与活动方式、土地价格、地下空间现状等。充分研究地下空间开发利用在需求性质和数量、需求位置及需求程度等方面的问题,为地下空间的开发提供基本的参考依据。在此基础上地下空间的开发量应从城市功能的空间容量出发,科学地分析与预测地下空间需求量,指导地下空间资源在科学合理的限度和范围内进行有序开发,满足社会经济可持续发展的要求。

地下空间需求预测是地下空间规划编制的依据与基础技术环节,需求预测可分为地下空间总体规划和详细规划两个层次,公共性地下空间为需求预测的重点。地下空间开发规划的需求预测主要包括功能需求预测法、建设强度预测法、人均需求预测法、综合需求预测法等。各类预测方法随着地下空间规划的发展而不断完善,各城市应根据自身的情况,建

立合理的需求预测模型。

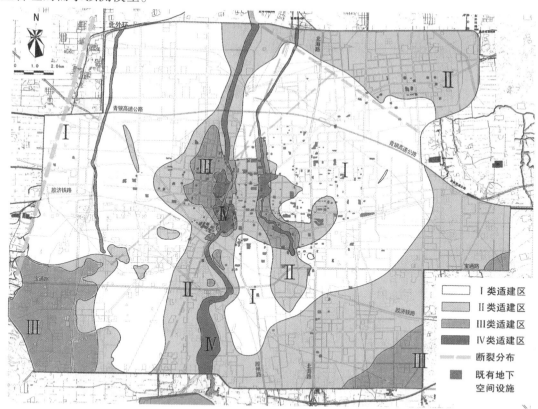

图 2.10 某市城市地下空间资源适建性评估图

表 2.4 城市用地性质对地下空间需求的影响

用地性质	区位因素	地下空间开发动力	开发需求	适合的开发类型
商业服务业用地	租金、交通、人流	扩大城市容量、土地价值最大化、人防	☆☆☆☆☆	地下商业街;结合商业、文娱、公共交通等功能的地下综合体
公共管理与公共服务用地	交通、接近服务对象、人流	扩大城市容量、土地价值最大化、停车地下化、人防	☆☆☆☆☆	地下文化、体育、会展等公共建筑;地下停车库
道路与交通设施用地	交通、人流、城市需求	交通设施地下化、市政设施地下化、改善地面环境	☆☆☆☆☆	地下商业街;地铁;综合管廊;地下综合体;地下综合交通枢纽
绿地用地广场用地	城市需求、人流	良好城市环境、公共设施地下化、节约地面空间	☆☆☆☆	地下商业街;地铁;地下综合体;地下综合交通枢纽;地下市政场站

表 2.4(续)

用地性质	区位因素	地下空间开发动力	开发需求	适合的开发类型
居住用地	租金、交通、适宜性	停车地下化、设施地下化、改善地面环境	☆☆☆☆	地下停车库;地下基础设施
公用设施用地	城市需求、用地要求、政府决策	市政设施地下化、市政设施更新改造、降低环境影响	☆☆☆	地下市政场站;综合管廊;雨水调蓄
工业用地	租金、交通、土地适应性、环境保护	节约土地资源、减少工业污染	☆☆	地下仓储建筑;需要地下环境的特殊工业车间
物流仓储用地	租金、用地要求	节约土地资源	☆☆	地下仓储建筑;地下物流系统

注:☆表示地下空间开发需求等级。

2.3.3　空间管制

以地下空间资源评估及需求预测为基础,划定地下空间的禁止建设区、限制建设区、适宜建设区和已建设区,并分区制定管制措施要求,使地下空间开发因地制宜、符合实际,建立资源的管控与预留机制(图 2.11)。

(1)禁止建设区是基于自然条件或城市发展要求,原则上不进行开发的用地或区域。

(2)限制建设区是指满足特定条件,或限制特定功能开发利用的用地或区域。

(3)适宜建设区是指规划区内不受限制,适宜各类地下空间开发建设的用地或区域。适宜建设区进一步划分为城市地下空间重点建设区和一般建设区。

(4)已建设区是指已经开发建设地下空间的用地或区域。

2.3.4　目标与策略

地下空间规划目标策略的确立,应充分结合实际,建立在规划区建设现状、地下空间现状、资源评估、需求预测及空间管制的基础上,并充分结合规划发展阶段,合理确定定性及定量的目标体系,以便更科学地指导地下空间开发。目标包括以下方面:

(1)总体发展目标体系;

(2)各分项设施发展目标体系;

(3)分区发展目标体系;

(4)分期发展目标体系等。

在确定地下空间规划目标及策略的时候应注重考虑两个问题:第一,规划应将城市上下部空间作为一个有机整体进行考虑并协调发展,从而达到功能上互补,并共同产生集聚效应;第二,规划工作中对现状及未来发展的分析和预测不可能做到百分之百的充足和精确,因此规划的目标在实施过程中应具有一定的应变能力,成为具有一定弹性的动态规划。

2.3.5　规划布局

城市地下空间规划布局是对地下空间开发的空间形态进行统筹规划与综合部署,包括地下空间发展布局结构、总体平面布局、总体竖向分层、专项设施布局、重点地区布局、近期建设布局等内容与层次。根据城市布局结构、城市发展方向及地下空间利用现状,合理组织各种地下功能空间,将可置入或已置入地下的多种功能空间有机地组织起来,形成一个地下空间系统。

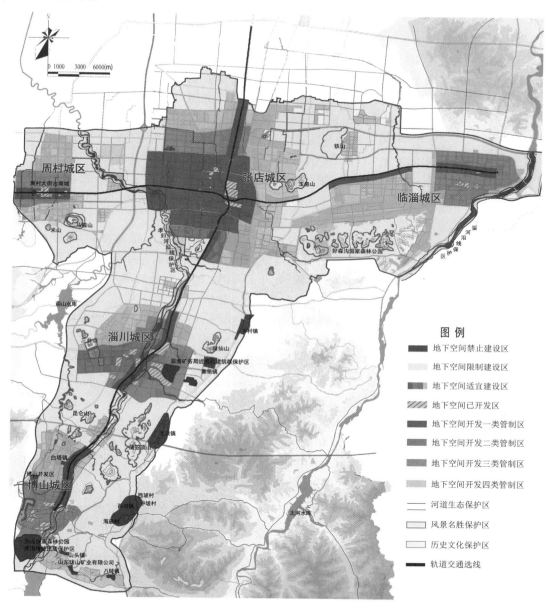

图 2.11 某市地下空间开发空间管制规划图

1. 地下空间布局要点

地下空间布局应体现综合利用的原则,根据不同城市的特点和实际情况,以及未来发展的趋势和方向,合理配置和布局地下空间的功能组成。

城市地下空间在空间上是城市的三维扩展,在布局上映射地面空间的布局形态,在功能上是城市功能的延伸和拓展,因此地下空间的布局结构应与地面空间布局的发展相协调,做到相互对应、相互联系、相互统一。布局形态控制的元素包括功能轴线、布局分区及空间节点等。

2. 地下空间布局形态

城市地下空间需要经过系统规划和长期发展才能逐步形成连续的空间形态。地下空间布局形态由平面形态和竖向形态构成,竖向形态是平面形态在垂直方向上的延伸,具有不连续性和可叠加性,即分层开发可形成不同层面和不同形态。

地下空间布局形态可划分为两种基本形式:一是有地下轨道交通设施的城市,即以轨道交通为骨架、点线结合的网络形式;二是没有地下轨道交通设施的城市,即主要为散点形式,包括点状、线状地下空间设施和具有一定发展轴的相对面积较大的地下空间设施。

根据地下空间发展的特点,可以分为点、线、面三类基本形态和组合形态。组合形态即由点、线、面通过不同的组合,构成辐射状、脊状、复合或城市网络状形态。

(1)点状形态 点状地下空间是相对于城市地下空间总体形态而言的,是城市地下空间形态的基本构成要素,也是功能最为灵活的要素。"点"有大有小,大到功能复杂的地下综合体,小到单个商场、地下停车库或市政公用设施的场站等。

(2)线状形态 线状地下空间也是相对于城市地下空间总体形态而言的,是构成城市地下空间形态的基本骨架,呈线状分布的地下空间主要包括地铁、地下道路以及沿街道下方建设的地下设施,如市政管线、综合管廊、地下停车库、地下商业街等。线状地下空间设施可将地下分散的空间连成系统,提高开发的整体效益。

(3)面状形态 多个较大规模的地下空间相互连通形成面域,主要在城市中心区等地面开发强度相对较大的地区,一般由大型建筑地下室、地铁车站、地下商业街及其他地下公共空间组成。

(4)辐射状形态 以大型地下空间设施为核心,通过与周围其他地下空间的连通,形成辐射状,带动周围地块地下空间的开发利用,使局部地区地下空间设施形成相对完整的体系。这种形态多以地铁(换乘)车站、中心广场或大型公共空间为核心(图2.12)。

(5)脊状形态 以一定规模的线状地下空间为轴线,向两侧辐射,形成脊状地下空间形态。这种形态在没有地铁车站的城市比较常见,主要有沿街道下方建设的地下商业街或地下停车库,与两侧地块下的地下商业空间或停车库相连通(图2.13)。

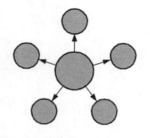

图2.12 辐射状地下空间形态

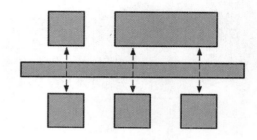

图2.13 脊状地下空间形态

(6)复合形态 由若干个地下空间主体,通过地下人行通道等线形空间连接而成的复合平面布局形态(图2.14)。

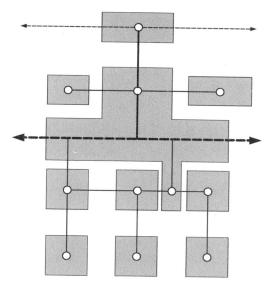

图2.14 复合型地下空间布局形态

（7）城市网络状形态 以城市地下交通为骨架,将整个城市的地下空间采用多种形式进行连通,形成城市地下空间的网络系统。常见的有"中心联结式""轴向滚动式""整体网络式"和"次聚焦点式"四种类型,是目前国际上比较通用的大规模开发利用城市地下空间的平面布局结构体系(图2.15)。

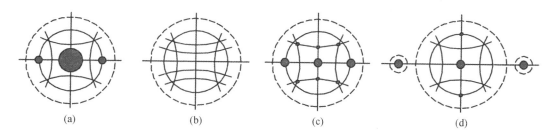

图2.15 城市网络状地下空间形态
（a）中心联结式;（b）轴向滚动式;（c）整体网络式;（d）次聚焦点式

3. 地下空间布局方法

（1）以城市形态为发展方向

城市地下空间与地上空间功能形态具有对应性和协调性,城市重要地段的开发一般也是地下空间开发的密集区,轨道交通可以带动地下空间的发展。城市形态有单轴式、多轴环状、多轴放射式等。

（2）以地下空间功能为基础

城市地下空间与地上空间在功能和形态方面有着密不可分相互影响、相互制约的关系,城市是一个有机的整体,上部空间与下部空间不能相互脱节,其对应的关系显示了城市空间不断演变的客观规律。

（3）以城市轨道交通网络为骨架

地铁是城市地下空间中规模最大、覆盖面最广的地下交通设施,地铁线路将城市主要的人流方向连成网络,某种程度上是城市结构的反映。城市轨道交通不仅对城市交通发挥作用,也成为城市结构和形态演变的重要部分。

（4）以大型地下空间为发展源

在城市局部地区,特别是城市中心区,大型地下空间的形成分为两种情况,一种是有地铁经过的地区,另一种是没有地铁经过的地区。前者在城市地下空间规划布局时,应充分考虑地铁车站在城市地下空间体系中的重要作用,尽量以地铁车站为节点,将周围大型的公共建筑、商业建筑、办公建筑等通过地下空间相互联系,以地铁车站及周边的综合开发作为城市地下空间的局部形态。后者应将地下商业街、大型中心广场地下空间作为节点,将周围地下空间连成一体,形成脊状或辐射状的地下空间形态(图 2.16)。

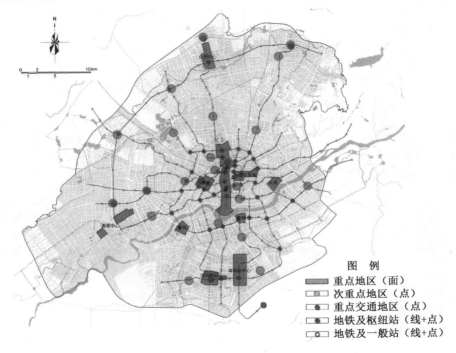

图 2.16 某市地下空间布局结构图

2.3.6 竖向规划

对地下空间资源开发在竖向上进行合理分层,根据各类地下空间设施适宜建设的深度范围进行有层次地开发,并统筹协调不同分层之间的限界关系。竖向分层应根据各地地质竖向分布特点和各类设施适宜建设深度统筹确定。

竖向功能布局应依据分层开发、分步实施、注重综合效益的原则,合理安排利用(表2.5)。结合实践地下空间竖向可以分为浅层(−10 ～ 0 m)、次浅层(−30 ～ −10 m)、次深层(−50 ～ −30 m)及深层(−100 ～ −50 m)4 个层次。

表 2.5　各类地下空间设施适宜开发深度

类别	设施名称	可开发深度/m
地下交通设施	地下轨道交通设施	0 ~ −30
	地下道路	0 ~ −30
	地下人行通道	0 ~ −10
	地下停车库	0 ~ −30
地下公共服务设施	地下商业、文化、娱乐、体育、教育、医疗卫生等设施	0 ~ −30
地下市政公用设施	地下市政管线、综合管廊	0 ~ −30
	地下市政场站	0 ~ −30
	引水干线、排水隧道	−10 ~ −50
地下防灾、仓储、物流、工业生产设施	防灾设施	0 ~ −30
	仓储、物流、生产、科研	0 ~ −50
	能源中心、雨水调节设施	≥ −30

（1）浅层

主要建设市政管线、综合管廊、地下人行通道、地下停车库、地下商业街、地铁车站、地下公共建筑、人防工程等。

（2）次浅层

主要建设地铁区间隧道、地下道路、地下停车库、地下市政场站、地下仓储、地下防灾设施等。

（3）次深层

主要建设地下仓储、物流、工业生产、防灾设施等。

（4）深层

作为远期预留和储备空间资源。

地下空间竖向规划必须符合各项地下空间设施的性质和功能要求，考虑人员活动的密集度及适应程度。地下空间深度越大，人员活动的密度越低，浅层地下空间设置适合人员活动频繁的功能设施，对于不需要或需要较少人员管理的功能设施，应尽可能安排在较深的地下空间。

2.4　地下空间功能设施规划

2.4.1　分项功能设施系统规划

分项功能设施系统规划是对城市地下空间各专项功能设施进行合理布局与统筹安排，主要包括地下交通、地下公共服务、地下市政公用及地下综合防灾等功能设施系统的规划。

城市各项功能设施的适宜开发区域有所不同，根据各项设施的特性、开发要求及国内外开发实例总结整理，提出道路、广场、绿地、河道水系、山体、建（构）筑物及其他区域等7类用地，作为地下空间适宜开发区域及可开发区域（表2.6）。

表 2.6　功能设施的开发利用区域

城市功能	设施系统分类	具体设施	道路	广场	绿地	河道水系	山体	建(构)筑物	其他区域
交通功能	地铁	区间隧道	●						
		地铁车站	●	●					
	地下道路	过境交通	●			○	○		
		地下联络道	●						
	地下人行通道	地下人行通道	●	●				●	
	地下停车库	机动车停车库	○	●	●	○	○	●	
		非机动车停车库	○	●	●			●	
	地下交通场站	地下交通场站	●	●	●			○	
公共服务功能	地下商业	地下商业娱乐	○	●	○			●	
		地下综合体	○	●	○			●	
	地下行政办公	地下办公		●	●			●	
	地下公共服务	地下文化		●	●			●	
		地下体育		●					
		地下医疗卫生					○	●	
		地下教育科研					●	●	●
市政公用设施	地下市政管线	地下市政管线	●						
	地下综合管廊	地下综合管廊	●						
	地下市政场站	地下变电站		●	●				
		地下燃气调压站		●	●				
		地下污水处理场			●		●		●
		地下垃圾中转站			●				
防灾减灾功能	地下防空防灾	人防工程	●	●	●			●	
	地下防灾减灾	地下防洪排水	●	●	●	●			
		地下调节池	●	●	●			○	
仓储物流功能	地下仓储	地下石油库					○		●
		天然气库							●
		地下冷库			○	○	●		
		地下核废料库							●
		地下仓库			●	●	●	○	
		地下热能储库			●		●		●
	地下物流	地下物流	●						
城市用地			道路	广场	绿地	河道水系	山体	建(构)筑物	其他区域

注：● 适宜开发区域；○ 可开发区域。

1.地下交通设施系统规划

地下交通设施系统规划应根据城市发展水平、地下空间资源条件、规划区交通现状、机动车数量及交通发展需求来制定。主要编制内容包括规划区交通发展现状调研分析、交通设施地下化可行性及需求性分析、地下交通设施系统发展目标与策略、地下交通设施系统规划布局、地下交通设施指标要求及重大地下交通设施建设控制范围等。地下交通设施系统规划布局包括地下轨道交通、地下车行道路、地下人行系统、地下静态交通系统、竖向交通及地下综合交通场站等功能布局。

规划应将地下交通与地面交通统筹协调考虑,充分发挥地下交通设施在城市交通中的积极作用,可改善交通问题,提高交通效率,提升城市环境。在有地下轨道交通设施的城市,应贯彻公共交通优先的原则,营造以人为本、便捷舒适的交通环境。在开发布局上,注重地铁车站站域地区及交通枢纽地区地下空间的综合开发,形成以地铁车站为基础,以地下车行道路系统和地下人行系统为纽带,有序衔接动态交通与静态交通的网络化地下交通系统。在无地下轨道交通设施规划的城市,应重点分析城市交通存在的矛盾与问题,研究地下交通的必要性与可行性,考虑地下道路、地下公共停车库和周边地下空间的联合开发。

(1)地铁系统

地铁是我国现代大城市解决交通矛盾最有效的途径,也是能够带动其他地下空间发展的重要因素。由于地铁造价高昂,施工影响面大,不同城市是否建设地铁应根据城市规模与实际发展情况而定。地铁线路网规划是全局性的工作,首先应反映在城市总体规划中。根据城市的结构特点、交通现状和发展远景,进行路网的整体规划,在此基础上分阶段进行路网中各条线路的选线、地铁车站定位及具体的地铁设计。

地铁线路网形态与城市结构关系紧密,从形态上可以分为放射状和环状两种。早期建设的地铁多为放射状,但各条线路之间换乘不便,于是产生了连接各放射状线路的环状线路。多数城市的地铁都是放射状和环状线路的结合(图2.17)。我国吸取了国外地铁建设的经验,注重制定长期的地铁路网发展规划(图2.18)。

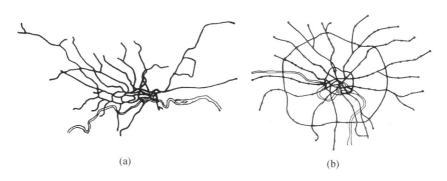

(a)   (b)

图2.17 地铁路网形态

(a)放射状地铁路网;(b)放射状与环状地铁路网

地铁规划的主要目的是为城市提供快速的公共交通服务并缓解城市交通压力,规划路线一般沿城市主干路设置,并加强城市中心区到周边地区、副中心地区、对外交通终端、未来发展地区等区域的联系。轨道交通的运营控制中心、车辆基地、停车场等均应按要求设置并在沿线设置地铁安全保护区及发展引导区。地铁车站规划应与城市的其他交通设施及地下空间设施相结合,并考虑与周边的交通场站、地下停车库及地下商业街等设施相连通。

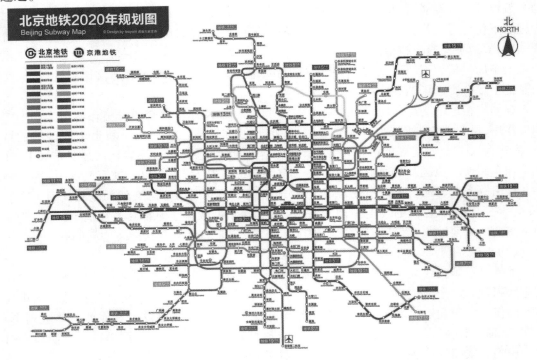

图2.18　北京市轨道交通发展线路图（2020年）

（2）地下道路系统

地下车行道路可以缓解交通压力与交通矛盾、提升交通效率、降低环境污染。常见的有在城市交通流量较大地段建设的地下道路、分流过境交通的地下快速路、地下车行立交、地下车库联络道、穿山隧道及越江隧道等,另外海底隧道也有较大发展。

地下道路的位置应根据城市道路网规划、沿线土地利用情况、地形及环境特征进行综合确定。当旧城中心区的地面道路无法满足日益增长的机动车交通时,应将地下道路的建设作为解决问题的一个重要途径。当地下道路与地下轨道相交时,宜置于上层。货运、防洪、消防、旅游等专用地下道路,除满足相应道路等级的技术要求外,还应满足专用道路及通行车辆的特殊要求。

地下人行通道常与商业或其他公共设施结合开发,能很大程度上缓解地面人流交通压力,解决人车矛盾问题,实现人车分流,缩短步行距离,并与其他地下空间设施相连接,形成一个四通八达的地下公共人行系统,有利于保持中心区的繁荣(图2.19)。

地下人行系统规划以便捷高效为原则,合理引导人流。规划应以地铁车站为节点,以地下商业为中心,注重地下与地上人行系统的关系,促进与周边设施的有机连通。

（3）地下静态交通系统

地下静态交通的主要形式是地下停车库,近年来我国大城市的停车问题日益尖锐,对公共停车的需求已十分迫切。地下停车库按服务对象分为配建停车库和公共停车库,按所停车辆类型分为机动车停车库和非机动车停车库,按停放方式分为自走式停车库和机械式停车库。

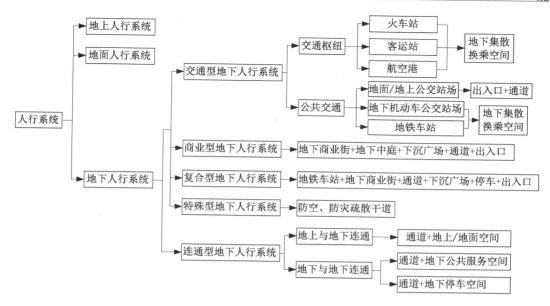

图 2.19　地下人行系统分类及构成

地下停车系统的整体布局应与城市结构相协调,中心城区以地下公共停车为主,外围城区采取地下公共停车与配建停车相结合的方式,从根本上缓解停车供需矛盾,实现地下交通效益最大化,鼓励充分、合理利用广场、绿地、公园、山体等公共空间建设地下公共停车库(图 2.20)。

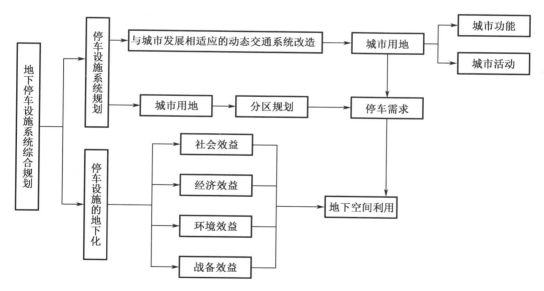

图 2.20　地下停车设施系统综合规划分析

中心区地下公共停车库主要建设在功能密集地段及大流量交通换乘枢纽周边,常与地下商业街、地铁车站等地下公共设施联合建设(图 2.21),既能减少停车设施的投资,又能解决停车问题,缓解地面停车压力。规划应充分考虑动态交通与静态交通的结合,注重与公共交通、地铁车站的合理衔接及换乘,加强与相邻地下停车库的连通整合,提高停车效率。

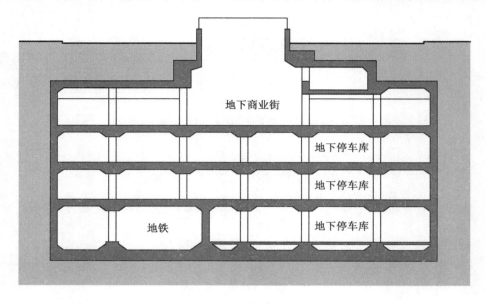

图 2.21　日本大阪长堀地下商业街

(4)地下综合交通枢纽

地下综合交通枢纽是多种交通方式汇集,并利用地下空间进行相互换乘,所形成的大型车站集合体。在地面上建设大型交通枢纽要占用大片土地,对于用地紧张的城市中心区来说十分困难且极不经济,多条线路在平面上交汇必然加大换乘距离,并且不利于地面上人流和车流的集散。因此将大部分换乘功能安排在地下空间,是解决上述矛盾的最佳途径,可满足多种交通方式与多条交通线路集中以及大量客流集散等需求,做到方便出行、便捷换乘、改善交通环境(图 2.22)。

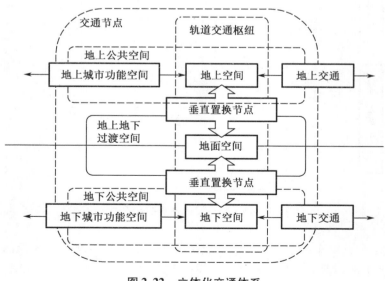

图 2.22　立体化交通体系

深圳市前海综合交通枢纽,建筑面积约115万平方米,功能复杂,是集边境口岸、穗莞深城际线、港深西部快线、深圳地铁(1号线、5号线、11号线)、常规公交线路、出租车及社会车辆等多种交通方式于一体的综合性交通枢纽(图2.23)。

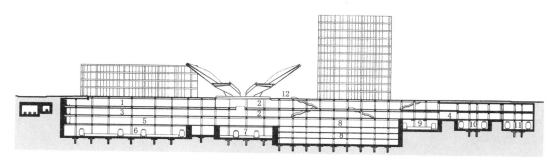

1—香港边境口岸出境层;2—换乘通道;3—香港边境口岸入境层;4—地铁1、5、11号线站厅层;
5—港深西部快线站厅;6—港深西部快线站台;7—穗莞深城际线站台;8—社会车辆停车库;
9—地铁11号线站台;10—地铁5号线站台;11—地铁1号线站台;12—地面步行层

图2.23　深圳前海交通枢纽剖面图

北京南站交通枢纽设有铁路、京津城际客运,同时将地铁4号线和14号线、多条公交线路、出租车、社会车辆等多种交通方式引入车站建筑。北京南站交通枢纽为地上2层,地下3层。地下一层为换乘大厅和双层停车库,地下二层和地下三层分别为地铁4号线和地铁14号线的站台层(图2.24)。

图2.24　北京南站剖面图

2. 地下市政公用设施系统规划

地下市政公用设施主要分为输送系统和市政场站设施两大类型,输送系统包括直埋式市政管线和综合管廊两种输送类型。地下市政公用设施的功能分类详见表2.7。

表 2.7　地下市政公用设施功能分类

系统功能分类	地下市政公用设施
供水系统	水源开采设施、自来水生产设施、输送管道、加压泵站等
供电系统	电能生产设施、配送线路、变配电站等
燃气系统	燃气(天然气、人工煤气、液化石油气)生产设施、燃气储存设施、输送管道、调压设施、装瓶设施等
供热系统	蒸汽/热水的生产设施、配送管道、热交换站等
通信系统	各类通信与信息的传送系统
排水系统	雨水调蓄设施、生产/生活污水的排放与处理设施、污水处理后再利用设施、输送管道等
固体废弃物排除与处理系统	生产/生活垃圾排除与处理设施、废土/废渣/废灰排除与处理设施、垃圾输送管道等

随着社会发展和城市人口增长,传统的直埋式市政管线愈加不适应现代化城市发展的需要,并且在城市中心区建设市政场站设施有土地紧张、选址难、环境影响大等众多不利因素。市政公用设施的地下化建设在节约用地、保护环境、增强设施系统安全等方面具有很高的效益。合理规划建设各类地下市政公用设施,是维持城市功能正常运转和促进城市可持续发展的关键。

市政公用设施地下化综合利用是一个专项规划,是城市地下空间规划的一项重要内容,涉及方面较多,除了要考虑地面市政设施规划以外,还应充分考虑与城市道路交通规划、轨道交通规划、绿地及广场规划等相结合。

地下市政公用设施规划是以建设现代化、集约化、安全、高效的设施体系为目的,在对现状深入调研的基础上,进行市政设施地下化建设的需求性和可行性分析,结合规划区建设发展的实际需要,统筹安排各项市政公用设施在地下空间的规划布局,制定各类设施的建设规模、指标要求及重大地下市政设施建设控制范围等。地下市政设施可以结合城市新区开发、旧城更新改造、道路拓宽整治、地下空间开发及地铁开发等整合建设。同时在城市重点建设地区、景观重点地区及重要的交通节点等特殊地段或区域可以考虑综合管廊的敷设。

(1)地下综合管廊

地下综合管廊兴起于19世纪的欧洲,在巴黎早期地下排水系统建设中,创造性地将煤气、电力等管线布置其中,形成了早期的综合管廊。长期使用后证明综合管廊具有直埋式地下管线无法比拟的优点,如提高使用寿命、减少重复破坏路面、便于维修等。

日本是目前世界上综合管廊(日本称为"共同沟")建设最先进的国家之一,20世纪60年代后建设城市道路和地铁时就开始同时建设综合管廊,在东京(图2.25)、大阪、广岛、仙台等城市得到了大规模的发展。

日本的实践经验表明在城市开发过程中,结合地铁、地下商业街建设综合管廊,功能上独立布置,结构上组织在一起,可有效节省投资和缩短工期,比单建管廊有更大的优越性。

目前我国很重视综合管廊的建设,逐步开始进行科学规划和有序开发。上海于1993年规划建设了我国第一条综合管廊——浦东新区张扬路综合管廊。

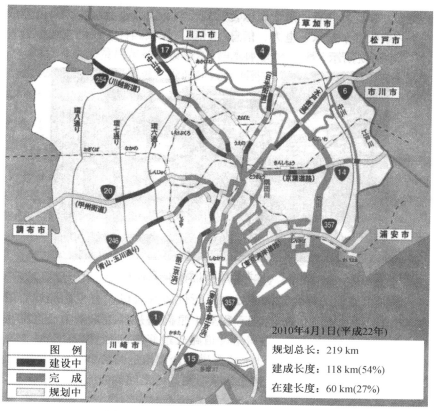

图2.25　日本东京地区地下综合管廊布局

地下综合管廊的规划应符合城市经济发展水平及建设需求,以城市总体规划及城市市政公用设施专项规划为依据,规划布局与城市形态、城市路网紧密结合,体现实用性、综合性与前瞻性。对管廊内部空间合理分配,充分发挥地下构筑物的抗灾性能,加强管廊的抗震及防水措施,制定合理的投资政策,发挥长期的经济效益、防灾效益和环境效益。

(2)地下市政场站

地下市政场站设施按功能划分,可分为地下变配电设施、地下给排水收集处理设施、地下垃圾收集处理设施、地下供(换)热制冷设施、地下燃气供给设施、地下环卫设施等。其中地下给排水收集处理设施包括地下排水设施、地下雨水收集与储留系统、地下水处理设施、地下污水处理厂等;地下环卫设施包括地下垃圾收集站、地下垃圾转运站、地下垃圾处理场站等。按其建设形式划分,可分为地下或半地下市政场站。

在地面建设市政场站不仅占用大量城市土地资源,并且给周围环境带来压力,尤其是污水处理厂与变电站的建设,不仅需要大量土地用作防护绿化带,而且增加了与周围环境的矛盾。

地下市政场站规划是以城市总体规划、市政公用设施专项规划为依据,结合地下空间的发展趋势与功能设施布局,对占用城市土地资源、影响城市景观或生活环境的部分市政场站设施进行地下化建设,是对城市市政专项规划布局的进一步深化。地下市政场站选址以城市广场、绿地、道路等地下空间为主,可单独规划建设或结合其他建(构)筑物建设。

上海静安(世博)500 kV 地下变电站位于上海市北京西路与成都北路交叉口西北侧,是国内首座超大容量、多电压等级、全地下、全数字变电站,也是世界上第二座 500 kV 大容量地下变电站(图 2.26)。

图 2.26   上海静安地下变电站

芬兰赫尔辛基维金麦基地下污水处理厂建于 20 世纪 90 年代,承担着当地 70 万居民的生活污水和工业企业排放污水的处理。该厂利用产生的沼气来发电和发热,供本厂使用。地下污水处理厂的建立避免了噪声和异味对居民的影响,十分有效地解决了环境污染问题(图 2.27)。

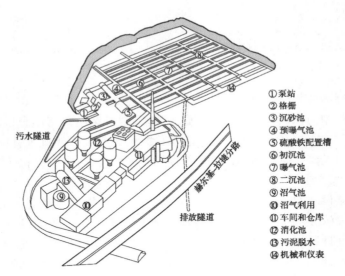

① 泵站
② 格栅
③ 沉砂池
④ 预曝气池
⑤ 硫酸铁配置槽
⑥ 初沉池
⑦ 曝气池
⑧ 二沉池
⑨ 沼气池
⑩ 沼气利用
⑪ 车间和仓库
⑫ 消化池
⑬ 污泥脱水
⑭ 机械和仪表

图 2.27   赫尔辛基维金麦基地下污水处理厂

3. 地下公共服务设施系统规划

公共服务设施是城市公共活动的载体,由于城市用地紧张及科学技术水平的提高,越来越多的公共服务设施修建于地下空间。地下公共服务设施是城市公共服务设施的补充和完善,包括地下行政办公、地下商业娱乐、地下文化、地下体育、地下医疗、地下教育科研及地下综合体等设施(表 2.8)。

表 2.8 地下公共服务设施分类

功能分类	地下公共建筑类型
地下行政办公	地下办公室、地下档案资料室、地下会议中心等
地下商业娱乐	地下商业街、地下商场、地下餐饮、地下娱乐活动中心等
地下文化	地下图书馆、地下展览馆、地下博物馆、地下影剧院、地下音乐厅、地下文化中心、地下美术馆等
地下体育	地下体育馆、地下健身馆、地下冰球馆、地下体育训练中心等
地下教育科研	学校用的地下图书馆、实验室、体育馆;科研实验室、研发中心等
地下医疗卫生	地下医院、地下救护站、地下急救中心、地下防疫站等
地下综合体	商业型地下综合体、交通型地下综合体
其他	地下教堂、地下殡葬设施等

　　地下公共服务设施系统规划应结合规划区发展实际,在充分调研的基础上,系统分析建设的需求及必备条件,研究城市公共活动的人群、活动特征、活动类型及其在城市中的分布,根据城市地面公共服务设施的功能布局,合理规划地下公共服务设施的分布。同时分析各类设施的开发规模,针对不同地区提出不同的适建内容、建设项目及建设要求,并对运营管理提出保障措施。

　　地下公共服务设施在规划布局上建议与地面公共服务中心相对应,与主要交通枢纽相结合,依托交通设施带来客流。并与地下公共人行系统相互渗透,提高整体连通能力,将一定范围内分散的公共建筑在地下连通,形成区域性连续的室内公共空间。同时应注意考虑地下公共服务设施的建设规模、人员疏散、内部防灾及内部环境等问题。

　　(1)地下商业娱乐设施

　　地下商业娱乐设施是对城市商业设施的完善和补充,可以单独建设,也可结合地铁车站、地下人行通道建设,从而保证足够的人流与服务需求。规划布局应吸引人流量,打造商业购物环境,保障内部安全,并具有良好的导向性及舒适的空间环境。

　　(2)地下文化、体育设施

　　文化、体育设施的体量较大,当土地紧缺、地价高昂或地面建筑受到限制时,促进了此类设施的地下化发展。另外有一些设施客观上要求建在地下,如地下遗址保护性的博物馆等。

　　地下文化设施(图 2.28 和图 2.29)、体育设施(图 2.30)常与城市中心地区的立体化再开发相结合,主要在城市广场、绿地等开放空间的地下进行规划建设,或结合地面公共建筑进行综合开发建设。其空间类型、规模和建设形式较多,有全地下、半地下建筑,也可利用山体、坡地等地形建设。地下体育设施可以不受气候和天气的影响,保证比赛环境的质量,但需要满足良好的照明、通风及防灾等要求。

　　(3)地下教育科研设施

　　地下教育科研设施的利用,在欧美许多国家都有建设实例。在地下空间建设教育设施大多结合学校的建设或改造来进行,并充分利用地形地貌,如利用山地、坡地、建筑附属地下室、操场等环境条件,尤其是利用学校操场进行地下公共空间的开发(图 2.31)。

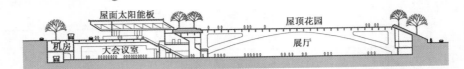

图 2.28　美国旧金山莫斯康尼会展中心

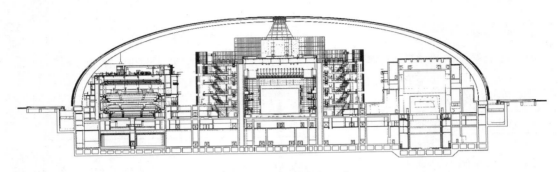

图 2.29　中国国家大剧院

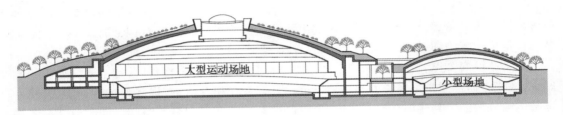

图 2.30　日本大阪市中央体育馆

　　由于地下空间具有良好的封闭性和隔离性,许多科学研究实验都布置于地下,如无重力实验、地下岩石力学研究、地下水动态研究等。根据地下科研设施的特性,其适宜布置在相对独立的区域,如山体或其他远离城市生活的区域,并且其地下深度根据各设施的自身特性进行布置。四川锦屏地下实验室于 2010 年 12 月开始投入使用,是我国首个极深地下实验室,垂直岩石覆盖达 2 400 m,主要进行粒子物理及天体物理等领域的科学研究。

　　(4)地下医疗卫生设施

　　地下医疗卫生设施指全部或部分建于地下的各类医院、防疫站、医疗中心、急救中心等。按照地下医院的建设标准,利用各级医疗空间的改造和新建,满足人防要求和城市发展需要。

　　4.地下综合防灾设施系统规划

　　城市灾害的特点是具有很强的突发性,在高度集约化的城市,极易造成巨大的损失,且容易引发次生灾害。灾害对于城市的破坏程度,与城市所在位置、城市结构、城市规划及城市基础设施状况等有很大关系。

　　我国建设部于 1997 年公布的《城市建筑综合防灾技术政策纲要》把地震、火灾、洪水、气象灾害、地质破坏等五大类列为我国城市灾害的主要灾源。随着城市发展,城市防灾的范畴也有所扩大,纳入了人防、环境安全、公共安全、重大危险源、反恐等防灾内容,强调综合防灾减灾体系及应急管理机制等内容。

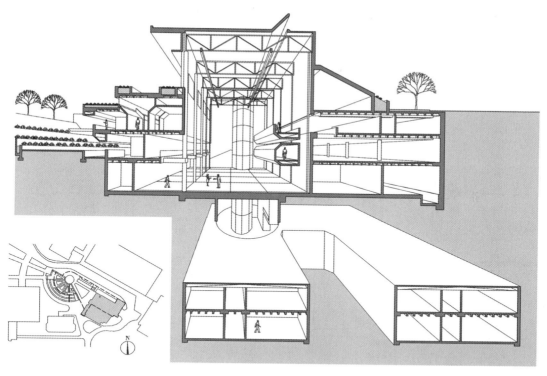

图2.31 美国明尼苏达大学土木与矿物工程系地下系馆

地下空间具有抗暴、抗震、防御外部火灾、减轻风灾及洪灾等特性,对多种灾害具有较强的防护能力,越是城市聚集度高的地区,这种优势就越明显。地下空间可以为地面空间难以抗御的灾害做好防灾准备,并且可在地面空间受到严重破坏后保存部分城市功能和灾后恢复能力。

地下综合防灾设施系统规划应以城市及规划区综合防灾系统建设现状为背景,进行需求预测分析,制定各类设施的规划布局、建设规模和建设要求,贯彻"平战结合、平灾结合,以防为主,防、抗、避、救相结合"的原则,在提升地下空间防灾能力的基础上,完善现代化城市综合防灾减灾体系。

（1）地下人防工程

地下人防工程是战争时期人民生命财产和物资安全的重要保障,开发利用地下空间是解决城市人民防空的主要途径。地下人防工程规划应落实通信指挥、医疗救护、防空专业队、人员掩蔽及配套工程的选址和规模,提出各类人防工程的配建标准及建设要求,明确地下空间兼顾人防要求以及地下人防工程平战结合的重点项目。通过功能整合,地下人防工程形成系统,利于战时发挥防护效益,平时取得经济效益。

（2）地下防灾设施

利用地下空间的防灾特性开发地下防灾设施,可提高城市自身的防灾能力。规划应提出各类防灾设施的规划要求及规划措施,明确地下空间灾时利用规模、用途及容量等。保证灾害到来时做到安全避难、抢险救援、医疗救护、疏散运输及生活保障等防灾体系运行完善,广泛结合其他地下空间设施,形成布局合理、上下协调、分工明确、保障有力的城市防灾应急系统。

著名的芝加哥防洪隧道和地下水库工程(也叫"深隧"工程)是为了减少芝加哥大都会地区洪水风险而建设的大型防灾工程。这项超级工程是世界上最大的隧道工程之一,从1975年开始建设,一期工程隧道长176 km,于2006年底完工并投入使用,二期工程预计于2029年完工,包括211 km长的隧道,深45～91 m,直径2.7～10.8 m,252座直径1.2～5.1 m的截水竖井,645项接近地表的聚水构筑物,4座泵站和5个蓄水量共为1.55亿立方米的蓄水空间(图2.32)。

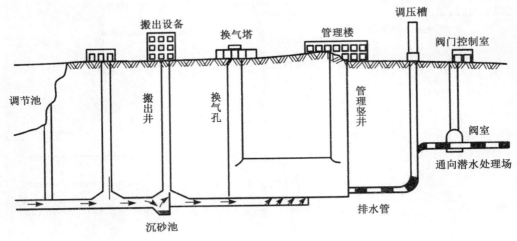

图 2.32　芝加哥"深隧"工程示意图

2.4.2　功能设施系统整合规划

地下空间的综合开发应加强各分项功能系统之间的整合,加强系统内部各设施之间的整合,使各类地下空间设施在三维空间中进行空间优化,主要表现在竖向协调、功能复合、建设整合、时序衔接等多个方面,突破以往地下空间分项设施各自规划建设的模式,实现资源的集约与节约配置,使地下空间系统发挥更大的效能。

功能设施系统整合规划主要包括地下交通设施系统与地下公共服务设施系统、地下交通设施系统与地下市政公用设施系统(图2.33)、地下防灾设施系统与其他设施、地下综合体与地上空间、地下仓储物流系统与能源环境战略等方面的整合。

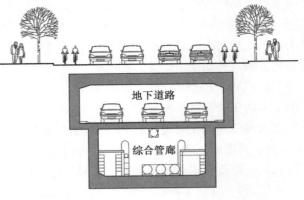

图 2.33　地下道路与综合管廊整合

2.5 地下空间规划的管控体系

2.5.1 管控体系

城市地下空间规划的管控体系是对土地、地下建筑及设施等的管理及控制,一般是采用指标量化、控制图则、设计导则及条文规定等多种手段。其中指标量化是通过数据化的指标对建设用地进行定量控制,是最基本的控制引导方式;控制图则是对地下空间控规的各项控制指标及技术要求形成的法定管理图件,是制定规划管理与建设要求的法定依据;设计导则是为准确描述空间形象的意向性控制内容,适用于地下空间详细规划控制;条文规定是指通过控制要素、实施细则和政策法规的形式,一些具有普遍性和客观性的控制内容得到执行,是地下空间规划重要的控制方法之一。

2.5.2 管控内容

1. 城市地下空间总体规划

通过研究确定控制内容及相应的控制指标,提出总体控制原则、控制执行体系和实施保障措施,是对城市地下空间总体规划目标的具体表达。主要的控制与引导类别及内容见表2.9。

表 2.9 地下空间总体规划控制与引导类别及内容

控制与引导类别	控制与引导内容
容量	城市地下空间适建用地规模
	城市地下空间总量
	各类地下功能设施的规模、地下化率
	用地水平(人均拥有的地下空间用地面积)
功能与布局	总体布局结构
	开发控制分区
	各功能竖向布局
	各类地下功能设施布局
	重点建设区(地段)的控制与引导
	近期建设规划布局
实施策略	开发实施的时序和步骤
	投资效益分析
	运营管理建议和方法

2. 地下空间控制性详细规划

主要以城市局部地区为控制对象,以量化标准将地下空间总体规划中平面的、定性的、宏观的控制,转化为三维的、定量的、微观的控制。明确规划分区和编制单元内地下空间开发的控制要素,包括规定性控制与引导性控制两类。科学确定规划控制指标体系,重点强化对公共性地下空间的管控和地下空间的公益性开发,提高地下空间的秩序和品质。

地下空间控制性详细规划的控制与引导内容一般包括土地使用、地下建筑、设施配套等方面,根据不同地区、不同性质的地下空间,控制引导内容应有不同侧重(表2.10)。

表2.10　地下空间详细规划控制与引导内容

控制要素	要素分类	内容	控制性指标		引导性指标
			刚性	弹性	
土地使用	土地使用控制	用地面积	√		
		用地界线	√		
		用地性质		√	
		地块划分	√		
		土地使用兼容性			√
	容量控制	建设容量(开发强度)		√	
		开发深度(层数)		√	
地下建筑	地下建筑控制	竖向控制、建筑层高	√		
		地下建筑物边界控制(后退红线、间距等)	√		
		地下建筑防火、防灾要求	√		
		地下出入口、连通道的方位及距离	√		
	公共空间设计引导	公共空间的平面组合形式、空间设计等		√	
		通风井、采光窗			√
		可识别标志系统			√
		其他附属设施			√
设施配套	交通设施	地下轨道交通设施	√		
		地下车行道路交通设施	√		
		地下人行系统			√
		地下停车设施与泊位	√		
		地下静态交通系统		√	
		地下交通场站设施	√		
	公共设施	地下商业街、地下综合体的规划位置、规划要求等	√		
	市政设施	现有及规划的地下市政管线定位及避让措施,各类市政设施的设置要求,与其他地下空间的位置关系	√		
	人防设施	配套的人防工程建筑面积	√		
		配套的人防工程类型	√		
实施措施	规划管理	管理方式、管理制度、投资政策等			√
	工程开发	建设方式、工程技术等			√

第3章 地下商业街设计

3.1 地下商业街概述

地下商业街是在城市发展过程中产生的一系列固有矛盾状况下,促进城市可持续发展的一条有效途径。同时地下商业街也承担了城市所赋予的多种功能,是城市的重要组成部分。伴随着地下商业街建设规模的不断扩大,将地下商业街同各种地下功能设施综合规划建设已成为城市建设的重要内容,如将地铁、综合管廊、高速路、停车库、娱乐及休闲广场等与地下商业街相结合,形成具有城市功能的地下大型综合体,是地下城的雏形。

3.1.1 地下商业街定义

地下商业街是沿地下公共人行通道设置商业店铺等的地下建筑设施。地下商业街是因为与地面商业街相似而得名。它是由最初的地下人行通道扩展而发展起来的。对于地下商业街的定义也因不同时期的功能发展而体现其不同内容及含义。

1. 日本对地下街的定义

日本地下街的建设历史与经验是值得借鉴的。日本把地下综合体称为"地下街"。在初期主要是在地铁车站中的步行通道两侧开设商店,经过时间的变迁,从内容到形式都有了很大的变化和发展,已然发展成为地下综合体。

(1)日本建设省对地下街的定义

日本建设省对地下街的定义为:"地下街是供公共使用的地下步行通道(包括地下车站检票口以外的通道、广场等)和沿这一步行通道设置的商店、事务所及其他设施所形成的一体化地下设施(包括地下停车库),一般建在公共道路或站前广场之下。"

(2)日本劳动省对地下街的定义

日本劳动省对地下街的定义为:"地下街是在建筑物的地下室部分和其他地下空间中设置的商店、事务所及其他类似设施的连接,即把为群众自由通行的地下步行通道与商店等设施结为一个整体。除这样的地下街外,还包括延长形态的商店,不论其布置的疏密和规模的大小。"

2. 地下商业街建设的特征与意义

根据日本及我国地下商业街建设的经验及学者的总结可以看出地下商业街发展的脉络,地下商业街的重要理念就是把地面商业街的模式转移至地下空间。

地下商业街除其商业功能外,也是公共步行服务设施,使地面步行服务设施得到延伸,是城市公共服务设施的一个组成部分。同时地下商业街是整体完整的设施,并拥有独立的运营系统,具有固定、永久与整体的特性,其功能包括商业营业区、公共服务区、办公室、通向地面的垂直与水平通道、设备区及其他辅助设施。其运营也是以地下商业街为主体单独进行,并有自主管理能力。

综上所述,地下商业街应包含这样一些内容:第一,必须有步行道;第二,要有多种供人们使用的设施;第三,要具有引导交通流向的功能;第四,是自主经营运行的独立系统。

3.1.2 地下商业街的发展

"地下街"源自日文的直译,在日本学术界中用英文"underground town"来表达,表明了日本期待地下街扩展为地下生活的"城镇",地下商业街发展的初期是由地下人行通道扩展形成的,见表3.1。

表 3.1　地下商业街演变过程

阶段	形式	特征
初期	横穿街道的地下人行过街通道	只单纯提供给行人穿越道路的选择方式,内部并无商业
早期	通道两侧设置广告、橱窗与广告灯箱等	只进行商业信息交换,而无商业交易
	通道两侧增加展台售卖商品	商业行为正式与地下通道结合,渐渐演变为地下商业街的雏形
发展	地下商业街复合开发模式	功能综合体的兴起,集交通、商业及其他设施共同组成相互依存的地下综合体

可以看出地下商业街最基本的功能是具有公共人行通道及各种商业活动空间,之后便向集交通、商业等多功能的综合体方向发展。

1. 日本的地下街

地下商业街最先起步于日本,1930—1932年日本东京上野火车站地下人行通道两侧开设了商业柜台,形成了最初的地下商业街,其真正起步阶段在20世纪50年代前后。1952年日本东京中心银座地区建设了三原桥地下街,1955年建成浅草地下街,1957年建成大阪唯波地下街,1963年又建成了梅田地下街。此后的几十年中,日本地下街数量逐年上升(图3.1),仅东京就有19处,总面积达28.3万平方米,名古屋有20余处,总面积达16.9万平方米。全国21座城市建有地下街,总面积达110万平方米。日本地下街已经是城市地下综合体,它把地下商业街、地下停车库、地铁、地下综合管廊、地下道路、地下室等同地面设施与广场全部连接成一个整体,某些区域可以看作一个地下城市的雏形。

2. 欧美国家的地下商业街

欧美国家的地下工程在第二次世界大战前主要是地铁建设及市政改造,战争带来的影响使得"防空"成为地下工程建设的原因,真正进行地下综合体的建设是在20世纪50~70年代,地下商业街大多结合城市改造、地铁建设形成带有商业性质的地下综合体。此时期欧美著名的地下商业街,包括联邦德国慕尼黑市中心再开发的地下商业街、加拿大蒙特利尔与多伦多的地下城、美国曼哈顿地下高密度空间与费城市场东街等。

3. 推动地下商业街多样性发展的因素

我国地下商业街最早起步于哈尔滨市东大直街与奋斗路(现为果戈里大街)交叉口的人行通道(1986年5月—1987年4月,该项目是哈尔滨1973年建设的地铁工程的分部工程),1987年3月在人行过街道基础上修建了奋斗路地下商业街(现为果戈理大街),该地下街的建设对我国人防及地下工程产生了巨大的影响。进入21世纪之后全国各大中城市大多开发了具有人防性质的地下商业街。

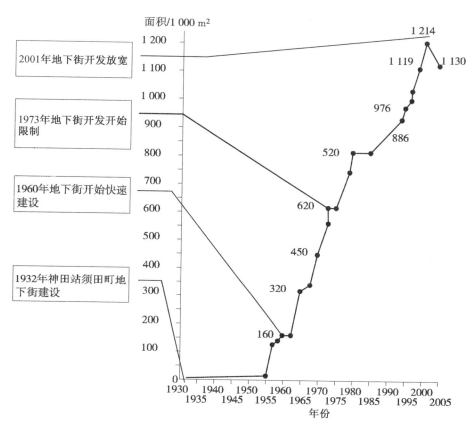

图3.1 日本地下街建设发展趋势

城市规模的扩大促进了地下商业街的快速发展,随着人防战备的需求及城市规模的扩大,地下商业街将成为城市可持续发展的一种重要模式。今后地下商业街的类型或功能还会增加,由"街"相连而成的"城"会日益增多。目前日本东京、中国上海等地的地下商业街已经具备了"地下城"的雏形。

现今的地下商业街已由传统概念的地下商业空间开发,逐渐演变为一个处于地下的公共活动平台,也使得地下商业街需要在空间组成上有所突破,最终产生有别于传统地下商业街的新形态地下商业空间。

地下商业街的基本雏形是地下通道与商业的结合,而如今的地下商业街之所以会多样性发展,主要是由以下因素推动的:

(1)地下防护

地下商业街产生的初始原因是为满足战争状态下的防护要求,建设具有掩蔽性质的工程项目。在第二次世界大战中,日本为了战争防护把地下室连接起来形成后期的地下商业街雏形。之后伴随着街道地下空间的开发和规模的扩大,地下室的利用转变为其中的一个部分。我国地下商业街建设早期也是为了满足防护要求起步的。

（2）土地价值与效益

城市的快速发展使得城市中心区的土地价值迅速提升,在地面空间已经达到饱和状态下,发展地下商业街可大大提高土地利用效率。我国提出把人防工程建设和城市建设结合起来,把防护的观念当成重大的方针政策,把防护与综合效益结合起来,在综合效益的推动下带动地下商业街的发展。综合效益指战备、社会、经济、环境效益。

（3）城市交通

进入 21 世纪,我国各个大中城市迎来了轨道交通建设的热潮,推动了地下工程的进展,地铁车站常成为各种公共交通的高效转换中心。城市机动车的增多、交通拥挤、人车混杂等局面是普遍存在的矛盾,解决这一矛盾的主要方法就是利用地下空间建设地下人行系统、开发地下停车库,这必然就会发展以地铁车站为中心,以地下人行系统为纽带,连接地下商业、车库等的地下综合体。由于城市交通的矛盾更加促进了地下商业街的发展。实践表明地下商业街的建设确实改善了交通现状,提高了步行人员的安全,增强了区域的社会及经济效益,改善了区域环境,又具有得天独厚的防灾效能。

（4）城市更新

城市更新也是促使地下商业街多元化发展的因素之一。由于在城市更新过程中,常会采用立体化再开发模式进行空间扩容,此时开发地下商业街就成了一种有效的解决对策,也是能确保地面环境朝正面发展的合理开发策略。

3.1.3　地下商业街的类型

1. 按形态分类

以地下商业街所在位置和平面形状,可以分为道路型、广场型和复合型地下商业街。

（1）道路型地下商业街

道路型地下商业街多数处在城市中心区较宽阔的主干路下,平面沿街道走向布置,大多为"一"字形、"十"字形、"工"字形、"井"字形、"T"形、"L"形、"网络"形等。商店通常布置在地下商业街中央通道两侧,以出入口衔接主干路两侧的人行系统。地下商业街应尽可能同地面有关建筑及地下室或其他地下空间设施相连通。出入口的设置应与地面主要建筑及道路交叉口相结合,以保证人流便捷的立体交通。日本三宫地下商业街位于日本神户,三宫是神户首屈一指的繁华街道及各线交通的交通枢纽,由三宫车站向南延伸的地下建筑就是最古老的"L"形地下商业街,并同附近的许多建筑及地下室相连通。三宫地下商业街的商业经营面积约为 9 800 m^2,集中了生活用品、食品餐饮等 130 多家店铺,商业氛围十分浓郁(图 3.2)。

图 3.3 所示为重庆市中心解放碑步行街区地下人防商业街,全长 723 m,总建筑面积2.8 万平方米,位于市中心区解放碑闹市区,它原来由商业、食品街、娱乐、旅店及道路等组成,之后又将地铁与之连接,2010 年又在原有人防道路基础上规划增建了约 4 500 m 长的地下环形地下道路及 22 处地下停车库,原有的地下人防商业街已发展成为大规模的地下综合体。

（2）广场型地下商业街

①建设地点

广场型地下商业街通常位于城市商业、文化、铁路公路枢纽等中心广场、公园绿地等地下或与城市高铁、机场等大型综合交通枢纽相结合建设。

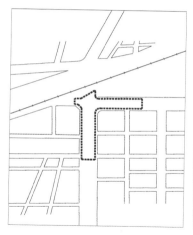

图 3.2　日本三宫地下商业街("L"形)

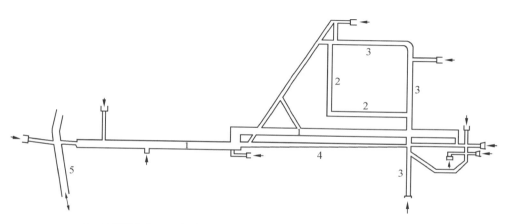

1—地下商业街;2—地下娱乐街;3—地下食品街;4—地下旅店街;5—地铁

图 3.3　重庆市解放碑地下人防商业街("T"形)

②内容与形式

广场型地下商业街主要由地下出入口、垂直通道、下沉广场等与地面衔接。设于中心广场下时,应注重与周边道路的对接,合理引导人行流向。与交通枢纽结合建设时,可与公共交通设施的首层或地下层相连接。在功能上可考虑商业、人行通道、餐饮、娱乐及住宿等。

③平面

广场型地下商业街平面规划类型应与地面广场形式相协调,常为多边形或矩形的厅式布局,内部空间大、灵活而自由,既便于交通,又能满足公共活动、商业娱乐及休闲功能,常与地下停车库结合建设。

④环境

广场型地下商业街可与地面环境共同开发,让地上与地下空间在景观、动线、机能之间,形成更多的功能整合与更高的使用效率。如在广场上可设置下沉广场,通过室外楼梯与地面相连接,既能满足地上与地下空间的过渡,又能为地下商业街引入自然光源,可以在提升地下空间环境的同时,也为人们提供休息空间(图3.4)。

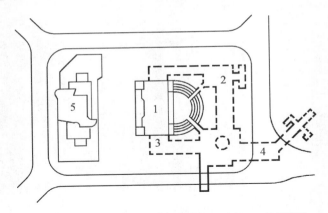

1—下沉广场;2—地下娱乐场;3—茶室;4—商场;5—地面车站

图3.4 兰州市东方红广场地下商城(广场型)

在铁路、码头、客运站等交通流量较大的站前广场,地下商业街常具备多种功能。

石家庄原火车站广场结合旧城改造建成了55 000 m² 的地下商业街。该地下商业街有三方面意义:一是缓解站前交通问题,二是解决停车难的问题,三是设置配套商业服务、完善服务设施。图3.5为日本东京都川崎市川崎站阿捷利亚地下商业街,总建筑面积56 916 m²。它建设在车站、站前广场及道路下方,综合开发交通、娱乐、购物等功能,形成大型地下商业街。

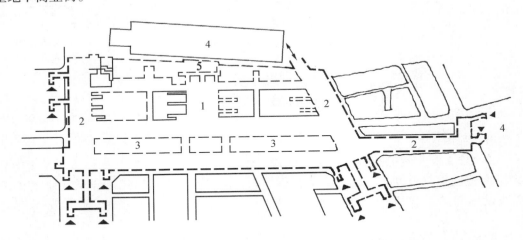

1—阳光广场;2—通道;3—商业;4—地面川崎站;5—防灾中心

图3.5 日本东京都阿捷利亚地下商业街(广场型)

(3)复合型地下商业街

复合型地下商业街是广场型与道路型地下商业街的结合。这种地下商业街工程规模较大,常常是分期建造,需要很长时间才能完成。几个地下商业街连接成一体的复合型地下商业街带有"地下城"的意义,这样的地下商业街能在交通上引导人车分流,可同地面建筑相连,也可与地面车站、地铁车站及其他周边地下空间等相连通。在使用功能上又有商业、文化、体育、会展等多种功能。

复合型地下商业街常以广场为中心,沿道路向外延伸,通过地下人行通道与周边地下空间相连,从而形成整体网络型地下商业街。

日本横滨地下商业街,由横滨站西侧的波塔地下商业街与东侧的戴蒙得地下商业街组成,并把道路立交、铁路站口、停车场等有机联系在一起(图3.6)。

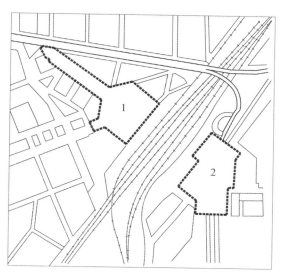

1—戴蒙得地下商业街;2—波塔地下商业街

图3.6 日本横滨地下商业街规划(复合型)

日本名古屋地区是由9条地下商业街、17个大型建筑的地下室和3个车站的地下室形成的地下空间格局,从1957年开始建造,一直到1976年才形成,尽管平面形态不规整、曲折,但也属于复合型地下商业街(图3.7)。

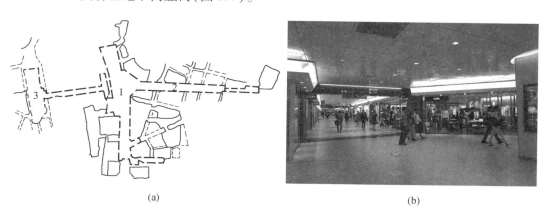

(a)   (b)

1—名古屋站地下商业街;2—名古屋地下商业街;3—叶斯卡地下商业街

图3.7 日本名古屋复合型地下商业街(复合型)

(a)总平面图;(b)室内街景

地下商业街的迅猛发展也说明城市用地紧张和拥挤状况达到了极点,经过规划的复合型地下商业街,能形成较完善的功能布局,也有利于人、车的分流。图3.8为日本东京站附近的八重洲路地下商业街,属于复合型地下商业街,建于20世纪60年代(1963—1969年),总建筑面积7.4万平方米,地下一层为地下室、站前广场及沿八重洲路方向长150 m的地下商业街,地下二层为可停放570辆车的两个停车库,地下三层为4号高速公路、高低压配电及综合管廊,汽车可由地下高速路直接出入地下停车库,行人可通过地下人行通道到地铁车站换乘,解决了路面车辆拥挤问题。所以尽管东京站日客流量达90万人次,但街道上交通秩序井然,体现了现代大都市的风貌。这个地下商业街规划是很成功的案例。

(a)   (b)

1—广场地下商业街;2—八重洲地下商业街;3—铁路;4—站前广场

图3.8   东京站复合型地下商业街

(a)总平面图;(b)室内街景

2. 按规模分类

按日本的经验,以建筑面积的大小和其中商店数量的多少,可以将地下商业街分为小型、中型和大型地下商业街。

(1)小型   面积在3 000 m² 以下,商店少于50个。这种地下商业街多位于车站地下层或大型商业建筑的地下室,由地下人行通道互相连通而形成。

(2)中型   面积3 000 ~ 10 000 m²,商店30 ~ 100个,多为上一类小型地下商业街的扩大,从地下室向外延伸,与更多的地下室相连通。

(3)大型   面积大于10 000 m²,商店数在100个以上。这里又有三种情况:一是广场或街道下的地下商业街;二是以车站建筑的地下层为主的地下商业街,加上与之相连通的地下室;第三种情况是上面两种情况复合而成的规模非常大的地下商业街。

3.2   地下商业街的规划设计

地下商业街是对城市商业设施的完善和补充。随着城市规模的扩大、集约化程度的提高以及土地资源的紧缺,地下商业街得到了较大程度的发展,其规模在不断扩大。地下商业街常规划于城市繁华的商业中心,可以有效地缓解地面交通拥挤的情况,实现对城市空间的立体化开发,提高土地利用效率,节约土地资源。地下商业街可以单独建设,也可结合地铁车站、地下公共人行通道等进行建设,从而保证足够的人流与服务需求。目前所建的地下商业街多为商业型或文化娱乐型。

3.2.1 规划选址原则

(1)地下商业街规划应与城市上位规划、人防规划相对应,与城市不同层次的商业中心、公共服务中心相衔接,充分考虑建设需求、现状因素以及与其他城市系统间的协调关系等。并考虑未来发展成地下综合体的可能性,积极引导与其他地下空间设施的联系,为水平和竖向上的规模扩展做好预留。

(2)应以同地面功能相协调、互补为原则,与其他地下空间设施相连通,发挥其在城市功能中的作用。地下商业街应建在城市人流、商业、行政等中心区域,这些区域交通流量大,商业环境成熟,大型建筑配建地下空间多,因此对地下商业空间的开发的需求也较大。地下商业街的建设可以将人流引入地下,缓解地面交通压力,同时又扩充城市公共空间。形成地上、地下多功能、多层次的有机组合。

(3)与公共交通设施相结合,有利于地下空间商业价值的提升,提高商业客流以及地下公共人行通道的通行率。宜结合地铁建设、商业办公建筑开发、城市改造、地下市政设施更新以及道路交通改造等进行,以此降低地下空间的开发成本。

(4)地下商业街建设对保护历史风貌区的环境具有积极作用,应选择对环境影响小的施工方法进行建设等。

3.2.2 规划开发类型

1. 开发类型

(1)单建式地下商业街 在城市道路、广场、绿地等下方单独建设的地下商业建筑,建筑内部有公共人行通道,通道两侧布置商业店铺(图3.9(a))。

(2)附建式地下商业街 以城市各地块中修建的附建式地下商场为主体,或在原基础上进行扩建,并设有专门的人行通道,与外部地下公共人行系统相连通(图3.9(b))。

(3)通道扩建式 将原本用来连接地下空间设施的公共人行通道进行扩建,沿通道两侧扩展商业店铺,从而形成地下商业街(图3.9(c))。

2. 功能整合建设

(1)地下商业街中通道要以公共人行交通功能为主,兼顾商业空间的建设。

(2)地下商业街应与周边地下公共建筑以及地下停车库相互连通,满足步行通道功能。

(3)地下商业街与地下停车库整合建设时,地下停车库宜布置在地下二层。

(4)地下商业街应与人防功能相结合,在战时发挥防护作用。

3.2.3 规划设计内容

1. 规划设计要点

城市地下商业街建设受地面、地下、环境、道路交通等多种影响,规划设计中需考虑以下内容:

(1)地面建筑、景观绿化及交通设施等的布置。

(2)地面建筑的使用性质、基础类型、结构情况以及地下市政管线设施等因素。

(3)地面道路的交通流量流向、主要公共建筑的人流走向、道路交叉口的人流分布与地

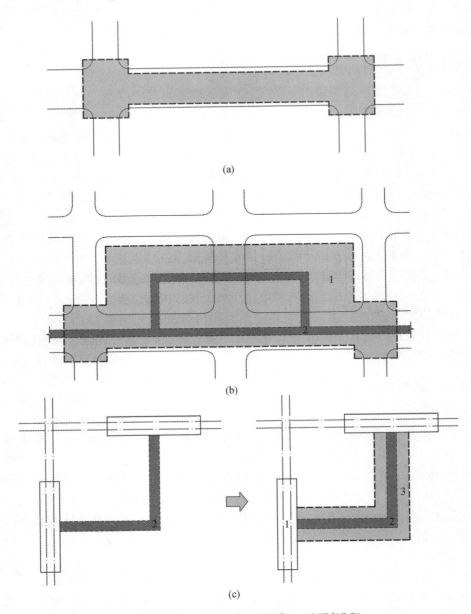

1—地铁车库;2—地下公共人行通道;3—地下商业街

图3.9 地下商业街开发形式示意图

(a)道路下单建式地下商业街;(b)附建式地下商业街;(c)通道扩建式地下商业街

下商业街交通人流的流向设计。

(4)地段内的战略地位、防护及防灾需求,综合确定防护防灾等级。

(5)地下商业街的多种使用功能组合以及与地面建筑使用功能之间的关系。

(6)地下商业街的竖向设计、层数、深度及扩建方向,包括水平方向的扩展以及竖向的增层。

(7)与周边地铁或其他地下公共设施的联系。

(8)设备之间的布置,水、电、风和各种管线的布置与走向,以及与地面联系的通风口形式等。

2. 规划控制与引导

地下商业街规划阶段可分为概念性规划、控制性详细规划和修建性详细规划，每个规划阶段都有不同的内容、要求和目的。

详细规划主要侧重于对地下商业街的规定性控制指标和引导性要求，以便科学地指导下一阶段的建筑设计，保障项目实施落地。制订地下商业街规划设计方案，明确地下商业街的平面布局、功能区划、空间整合、公共活动空间设计、各功能设施之间的关系、交通流线组织、竖向设计、连通道及出入口设计等内容(图3.10)。

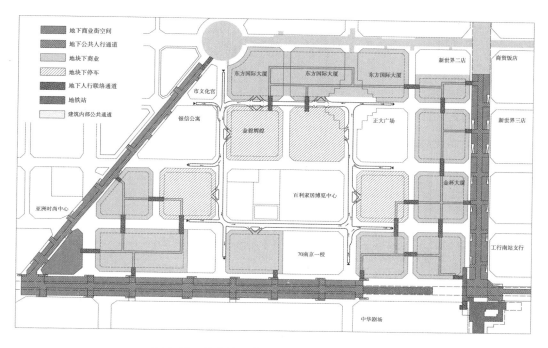

图3.10　某市地下商业街总体布局规划平面图

(1)规划控制要求

规划控制要求主要包括用地面积、用地界线与地块划分、功能性质、开发强度、层数、层高、边界后退、防火与防灾、出入口与连通道、交通设施、市政设施及人防设施等要求。

(2)规划引导要求

规划引导要求主要包括使用兼容性、通风口与采光窗、可识别标志系统、业态布局、空间环境、配套设施、管理方式、建设方式及工程技术等要求。

3.3　地下商业街的建筑设计

3.3.1　地下商业街的功能分析及组成

1. 地下商业街功能分析

地下商业街的主要功能和作用是缓解城市繁华地带的土地资源紧缺、交通拥挤、服务设施缺乏的矛盾。广义来讲它包括的内容较多,可以和许多不同领域、不同功能的地下空间建筑组合在一起,但就目前实践的状况看,地下商业街主要由以下几个功能组成:

(1)地下公共人行系统,包括地下人行通道、过街通道、广场空间、连接通道、垂直交通及出入口等。

(2)地下营业系统,可按商业、文化娱乐等不同的使用功能进行设计。

(3)地下停车系统,地下商业街常配置地下机动车停车库或非机动车停车库,既能满足配建需求,又能为城市公共停车服务。

(4)地下商业街的内部设备系统,包括通风、空调、变配电、供水、排水等设备用房和中央防灾控制室、备用水源及备用电源用房等。

(5)辅助系统,包括管理、办公、仓库、卫生间、休息、接待等房间。

从规模上划分地下商业街的功能组成有很大差别,小型地下商业街功能较单一,仅有步行道、商场、设备用房及辅助管理用房,而大型地下商业街可和停车设施、地铁车站、地下道路及其他地下空间相联系。地下商业街的功能分析图如图 3.11 所示。

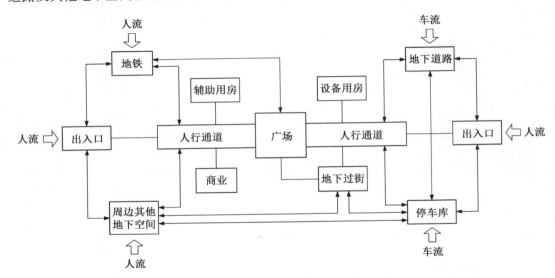

图 3.11　地下商业街与其他地下工程关系图

2.地下商业街功能组成

地下商业街规划研究涉及的专业面很广,如道路交通、城市规划、建筑设备、防灾防护等,而地下商业街某一组成部分情况也有差异,一般中小型地下商业街主要由营业区域、公共区域、辅助运营等功能组成(图 3.12)。

(1)营业区域

地下商业街营业区主要包括各主题店面(如餐饮、超市、游艺、文化娱乐等)以及商业服务设施等。

(2)公共区域

主要包括出入口(各类楼梯、电扶梯、升降梯、下沉广场等)、公共人行通道、节点广场、地下商业街与周边地下设施连络通道等。

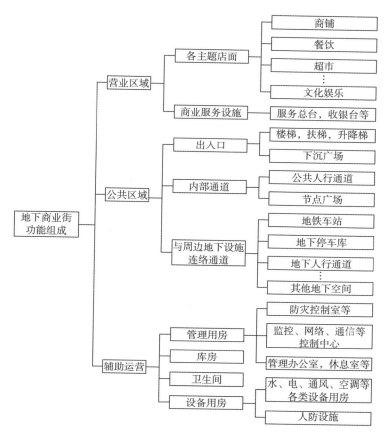

图 3.12 地下商业街功能组成示意图

（3）辅助运营

辅助设施主要保障与管理地下商业街的正常运营。主要包括各类管理用房、设备用房、库房及卫生间等设施。如消防控制中心,管理办公室,监控、网络、通信等控制中心,水、电、通风、空调等各类设施用房,人防设施等。

3. 地下商业街面积组成比例

从日本地下商业街建设经验反映出的各主要组成部分的比例关系如表 3.2 所示。

表 3.2　日本六大城市地下商业街组成比例（截至 1994 年）

城市	总建筑面积/m²	步行道		商店		停车库		机房等	
		面积/m²	比例/%	面积/m²	比例/%	面积/m²	比例/%	面积/m²	比例/%
横滨	89 662	20 047	22.4	26 938	30.0	34 684	38.7	7 993	8.9
神户	34 252	9 650	28.2	13 867	40.5	—	0	10 735	31.3
大阪	95 798	36 075	37.6	42 135	44.0	—	0	17 588	18.4
名古屋	168 968	46 797	27.8	46 013	27.2	44 961	26.6	31 015	18.4
东京	223 083	45 116	20.3	48 308	21.6	91 523	41.0	38 135	17.1
京都	21 038	10 520	50.0	8 292	39.4	—	0	2 226	10.6

注:清华大学童林旭教授统计分析。

日本将 1973 年以后的建设标准做如下规定:地下商业街内商店面积一般不应大于公共步行道面积,同时商店与步行道面积之和应大致等于停车库面积,即

$$A \leqslant B \tag{3.1}$$

$$A + B \approx C \tag{3.2}$$

式中　A——商店面积;

　　　B——步行道面积;

　　　C——停车库面积。

由表 3.2 中数值可以看出,东京地下商业街在总体上比较符合要求;名古屋商店、步行道、停车库三大部分比例约各占 1/3;年代越早,则商场面积所占比例越大,且基本没有地下停车库。

我国目前仍无统一标准,各地一般按地下空间规划中提出的功能配比及配建要求确定,无地下空间规划的地区一般参照当地城市规划管理条例的相关内容执行。

地下商业街在规划上要考虑是否规划停车库,与很多因素有关,如所在位置、地上交通状况、环境要求、地下商业街经营体制等。一般来说地下商业街与停车库结合设计有很多优点,如使用方便、统一管理等,但在设计上却要考虑两种截然不同的使用功能。至于地下道路是否与地下商业街作为整体考虑,虽说在管理上也许不能统一,但在设计上需要考虑多种功能的组合。

地下商业街分为以下几个主要部分:

(1)营业用房面积　商店与休息厅是营业部分必不可少的内容,步行街式商店营业部分为店铺与人行通道。此面积主要指营业用房内面积。

(2)交通面积　交通面积在步行式商店中比较清楚,为了分析方便,厅式商店中两柜台间距扣减 1.2 m 为交通面积。这里主要指步行街式商店的交通面积。

(3)辅助用房面积　辅助用房主要有仓库、机房、行政管理用房、防灾控制中心用房、卫生间等。

(4)停车库面积　见第 4 章地下停车库设计。

地下商业街内的营业面积与经济效益具有一定的相关性。日本地下商业街营业面积、交通面积和辅助面积比例见表 3.3。

表 3.3　日本典型地下商业街中商业各部分组成面积和比例

地下商业街名称		总建筑面积	营业面积		交通面积		辅助面积
			商店	休闲厅	水平	垂直	
东京八重洲地下商业街	面积/m²	35 584	18 352	1 145	11 029	1 732	3 326
	比例/%	100	51.6	3.2	31.0	4.9	9.3
大阪虹之町地下商业街	面积/m²	29 480	14 160	1 368	8 840	1 008	4 104
	比例/%	100	48.0	4.6	30.0	3.4	14.0
名古屋中央公园地下商业街	面积/m²	20 376	9 308	256	8 272	1 260	1 280
	比例/%	100	45.7	1.3	40.6	6.1	6.3

表3.3(续)

地下商业街名称		总建筑面积	营业面积		交通面积		辅助面积
			商店	休闲厅	水平	垂直	
东京歌舞伎町地下商业街	面积/m²	15 737	6 884	—	4 114	504	4 235
	比例/%	100	43.8	—	26.1	3.2	26.9
横滨波塔地下商业街	面积/m²	18 495	10 303	140	6 485	480	1 087
	比例/%	100	55.7	0.8	35.0	2.6	5.9

注:清华大学童林旭教授统计分析。

由表3.3看出日本地下商业街中营业面积平均占总建筑面积50.6%,交通面积占总建筑面积36.2%,辅助面积占总建筑面积13.2%,它们之间的比值约为15:11:4或简化为4:3:1。

3.3.2 地下商业街的建筑空间组合

1.地下商业街建筑功能组合原则

(1)建筑功能紧凑、分区明确

在进行空间组合时,要根据建筑性质、使用功能、规模、环境等不同特点、不同要求进行分析,使其满足功能合理的要求,此时可借助功能关系图进行设计,如图3.13所示。

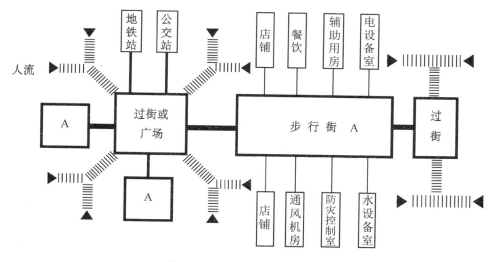

图3.13 地下商业街功能关系图

功能关系图中主要考虑人行流线的关系,地下过街通道形式通常有"十"字形交叉口地下步行过街(日本常建成休息广场)及普通非交叉口过街。地下商业街中人行交通是很重要的考虑因素,是地下商业街主要的功能。在地下人行通道两侧可设置店铺等营业性用房,辅助用房、通风机房及水、电设备用房等,可根据要求按距离设置。

(2)结构类型

地下商业街结构方案同地面建筑有所差别,常做成现浇顶板、墙体、柱承重,没有外立面要求,只有室内环境要求。地下商业街的结构主要有矩形框架、直墙拱顶和拱平顶结合三种形式(图 3.14)。

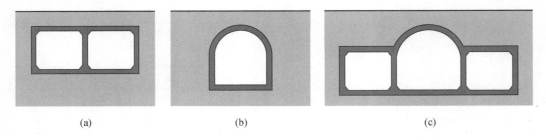

图 3.14　结构形式

(a)矩形框架;(b)直墙拱顶;(c)拱平顶结合

①矩形框架结构,此种方式采用较多。由于弯矩大,一般采用钢筋混凝土结构,其特点是跨度大,可做成多跨多层形式,中间可用梁柱代替,方便使用,节约材料。

②直墙拱顶结构,即墙体为砖或块石砌筑,拱顶为钢筋混凝土。拱形有半圆形、圆弧形、抛物线形等多种形式。此种形式适合单层地下商业街。

③拱平顶结合结构,此种方式为前两种结构形式的结合。

(3)竖向空间组合合理

竖向上要考虑管线的布置及占用竖向空间的位置,确定建筑竖向是否多层,如有地下停车库、地下道路等也会受到影响。

2.平面组合方式

(1)步道式组合

步道式组合即通过步行道并在其两侧组织店铺,常采用三连跨式,中间跨为步行道,两边跨为商店(图 3.15)。

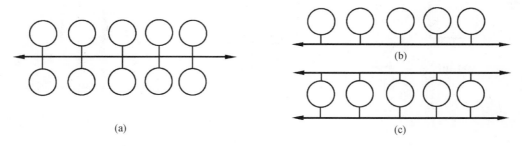

图 3.15　步道式组合的几种形式

(a)中间步道;(b)单侧步道;(c)双侧步道

此种组合有以下几个方面特点:

①保证步行人流畅通,且与其他人流交叉少,有助于人员疏散。

②方向单一,不易迷路。

③购物集中,不干扰通行人流。

线形规划建筑设计常采用步道式设计方案,应注意划分不同的空间序列,沿主要人流路线逐一展开空间,有起有伏,有抑有扬,有一般、重点、高潮之分。日本有研究表明空间序列的间距宜在 40 m 范围内。

对于步道式组合的地下商业空间,如图3.16(a)所示,这种组合设置的主次步行道会导致人流量不均匀,因而建议采用一条主通道或两条通道等级相近的做法。如果地下商业街总长较长,可通过不同风格和空间尺度的区域及广场有序地排列,使步行者可以形成构造清晰的空间意象。这种平面布局可以使疏散路线简洁明了,疏散也变得容易(图3.16(b)、(c))。

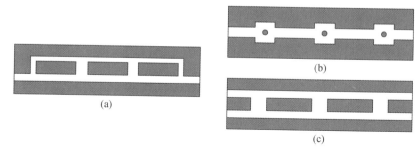

图3.16　线形平面布局建议示意图

(a)不建议的方案;(b)建议方案1;(c)建议方案2

线形平面布局的方式适合设在不太宽的街道下面。图3.17为日本新潟罗莎地下商业街。

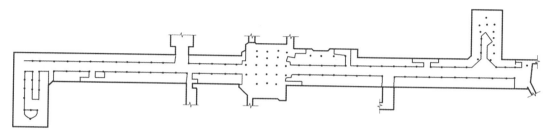

图3.17　日本新潟罗莎地下商业街

(2)厅式组合

厅式组合没有特别明确的步行道,其特点是组合灵活,可以在内部划分出人流空间,需要注意的是人流交通组织,避免交叉干扰,在应急状态下做到安全疏散。对于厅式组合处于中心地位的空间节点需要较好的视觉可达性,以便人们在中心处可以对其他空间有直观的感知。

厅式组合单元常通过出入口及过街划分,如超过防火区间则以防火区间划分单元,图3.18为日本横滨东口广场厅式布局地下商业街,建造于1980年。

(3)混合式组合

混合式组合即把厅式与步道式组合为一体(图3.19)。混合式组合是地下商业街组合的普遍方式。其主要特点如下:

①可以结合地面街道与广场布置。

②规模大,能有效解决繁华地段的人、车流拥挤问题,地下空间利用充分。

③彻底解决人、车流混行问题,达到人、车立体分流。

④功能多且复杂,大多同地铁车站、地下停车设施相联系,竖向设计可考虑不同功能。

图3.20为日本东京八重洲地下商业街,采用混合式组合方式,建造于20世纪60年代,有市政水、电廊道,并在地下二层设有市区高速公路,而且车辆可由地下高速路直接出入地下停车库,地下三层为4号高速公路及综合管廊。

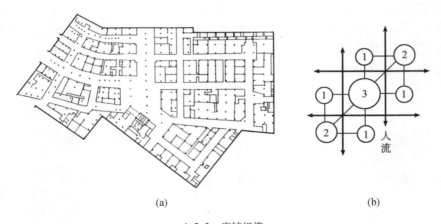

(a)

(b)

1,2,3—店铺规模

图 3.18 厅式组合实例及示意图

(a)日本横滨东口波塔地下街实例;(b)厅式组合示意图

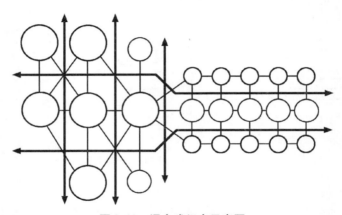

图 3.19 混合式组合示意图

3. 竖向组合设计

地下商业街的竖向组合比平面组合功能复杂,这是由于地下商业街为解决人流、车流混杂,市政设施缺乏的矛盾而出现。地下商业街竖向组合主要包括以下几个功能内容:

(1)营业功能及人行通道。

(2)地下交通设施,如地下道路、地铁隧道、地铁车站、停车库等。

(3)市政公用设施,如综合管廊、市政管线等。

(4)垂直交通,如出入口、电梯、坡道及地下过街通道等。

随着城市的发展要考虑地下商业街扩建的可能性,必要时应作预留(如综合管廊等)。对于不同规模的地下商业街,其组合内容也有差别。

(1)单一功能的竖向组合

单一功能指地下商业街无论几层均为同一功能,如上下两层均可为地下商业街(图3.21(a))。

— 74 —

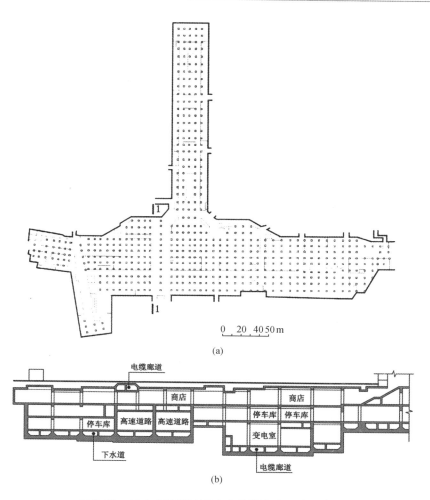

（a）

（b）

图3.20 日本八重洲地下商业街混合式组合示意图

（a）地下一层平面图；（b）1—1 剖面图

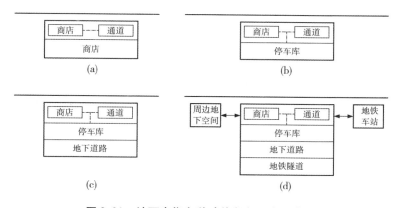

图3.21 地下商街多种功能竖向组合示意图

（a）同一种功能竖向组合；（b）两种功能竖向组合；

（c）三种功能竖向组合；（d）多种功能竖向组合

（2）两种功能的竖向组合

主要为地下商业街同地下停车库或其他性质功能的组合（图3.21（b））。

（3）多种功能的竖向组合

主要为地下商业街、地下道路、地铁隧道与地铁车站、停车库等共同组合在一起,通常地下道路及地铁设在最底层,并可与地下综合管廊结合建设（图3.21（c）、（d））。

图3.22（a）为日本东京歌舞伎町地下商业街,由顶层步行道、商场及中层停车库、底层地铁车站三种功能组合在一起。图3.22（b）为单一功能组合的日本横滨戴蒙得地下商业街,两层均为商场及步行道。图3.22（c）为三层三种功能组合的日本大阪虹之町地下商业街,顶层为步行道、商场,中层为地下停车库,底层为地铁车站。图3.22（d）为两种功能组合的日本新潟罗莎地下商业街,顶层为步行道、商场,底层为地铁车站。

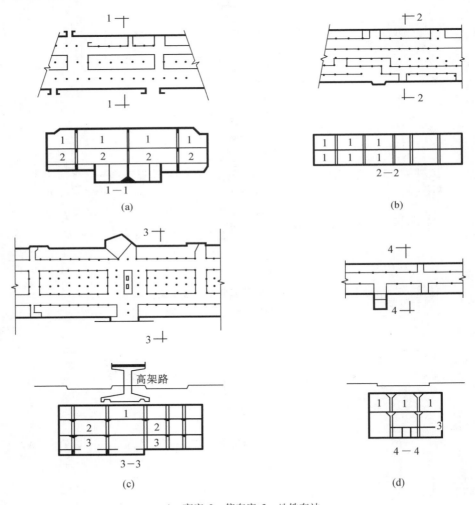

1—商店;2—停车库;3—地铁车站

图3.22　日本部分地下商业街竖向组合实例

（a）三种功能组合（日本东京歌舞伎町）;（b）单一功能（日本横滨戴蒙得）;

（c）三种功能组合（日本大阪虹之町）;（d）两种功能组合（日本新潟罗莎）

3.3.3 地下商业街的平面柱网与剖面

1. 平面柱网

地下商业街平面柱网主要由使用功能确定,如仅为商业功能,柱网选择自由度较大;同一建筑内上下层布置不同使用功能,则柱网布置灵活性差,要满足对柱网要求高的使用条件。

日本在设计地下商业街时通常考虑停车柱网,因为 $90°$ 停车时,最小柱距 5.3 m 可停 2 台,7.6 m 可停 3 台。日本地下商业街柱网实际大多设计为 $(6+7+6)$ m $\times 6$ m(停 2 台)和 $(6+7+6)$ m $\times 8$ m(停 3 台),这两种柱网不但满足了停车要求,对步行道及商店也合适;在设计没有停车库的地下商业街时通常采用 7 m $\times$ 7 m 的方形柱网。表 3.4 为地下商业街柱网尺寸设计的实例。

哈尔滨秋林地下商业街(图 3.23)是我国最早的地下商业街,采用的跨度是 $B_1 + B_2 + B_1 = 5.0$ m $+ 5.5$ m $+ 5.0$ m,距柱 $A = 6.0$ m,属于双层三跨式地下商业街。目前,地下商业街柱网尺寸根据其功能、技术、结构、经济等因素确定。

表 3.4 地下商业街柱网尺寸实例

城市	地下商业街	柱网尺寸/m	备注
东京	八重洲	$(6+7+6+6+7+6) \times 8$	街道型部分
东京	歌舞伎町	$(7+12+12+7) \times 8$	二层有停车库
横滨	戴蒙得	$(6+7+6+6+7+6+6+7+6+6+7+6) \times 7.5$	广场型部分
名古屋	叶斯卡	$(5+7+5+5+7+5+5+7+5) \times 8$	二层有停车库
名古屋	中央公园	$(6+8+7+6+12+6+7+8+7+8+6) \times 8$ $(6+7+6+7+6) \times 8$	商业街部分 停车库部分
大阪	虹之町	$(5+10+10+7+5+7) \times 7$	有地铁线
京都	站前波塔	$(7+7+7+7+7+7+7+7) \times 7$	无停车库
福州	万宝城	$(8.4+8.4+7.4+9.45+9.45+8.75+6.29+6.3+7.15) \times 9$	地铁、停车库、地下道路、商店

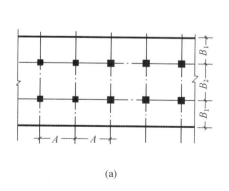

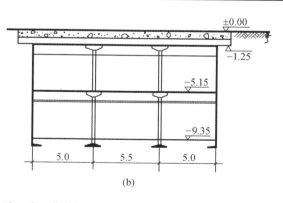

图 3.23 哈尔滨秋林地下商业街柱网尺寸及剖面图
(a)平面图;(b)剖面图

2. 竖向设计

地下商业街的竖向设计包括覆土厚度、埋深、层数及层高等内容,覆土厚度由植被绿化及市政管线等要求确定,层高及层数设计需要考虑使用功能、工程地质、工程造价、施工工期、运行费用及收益等因素来确定。如何在合理的层高中取得较大的净高,以满足室内空间的心理环境要求,避免产生空旷感或压抑感,在设计中应注意以下方面:

(1)在满足绿化和管线的要求下,尽量减少覆土厚度,或采用轻质覆土。

(2)优化结构设计。

(3)优化管线综合设计,使管线设计紧凑合理,尽量在建筑的边角或一些不便使用的周边位置布置管道,使中部公共空间位置获得较大净高。

根据我国现行国家标准《建筑设计防火规范》(GB 50016—2014)中相关条文规定:"地下商店营业厅不应设置在地下三层及以下楼层",所以我国地下商业街竖向设计层数大多为 2 层以内,埋深在 10 m 左右。同时层数多,结构工程量和造价也相应增加。

一般为了降低造价,通常在条件允许时建成浅埋结构,减少覆土层厚度及整个地下商业街的埋置深度。日本地下商业街净高一般为 2.6 m 左右,通道和商店净高有所差别,目的是有一个良好的购物环境。图 3.23 中哈尔滨秋林地下商业街顶层层高为 3.9 m,净高为 3.0 m,底层层高为 4.2 m,净高为 3.3 m。地下商业街吊顶上部常用于铺设设备管线,以便于检修。

3.4 地下建筑空间艺术

地下建筑的艺术主要指建筑的空间艺术。地下建筑与地面建筑不同之处是地下建筑没有外部造型,因而其空间组合艺术尤为重要。地下空间既有它的优势,也有它的不足,设计中充分利用其优势,最大限度地去改善其不利因素。

地下商业街建筑艺术处理主要包括内部空间与外部空间两大部分。内部空间艺术处理主要包括营业空间、公共空间等,与地铁车站相连通的地下商业街还有换乘空间。地下商业街的外部空间是对地下商业街与城市的交界面进行建筑艺术处理,使内外空间有机地联系起来。

1. 内部空间

(1)营业空间

营业空间指商店内部、商品的陈列、通道的设置、橱窗的布置等。通过不同的主题划分,体现不同的空间序列。

(2)公共空间

公共区域主要包括节点广场、转换区、水平与垂直通道等区域。主要承载的功能包括广告、展示、休憩、交通等,用来辅助地下商业街营运。通常地下商业街要显示其本身的特色,都是强化此区域的空间设计。如主要出入口的门厅、通道的交汇空间或通道的尽端等处,组织一些供顾客休息的空间,不但是人流集散所需要,而且能减轻由于通道过长而产生的枯燥感,对改善购物环境起到很好的作用。

2. 地下商业街外部空间

地下商业街外部空间主要是指地下商业街突出于地面的空间,为地面、地下环境的转换部分,主要包括地下商业街出入口、高低风井亭、采光窗、天井、冷却塔等突出部分,以及出入口相邻的地面广场、下沉广场等空间区域,这些交界面会让地下商业街在地面产生识别性,并对城市地面的环境产生一定的冲击与影响。

下面重点选择出入口、下沉广场及休息空间等内容分别进行介绍。

3.4.1 出入口的处理

地下商业街出入口是由地面进入地下的必经之路,主要作用是交通、防火疏散,它是地面景观的一部分,同时也会影响到地下的效果,通过强化出入口空间的可识别性,达到吸引行人注意力的目的。另一方面也可以在出入口空间设计中引入具有地域特色、时尚文化和人文精神的环境元素,创造出入口空间的主题特色,形成关联性和象征性的认知感受。在与城市整体环境协调统一的基础上,在协调的大原则下创造出亮点,是出入口空间设计的关键。

地下商业街出入口处理方式有棚架式、平卧开敞式、附建式、下沉广场式。各种出入口设置应根据出入口的位置并结合地段条件综合考虑。

出入口造型及设计的基本规律如下:

(1)在交通道路旁宜设开敞式或棚架式出入口。

(2)在广场等宽阔地区宜设下沉广场出入口,同时应结合地面广场的环境改造。

(3)在大型的交通枢纽及有大量人员出入的公共建筑中且用地紧张地段,宜设附建式出入口。

(4)在考虑特殊用途时,如防护、通信、维修、疏散等,可采用垂直式、天井式及与其他地下空间设施相连接的出入口。

1. 棚架式出入口

街道或交叉口处的出入口由于地段狭窄,不宜过大,通常有两种处理手法。一种是棚架式出入口,另一种是开敞式出入口。日本大阪虹之町地下商业街出入口(图3.24)设计成拱形玻璃雨罩,上有金属骨架,对面为彩色图案,很容易与"虹"联系起来,取得了一定的艺术效果。

图3.24 大阪虹之町地面出入口

2. 开敞式出入口

在人行道上的出入口可以取消挡雨架,这样人行道上视线较好。名古屋中央公园由于地面较开阔,采取了无棚架的开敞式出入口(图3.25)。

3. 附建式出入口

出入口设置还可利用地面建筑物的首层(图3.26),如日本横滨波塔街出入口直接设置在建筑旁,大阪虹之町地下商业街出入口开在天井内。

图3.25　名古屋中央公园地面出入口

图3.26　阿捷利亚地下商业街附建式出入口

4. 下沉广场式出入口

下沉广场是指广场的整体或局部下沉于其周边环境所形成的围合开放空间。下沉广场是地下商业街与城市地上空间联系最为常见的过渡空间形式之一,出入口可直接在广场内解决。它可以打破地下空间的封闭感,把地下、地面空间及出入口巧妙地联系在一起。

(1)空间构成

下沉广场空间在功能上由交通空间、商业服务空间及其他空间构成,交通空间的内容包括踏步、自动扶梯、通道、集散出入口等,商业服务空间包括商业、休息、娱乐、饮食等服务内容,其他空间包括绿地、树木、水池、小品、雕塑等景观内容(图3.27)。一般由室外楼梯或

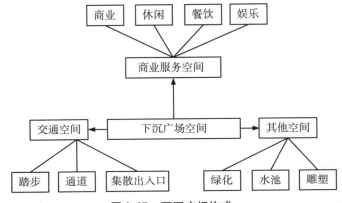

图3.27　下沉广场构成

电梯进入,由下沉广场可进入地下商业街(图3.28、图3.29)。

图3.28 西安钟鼓楼地下商业街下沉广场

图3.29 名古屋中央公园地下商业街的下沉广场

交通和商业服务是城市下沉广场的主要使用功能,其中交通功能往往是下沉广场空间使用的主导,商业服务处于辅助地位。功能空间的构成比例应适度,如果商业服务空间的比重过大,势必减少交通面积,并可能由于商业服务对客流的吸引增加,从而加剧交通问题,而绿化、水池、小品等景象空间的缺乏,则使整个空间显得单调乏味,因此在空间的设计上应考虑到交通、商业服务和景观之间的弹性分配。

(2)下沉广场的功能及作用

下沉广场的基本作用为空间过渡,如果说广场是城市的门厅,下沉广场则是地下空间的门厅,是地上、地下空间的过渡,并为人们提供一个相对封闭的休息、娱乐的公共场所。

下沉广场以交通功能为主导,担负地下空间建筑出入口的功能,为地下空间引入阳光、空气、地面景观,打破地下空间的封闭感。下沉广场提供了水平出入地下空间的方式,减少了进入地下空间的抵触心理;避免了地下空间建筑出入口的狭小感觉,给人带来较宽敞的入口门面,类似地面建筑的入口形式,其所具有的自然排烟能力和自然光线的导向作用,有利于地下空间的防灾疏散。

3.4.2 下沉广场空间设计

1.下沉广场空间的组织布置

下沉广场在地面空间中的总体布置方式主要有三种类型:轴线对称布置型、自由组合布置型和混合型。

轴线对称布置型是下沉广场的空间平面形式按照城市或建筑的某一轴线对称布置,广场平面形态由规整的几何形构成,具有较强的仪式感,如美国纽约的洛克菲勒中心广场。

自由组合布置型是下沉广场的空间平面形式采用与周围环境或建筑外部空间结合的一种自由组合布置方式,广场平面形态呈现自由、不规则的特征,能够适应更为复杂的城市环境,与周边场地良好契合,如纽约花旗联合中心前下沉广场、北京西单下沉广场。混合型是以上两者的结合,如日本筑波科学城中心广场。

2.下沉广场的平面尺度与比例

下沉广场的平面尺度需要控制合理的上限,以产生适当的围合度。卡米诺·西特研究认为城市广场不宜过大,一般古老城市的大广场的平均尺寸为 142 m×58 m,广场的长宽比在 1:1～1:3 内视觉效果较好,如图 3.30 所示。下沉广场的深度通常在地下 1～3 层,广场界面高度与传统城市广场周边建筑高度类似,其空间尺度的控制原则也可与之类比。

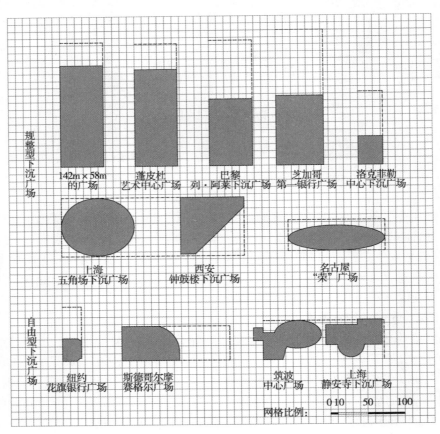

图 3.30 下沉广场的平面形态

注:图中第一个图形为西特对欧洲古老广场进行研究得到的平均尺寸,为 142 m×58 m,虚线框长宽比为 3

3. 下沉广场的剖面模式

（1）下沉广场的深度类型

根据广场与周边建筑及环境的剖面关系，可以将下沉广场分为半下沉型广场、全下沉型广场和立体型下沉广场（图3.31）。

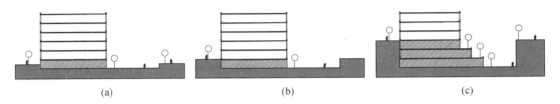

图3.31　下沉广场的下沉深度类型

（a）半下沉型广场；（b）全下沉型广场；（c）立体型下沉广场

半下沉型广场——广场地面略低于外围地面标高，内部视线高于外围地面环境，以台阶或斜坡联系地面空间。

全下沉型广场——整个广场下沉到与地下空间地面相平的程度，有效解决不同交通方式的衔接过渡，并提供闹中取静的活动空间。这类下沉广场使用最为广泛。

立体型下沉广场——适用于深度较大的下沉广场，可采取逐级退台的方式创造宜人的尺度，缓解下沉过深而产生的空间压迫感。

（2）下沉空间的围合

下沉广场空间的基本要求是围合感和开放感的平衡，围合感使人的注意力集中在空间中，给人以整体感，开放感有利于广场与城市环境的联系。在城市下沉广场空间的设计中，广场的界面围合应保持良好的比例和尺度，包括面积的大小、深度与长度之比例等。

在下沉广场的空间设计中，界面的处理在空间上应保证一定的围合度，使下沉空间更具内在吸引力。

人的向前垂直视野最大角度为30°。就一般的广场而言，当广场高宽比为1:2时，广场中心的水平视线与界面上沿的夹角为45°，大于人的向前视野角度，具有良好的封闭感；当广场高宽比为1:3.4时，与人的视野30°一致，是人的注意力开始涣散的界限，封闭感开始被打破；当广场高宽比为1:6时，水平视线与界面上沿的夹角为18°，开放感占据主导；当广场高宽比为1:8时，水平视线与界面上沿的夹角为14°，空间的容积特征消失，空间周围的界面已如同是平面的边缘（图3.32）。

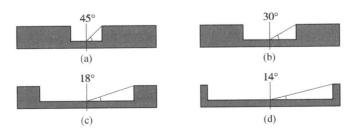

图3.32　广场的高宽比与视角

（a）高宽比1:2；（b）高宽比1:3.4；（c）高宽比1:6；（d）高宽比1:8

在上述结论的运用上,下沉广场与地面广场的重点有较大不同。地面广场常遇到的问题是空间过于开放,需要适当加强围合感;而下沉广场的问题则是空间过于封闭,需要加强开放感,因此最为重要的指标是视线小于30°,即广场高宽比小于1:3.4,以产生视觉开放感(图3.33)。

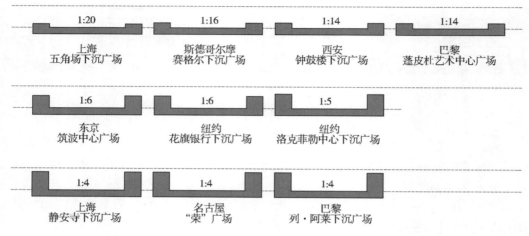

图 3.33   下沉广场空间高宽比统计

（3）下沉广场的侧界面模式

下沉广场作为地上、地下公共空间的联系介质,其周边高差界面处理方式对空间开放度和使用活动有不同的影响,可根据需要灵活组合(图3.34)。

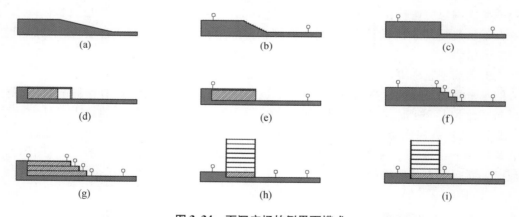

图 3.34   下沉广场的侧界面模式

(a)缓坡;(b)台阶;(c)实墙;(d)外廊;(e)贴界;
(f)跌落;(g)退台;(h)建筑落地;(i)建筑后退

3.4.3   地下商业街内部空间设计

现今地下商业街的开发越来越重视生态景观功能的发挥,以优美的环境景观吸引人的视线,改变地下空间给人的封闭感,从环境心理学的角度改善空间体验。在景观设计方面尽可能地引入自然光线和外部景观元素,使地下空间具有灵动的空间感、生动的视觉感。

同时要特别重视标志系统的设立,增强人们对地下空间体验的安全感和方向感。

1. 空间引导

日本大阪长堀地下商业街在 750 m 长的空间中布置了地铁广场、观月广场等 8 个广场,并与地铁线路交叉并连接 3 个地铁车站,地下商业街内部的步行道宽 11 m,将人流引入步行道两侧的店铺。地下商业街布局为 4 种不同风格,通过步行道中的休憩广场作为空间引导,使步行者可以形成清晰的空间意象,很好地掌握空间方位,悠闲地在地下商业街内活动而不必担心迷失方向(图 3.35 和图 3.36)。

图 3.35　长堀地下商业街内部交通示意图

图 3.36　大阪长堀地下商业街广场景观

2. 节点型汇聚空间

节点型休闲中庭具有活动集聚和空间汇合的特点。在进行地下空间建筑环境设计时,可加强自然要素的运用,如引入自然光(图 3.37 和图 3.38)、设置绿化景观、环境小品、公共服务设施、标志系统等,对地下空间节点进行合理的空间差异化设计,并且其所处位置应具有良好的视觉可达性,间距在视觉可达范围内,便于在一个节点处感知下一个节点的存在,从而进行有效的空间引导。地下商业街的人行系统应该围绕出入口、主通道、下沉广场和中央大厅等空间节点,组织空间系统。

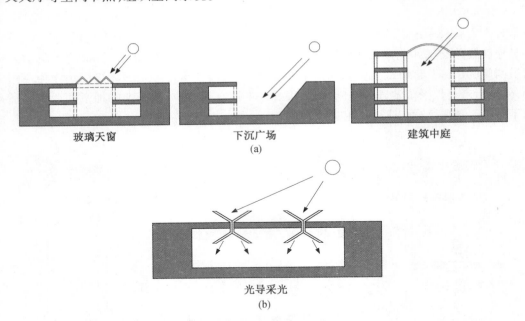

图 3.37　地下空间节点引入自然光示意图

(a)直接采光;(b)间接采光

　　大阪虹之町地下商业街长 800 m,在该街内设计了 5 个休息广场,并以主题构思广场内的艺术效果,如"水之广场""绿之广场""光之广场""晶之广场""爱之广场"(图 3.39 和图 3.40)。

　　3. 内部空间绿化景观设计

　　地下空间应纳入大自然的景观元素,绿色植物可以作为地下商业街内中庭空间的一个主要视觉元素,即使在很狭小的空间中,植物也可以成为趣味视觉中心。

图 3.38　大阪钻石地下商业街自然采光

　　植物的形式可以很复杂,也可以以相对透空的植物划分空间,透过植物间的缝隙,绿化创造出的丰富视觉效果,使人们感到空间的延伸。植物也可以和光、水系一起使用,从而产生自然多变的光影效果。应选择耐阴性强的植物,通过富有层次感的植栽设计,使地下空间的环境更加清新自然。

　　景观绿化必须与地下建筑空间、使用功能和整体环境气氛相协调,使其成为建筑空间环境的有机组成部分,并为地下空间环境的综合改善发挥独特的作用。其基本创作设计手法主要有以下几种:

　　(1)运用绿化手法使地下建筑内外空间环境自然过渡　如在地下建筑出入口、通道、门厅、楼梯、大台阶或自动扶梯等处设连续布置的盆栽植物;在下沉庭院或广场中布置集中的绿化景观,并与地面周围绿化上下有机融为一体,以增强地上、地下和室内、室外的空间流通与开敞感,如图3.41所示。

图3.39　大阪虹之町地下商业街中的　　　　图3.40　大阪虹之町地下商业街中的
　　　　　"水之广场"　　　　　　　　　　　　　　　"光之广场"

图3.41　地下商业街绿化景观

　　(2)运用绿化进行空间限定与分隔　地下建筑公共空间中不同功能分区之间的限定与分隔有多种设计手法,而利用绿化自然地划分或调整空间格局,使各功能分区既保持各自的功能作用,又不失大空间的开阔感和整体性。如展厅中利用盆栽绿化划分不同的展区。

　　(3)利用绿化暗示或指引空间　如带状布置的绿化有空间导向作用,门厅或过厅中的绿化有暗示内外空间交界或不同空间之间过渡转换的作用。

　　(4)运用植物造景柔化空间　运用绿化植物造景特有的多姿的形态、柔美的质感、悦目的色彩和生动的光影,可使空间呈现柔和自然的情调和生动的气息。

　　(5)运用植物配置巧妙点缀和丰富室内剩余空间　建筑中往往有一些空间难以利用(或称空间死角),如门厅、过厅的拐角,楼梯休息平台的转角,以及家具设备布置中剩余的不便利用的转角、端头或间隙,在这些部位巧妙点缀一些盆景绿化可大大丰富视觉美感,增添审美情趣。

　　(6)集中式造景　在规模较大的地下公共建筑中,应尽可能在中庭空间中、下沉广场或庭院中布置集中成片的绿化景观,在以绿化种植为主的同时,运用中国传统园林艺术手法理水叠石,构筑仿自然的园林山水景观,形成绿色共享空间,小则可观赏,大则可进入游憩。

第4章 地下停车库设计

4.1 地下停车库概述

地下停车库是城市地下空间利用的重要组成部分,是解决城市停车问题的有效途径之一。目前大规模的地下空间开发均有地下停车设施的规划,主要原因是随着城市的发展,城市的用地已十分紧缺,且城市汽车总量在不断增加,而相应的停车设施不足,城市中"行车难,停车难"的现象已十分普遍,充分利用地下空间建设停车库对缓解城市道路拥挤具有十分重要的作用。

4.1.1 发展概况

地下停车库出现在第二次世界大战后,当时是为满足战争的防护及战备物资的储存、运送而出现的。大量建造地下停车库是在20世纪50年代后,尽管欧美等发达国家建造了大量地面停车场,由于地面空间有限而宝贵,欧美等发达国家开始建造规模较大的地下停车设施,此时的主要矛盾是汽车数量的增多与停车设施不足。如1952年美国洛杉矶波星广场的地下停车库(2 150个车位)和芝加哥格兰特公司的地下停车库(2 359个车位)。其中洛杉矶波星广场地下停车库为3层,有4组进出坡道和6组层间坡道,均为曲线双向坡道,广场地面为绿地和游泳池(图4.1)。

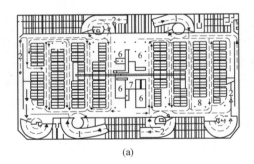 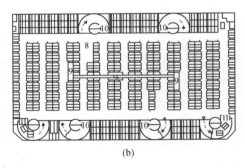

(a)　　　　　　　　　　　　　　　　(b)

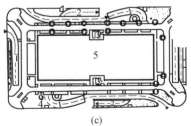

(c)

1—入口坡道;2—出口坡道;3—自动扶梯;4—排气口;5—水池;
6—服务站;7—附属房;8—加油站;9—行人通道;10—通风机房

图4.1 美国洛杉矶波星广场地下车库

(a)地下一层平面图;(b)地下二、三层平面图;(c)总平面图法国巴黎1954年开始规划建设深层地下交通网,其中有41座地下停车库,机动车总容量为5.4万辆。如依瓦利德广场的地下停车库,地下两层,规模为720个车位(图4.2(a));格奥尔基大街下的地下停车库,为地下6层,规模为1 200个车位(图4.2(b)),到1985年已有80座地下停车库在巴黎市建成,至今仍在陆续建造。

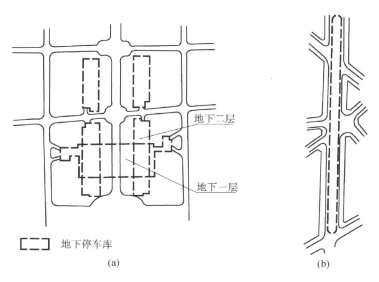

图4.2 法国巴黎地下停车库
(a)依瓦利德广场地下停车库;(b)格奥尔基大街地下停车库

日本由于土地紧张,难于建造大规模的停车库,因此在20世纪60年代发展的地下停车库多为400辆以下的规模,除了1978年建成的东京西巢鸭地下停车库容量为1 650辆外,在93座地下停车库中,容量为100～400辆的占70%,其中100～200辆的最多,占34%。大阪利用旧河道建设3个停车库,总容量750辆,回填土后旧河道修筑双车道道路(图4.3)。20世纪70年代后日本几个大城市共有公共停车场214座,总容量44 208辆,其中地下停车库75座,总容量21 281辆,占总停车量的48%,到1984年又建了75座地下停车库。

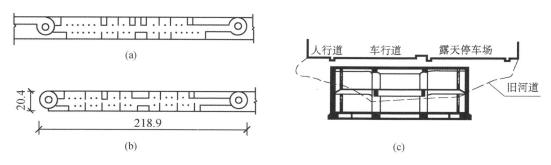

图4.3 日本大阪利用旧河道建造的单建式地下停车库
(a)地下一层平面图;(b)地下二层平面图;(c)剖面图

我国的地下停车库建设大致起步于20世纪70年代,当时主要以"备战"为指导方针建造了一些专用车库,并保证平时使用,如湖北省建造了可停放38辆5 t载重车的车库,总建筑面积 3 861.9 m²。21 世纪我国私家车数量增长很快,停车难的问题在城市中已日益尖锐,特别是私人小汽车的迅速增多使得城市道路变得十分拥堵,停车难的问题十分突出。目前对有组织的公共停车设施的需求已十分迫切,这也是近年来我国在繁华街区、居住区、交通枢纽等车辆多的区域建设了大型地下停车库的原因。

欧美等发达国家私家车普及很早,相应的停车设施发达,主要有露天停车场、停车楼及地下停车库。在拥挤的城市中心区停车楼和地下停车库较为普遍,除此之外大多为露天停车场。美国芝加哥和洛杉矶等城市中心区在 20 世纪 50 年代就建造了容量达 2 000 台以上的地下停车库。

伴随着我国私家车的普及,城市用地紧张,停车矛盾显得十分突出,地下停车库的建设更加受到重视。目前许多城市结合城市环境及地下综合体的建设,已建造众多地下公共停车库,规模从几十辆至几千辆不等,地下停车库的建设已经较为成熟。

4.1.2 地下停车库的分类

按照地下停车库的建造方式、存在介质、库内运输方式和使用性质等的不同,地下停车库有以下几种类型:

1. 单建式与附建式地下停车库

单建式地下停车库是指不受地面建筑的制约而单独建造的地下停车库,一般建在广场、道路、绿地、空地的地下。上海人民广场单建式 600 台地下停车库,共两层,地下一层为商场,地下二层为停车库,平均面积为 36.3 m²/台(图 4.4)。

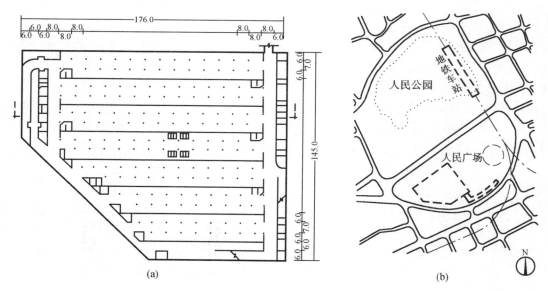

图 4.4 上海人民广场单建式地下停车库

(a)地下二层平面图;(b)总平面图

附建式停车库是建在地面建筑地下部分的停车库,应同时满足地面建筑及地下停车库两种使用功能要求,因而对柱网选择有一定的困难,大多数方案在解决这一问题时,常把裙房中餐厅、商场等使用功能区域与地下停车库相结合。图 4.5 为北京市的一个附建式专用停车库。

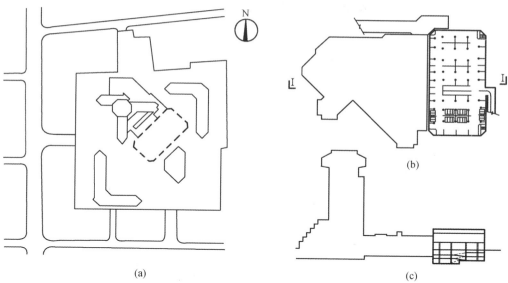

(a)

(b)

(c)

图 4.5　北京市某附建式专用停车库

（a）总平面图；（b）地下一层平面图；（c）Ⅰ—Ⅰ剖面图

2. 土层与岩层中地下停车库

土层中地下停车库是指在土层中建造的地下停车库,而岩层中地下停车库是指周围以岩石为介质建造的地下停车库。

土层中建造的地下停车库可集中布局,一般采用大开挖或盖挖施工方法,开挖较容易。图 4.6 为比利时布鲁塞尔一个可容纳 950 台小型车的地下停车库,面积指标为 32.8 m²/台,45°停放,地面恢复后为广场。

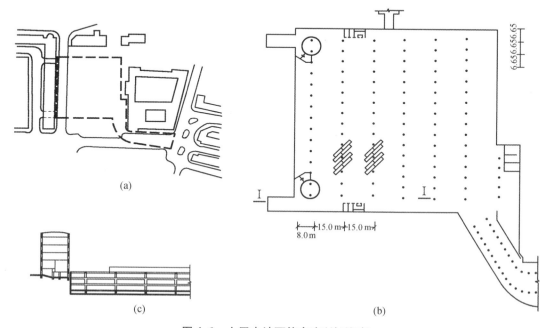

(a)

(c)

(b)

图 4.6　土层中地下停车库（比利时）

（a）总平面图；（b）地下一层平面图；（c）Ⅰ—Ⅰ剖面图

我国有些大城市依山筑城，也有的城市土层很薄，地下不深处即为基岩，如青岛、大连、厦门、重庆等城市。在这样一些城市中有条件在岩层中建造地下停车库，在北欧一些国家中也存在类似情况。岩层中停车库主要特点为条状通道式布局，洞室开挖走向灵活，开挖方法主要为矿山法，即传统钻爆或臂式掘进机开挖，由于岩层的特性及施工特点，建筑平面与软土中的建筑有很大区别。图 4.7 为芬兰在岩层中建造的地下停车库，容量 138 台，平均面积为 36.2 m²/台，平时可作为停车库，战时是可供 1 500 人使用的掩蔽所。

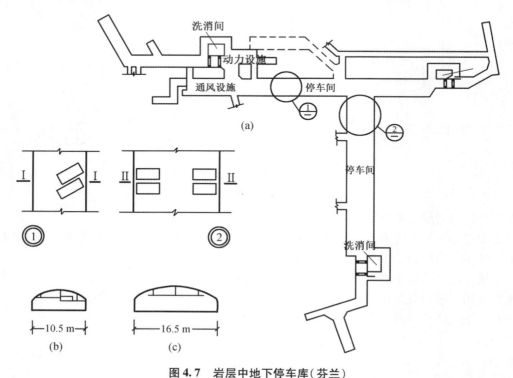

图 4.7　岩层中地下停车库（芬兰）

（a）地下停车库平面图；（b）Ⅰ—Ⅰ剖面图；（c）Ⅱ—Ⅱ剖面图

3. 自走式与机械式地下停车库

对于自走式地下停车库，坡道是车辆主要的垂直运输设施，也是通往地面的唯一渠道。其主要特点是造价低，进出车方便、快速，不受机电设备运行状况影响，运行成本低。目前所建的地下停车库大多为此种类型。其主要缺点是占地面积大，交通使用面积占车库使用面积较大，使用面积的有效利用率大大低于机械式停车库，并增大了通风量，增加了管理人员。图 4.8 为德国汉诺威自走式停车库，地面为广场，地下共两层。

地下机械式停车库是指停车设备建在地面以下的停车库。机械式停车库可按停车的自动化程度分为两大类：一类是室内无车道且无人员停留的全自动机动车库，停车设备宜采用平面横移类、巷道堆垛类、垂直升降类，另外垂直循环类、水平循环类和多层循环类等停车设备市场上使用较少；另一类是室内有车道且有人员停留的复式机动车库，机械设备只是类似于普通仓库的货架，停车设备可采用升降横移类和简易升降类。

机械式停车库利用率高，管理人员少。据日本资料显示一座全机械化的地下停车库，与同等规模的自走式停车库相比，如果自走式地下停车库各项指标为 1，则机械式停车库的

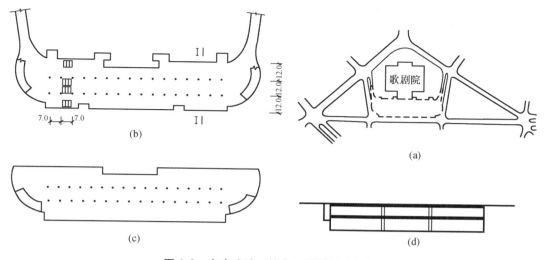

图 4.8 自走式地下停车库(德国汉诺威)

(a)总平面图;(b)地下一层平面图;(c)地下二层平面图;(d)Ⅰ—Ⅰ剖面图

占地面积为 0.27,车辆平均需要面积为 0.5～0.7,建筑体积为 0.42,通风量和照明量仅为 0.17。图 4.9 为日本东京机械式圆形停车库,共地下 5 层,可停车 155 台。

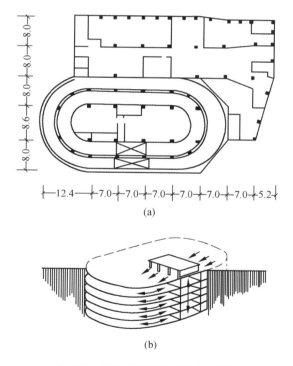

图 4.9 机械式停车库(日本东京)

(a)地下二层平面图;(b)"洛托帕克"全机械化汽车库示意图

自走式与机械式地下停车库各有其使用条件与局限性,如自走式停车库占地面积大、自动化程度低等。机械式停车库其进车或出车不具备连续性,高峰时间内可能出现等候现象,且一次性投资与运营费用相对较高。

表4.1为地下自走式停车库和机械式停车库的比较。可以看出,机械式停车库造价和运营费用高,运行效率低,需要完善的自动化设备,顺畅安全的运行管理。自走式地下停车库由于具有简单便捷且造价低等优势,在我国相对比较普及。

表4.1　自走式和机械式停车库的比较

类型	自走式地下停车库	机械式地下停车库
优点	造价低,运行成本低; 可以保证必要的进出车速度,且不受机电设备运行状态影响(平均进出 6 s/辆)	停车库内面积利用率高; 通风消防容易,安全; 人员少,管理方便
缺点	用于交通运输使用的面积占整个停车库面积的比重较大,通风量较大,管理人员较多	一次性投资大,运营费用高; 进出车速度慢,时间长(大于 90 s/辆)

4. 地下公共停车库和专用停车库

除上述分类方法外,有公共和专用地下停车库。公共地下停车库需求量大,分布面广,一般以停放小型车为主,是城市主要的停车场所。专用停车库是指以特殊车辆为主的停车设施,如停放消防车、救护车、载重车、公交车等。图4.10为北京市地下专用消防车库,可停放 9 台消防车,并具有掩蔽功能的人防工程。

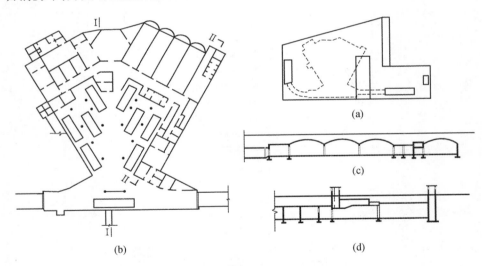

图4.10　地下专用消防车库(北京)

(a)总平面图;(b)地下一层平面图;(c)Ⅰ—Ⅰ剖面图;(d)Ⅱ—Ⅱ剖面图

图4.11为瑞士地下公共停车库,可停车 608 台,面积指标 28.7 m^2/台,共地下 6 层,充分利用地形坡度建设,可容纳 10 000 人。

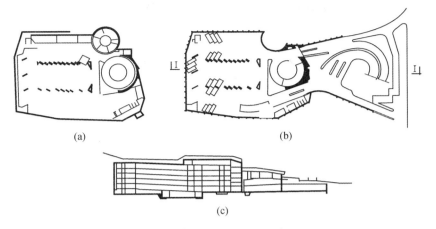

图 4.11　地下公共停车库（瑞士）

(a)地下标准层平面图(作掩蔽所用时);(b)地下五层平面图(作车库用时);(c)Ⅰ—Ⅰ剖面图

4.2　城市地下停车库规划

城市地下停车库规划应纳入城市交通系统规划中,在充分结合城市的现状与发展、停车需求的分析与预测的基础上,合理规划地下停车设施的分布,从而完善城市整体的静态停车系统,并按照《城市停车规划规范》(GB/T 51149—2016)执行。

4.2.1　地下停车库规划内容

(1)现状停车调查和资料收集　结合规划区的发展实际,在对现状充分调研的基础上,分析停车情况进行分析与评估,确定城市主要的静态交通特征及分布。

(2)估算停车位的供需关系　对停车的总体分析与评估,对停车设施地下化建设的可行性及需求性,结合地上功能空间的布局,对地下停车设施进行合理的需求分析及预测。

(3)预测规划年度停车总需求量　提出地下停车系统的发展目标与策略,根据地上不同的功能区确定地下停车设施的分布区划。

(4)确定城市公共停车场规模和分布　制定符合规划区交通发展需求的地下停车系统规划,合理确定地下停车系统的规划布局、规模、建设时序以及重点区域地下停车库建设的控制要求。

(5)研究建筑物配建停车位指标　针对不同分区提出地下停车设施的指标要求及建设要求,分析各种停车设施(路面停车、建筑物停车等)与地下停车的相互关系,提出近期规划和规划实施保障政策,并对运营管理制定实施与保障措施等。

4.2.2　地下停车库规划要点

(1)结合城市规划,以市中心向外围辐射,形成一个综合整体布局,考虑中心区、次级区、郊区的布局方案,可依据道路交通布局及主要交通流量进行规划。图 4.12 为通过城市中心区再开发规划而形成的一种停车设施布局方式,在中心区外围建一条环形公路,在公路外侧设置长时间停车场(一般为一个工作日)、短时间停车场(0.5 h~2.0 h),可通过市中心道路的辅助路进入市内或一定距离的地段。

(2)依据城市规划和土地使用性质来确定地下停车系统规划,地下停车库应与旧城改造和交通规划要求密切结合,统筹远、中、近期的规划。注重节约土地,保护环境。

(3)地下公共停车库应分布在交通流量大、集中、分流较为密集的功能节点地段,私人交通与公共交通换乘枢纽周边,或结合绿地、公园等周边地区景观节点;应掌握该地段的交通流量与客流量,以及是否有立交、广场、车站、码头、加油站、食宿场所等。

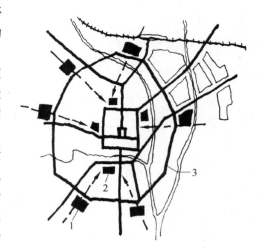

1—长时停车;2—短时停车;3—主要道路

图 4.12 市中心停车设施布置方式

(4)地下停车库的建设应充分考虑动态、静态交通的衔接以及个体交通工具与公共交通工具的衔接。在开发强度大的地块,为提高停车效率,相邻地下停车库应互相连通,并尽量与地下商业街、轨道交通车站等地下公共设施结合建设。

(5)将地下停车库与地面停车场结合考虑,控制合理的地下停车率,如地面停车场、地下停车库、已建地下停车库、建筑物的地下停车库之间的整合。

(6)应考虑机动车与非机动车的比例,不同地域的机动车与非机动车比例差别较大,考虑其发展及变化。

(7)控制地下停车库的服务半径,停车者到达目的地的距离一般不大于 0.5 km 等。

4.2.3 地下停车库的选址

(1)应同城市交通系统规划要求相符合。

(2)要保证地下停车库合理的服务半径,公共停车库的服务半径不宜超过 500 m,专用车库不宜超过 300 m。

(3)与城市中已建的地下空间,如地下商业街、地铁车站等相结合,进行综合布置。

(4)应选择在水文地质构造较好的地段,并应尽量避开大流量的主干路,避免对动态交通产生大的影响,以减轻地面道路的交通负荷。

(5)规划应符合防火要求,其位置应与周围建筑物和其他易燃、易爆设施保持规定的防火间距(表4.2)和卫生间距(表4.3)。

表 4.2 汽车库、修车库、停车场的防火间距 单位:m

名称和耐火等级	汽车库、修车库		厂房、仓库、民用建筑		
	一、二级	三级	一、二级	三级	四级
一、二级汽车库、修车库	10	12	10	12	14
三级汽车库、修车库	12	14	12	14	16
停车场	6	8	6	8	10

表 4.3　停车场与其他建筑物的卫生间距　　　　　　　　　　　　　　　　单位:m

名称	车库类别		
	Ⅰ、Ⅱ	Ⅲ	Ⅳ
医疗机构	250	50～100	25
学校、幼托	100	50	25
住宅	50	25	15
及其他民用建筑	20	15～20	10～15

（6）专用车库及特殊要求车库应考虑其特殊性。如消防车库对出入口、供水等要求较高,防护车库要考虑三防要求。

（7）当车库位于岩层中,岩层厚度、岩性状况、岩层走向、边坡及洪水位等都应考虑。

（8）地下停车库的建设规模、人车疏散出入口的数量和位置,其他用房及设施的位置等应符合《汽车库、修车库、停车场设计防火规范》(GB 50067—2014)等。

4.2.4　地下停车库规划布局

城市停车设施的综合系统规划是地下停车库规划布局至关重要的先决条件。支持城市动态交通的路网结构是一个城市布局结构的骨架,与之相结合的是各种停车设施的静态交通体系。在城市中心区地下停车库几乎已经成为停车设施的主体部分,在城市交通系统规划中,地下停车库应进行合理的布局和安排,并系统地解决城市交通问题。

1. 地下停车系统规划布局

（1）中心区地下停车行车系统

在20世纪中期发达国家由于车辆的普及与增多,对原有城市局部区域改造都以交通为重点。主要规划特点是"快速路—停车库—步行—商业区"的交通布局与引导模式。图4.13是美国沃斯堡市中心区改造方案,该改造方案是形成周围的环状高速道路与区域内的道路网的改建,沿环状路周围布置了多处停车设施系统,减少了城市中心区的车辆数量,减轻了市区的交通拥堵,改善了城市的景观,并促进了城市中心区的完全步行化。这适合小区域步行化的街

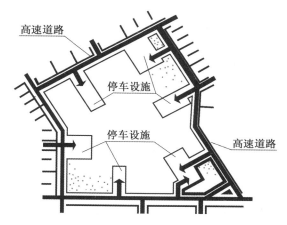

图 4.13　城市中心区周边的高速道路与停车设施系统布置

区,对于范围较大的商业街区则需要在环形快速路上设置连接快速路的城市道路,将车辆直接引入道路端点的地下停车库,人流出车库即可进入步行区域。图4.14为城市中规模较大的商业中心区域设置环路示意图,由于服务区域较大,在步行距离较长的情况下采用在环路上引入支路的方案进入步行区边缘,车辆可停放在支路端点的停车库。

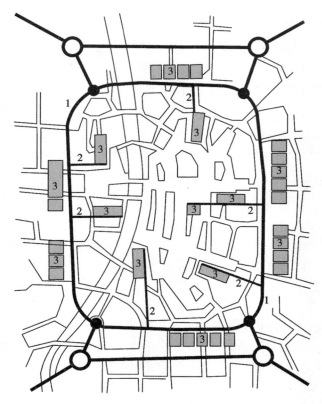

1—环状高速道路;2—支路;3—停车库

图 4.14　从环状高速道路引向中心步行区边缘的支路与停车库的布置

重庆市解放碑商业街区在 21 世纪前就规划建设了 2.8 万平方米平战结合的地下人防工程,21 世纪伴随着城市的发展该地区出现了翻天覆地的旧城商业街区大规模改造。原有地面建筑多为在原有人防道路基础上规划,增建了约 4 500 m 长的环形地下道路,工程于 2010 年开工,分三期完成,2017 年 3 月已经完成一、二期工程,工程宽约 9.5 m,高 5.5 m,深度约 20 m,由临江门、较场口转盘、五一路口三点合围而成,同时通过起于长滨路、嘉滨路、北区路等地七大地下通道出入解放碑,并借助多条连通道将环道附近地下停车库融为一体,形成"一环、七联络、N 连通",这里可以连接 22 个地下停车库共计约 13 200 个地下车位。该解放碑区域形成了以地铁及环线交通组成的大型地下停车系统,将人流引导至地下商业空间及地面步行街。半个世纪以来它由原有的简单"井"字形的人防工程发展为复杂的环形"网络"型地下空间综合体系(图 4.15)。

对于更大的城市中心区,除商业外还有其他建筑功能,如办公、金融、宾馆等,在道路网处可以发展与道路网相配合的停车设施分级布置方式。图 4.16 所示为城市中心地区停车设施的分级布置方式,停车库共分三级:在高速道路内侧布置大型长时间停车库,通勤人员停车后通过城市公交系统进入工作区域,如图 4.16 中 3;如果是中等时间停车的部分,车辆可从快速路转到分散车流用的另一环路,然后停放在环路附近的中等时间停车库中,如图4.16 中 4;如果是短时间停车的人员可从环路上转到分出的支路的端部停车场,如图 4.16 中 5,人员停车后可以直达步行区域或商业中心。

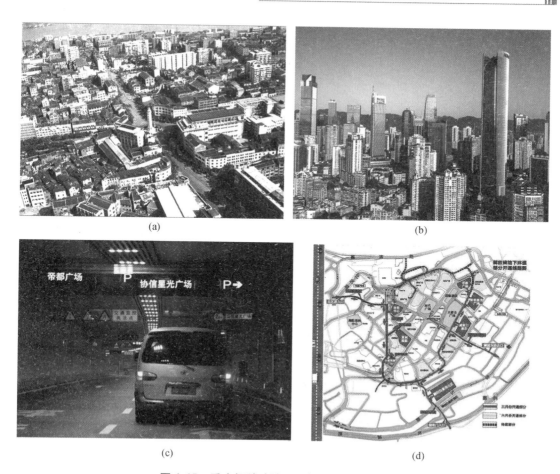

(a)　　　　　　　　　　　　　　　　(b)

(c)　　　　　　　　　　　　　　　　(d)

图 4.15　重庆解放碑地下环状交通及车库设施

(a)20 世纪 60 年代前的解放碑商圈;(b)今天的解放碑商圈步行街景;

(c)环状地下道路内景;(d)环状道路可停车系统

(2)小区域地下停车行车系统

在城市中央商务区,有大量的办公和各种用途的建筑,停车难几乎是非常普遍的现象,建设地下停车库就能够很好地解决这一问题,但是地下停车库多就会造成较多的直通地面的出入口,难以布局,也造成地面的交通混乱。在这种情况下,规划一些地下车库联络道将各个地下停车库串联起来,在适当位置设置少量通向地面的出入口,形成地下停车库系统,可以比较好地解决这一难题。如北京中关村西区有 18 座地下停车库,总容量达 1 万辆,通过建一条环形地下车库联络道的方法使出入口数量从几十个减少到 13 个,地面交通得到改善。日本在规划密集的地下停车库时,也采用这种用环廊连接停车库的方法,如图 4.17 所示。小区域地下停车库系统的分类如表 4.4 以及图 4.18 所示。

图 4.19 为某城市小区域的地下停车系统规划,规划通过地下车库联络道将区域内各个地块配建地下停车库及公共停车库连接,并将地下车库联络道与地下道路相连接。

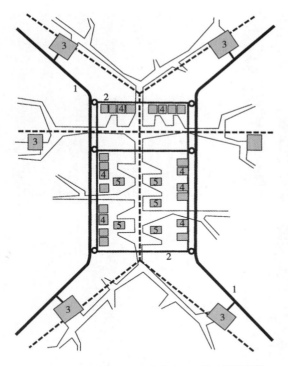

1—高速道路;2—中心区环形道路;3—长时间停车库;
4—中等时间停车库;5—短时间停车库

图 4.16 城市中心地区停车设施的分级布置

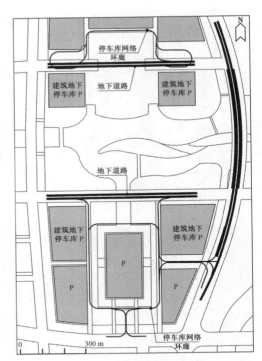

**图 4.17 日本采用地下交通环廊
组织车辆出入示意图**

表 4.4 地下停车库系统的分类

分类	特点
内部连通式	各车库间直接连通,不设地下车库联络道和出入口
公共通道式	设置地下车库联络道,连接各车库来实现车库进出,各车库之间可连接,也可不连接
地下道路式	利用地下道路直接进出周边地下停车库

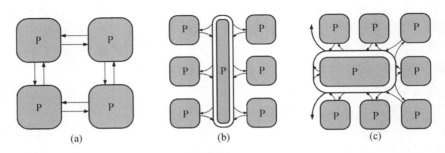

图 4.18 小区域地下停车系统分类示意图
(a)内部连通式;(b)公共通道式;(c)地下道路式

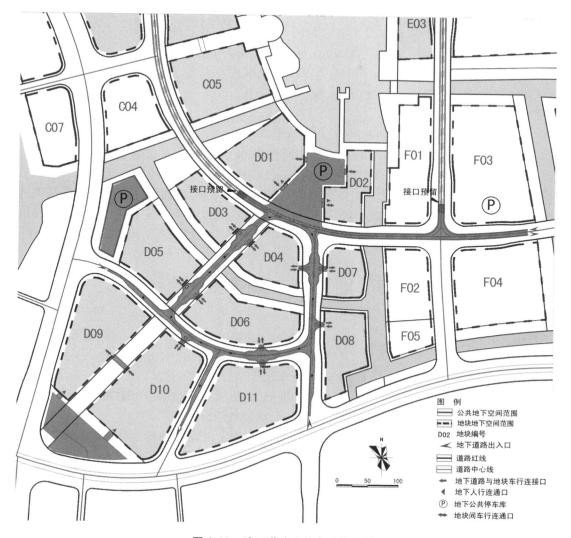

图 4.19　地下道路式停车系统规划

2. 地下停车库的规模

地下停车库的规模常按地区或相应的规定确定,一般需要根据居住区的户数或建筑规模等确定。这里说明地下停车库规模的确定因素主要有以下方面:

(1)建设地点的车库服务单位及区域,如是单位停车还是居民停车,单位职工人数或居住户数,拥有机动车比例及发展趋势。

(2)车库的性质,如是小型还是中型车,公共停车还是配建停车,是自走式还是机械式,以及所停车辆类型。

(3)国家及地方的相关指标、规定和政策。

(4)建设地点的环境状况及道路系统,如周围是否有医院、学校、道路公交、易爆厂房等。

(5)地下岩土状况及影响因素,如是否是岩石或地下水、是否有地下设施等。

(6)经济指标要求,施工方法及场地条件。

（7）防灾要求，如地震防火及人防要求等其他要求。

总之地下停车库的建设规模需要多种因素才能确定，涉及使用、经济、用地、施工等许多方面。对于同等的停车需求量，可以建一座大型停车库，也可建多座，到底哪一种方案最合理，应做综合的分析比较。地下专用停车库的规模主要决定于使用者的停车需求、配建要求和建设停车库的条件，如场地大小、地下室面积等。

3. 地下停车库防灾规划

在进行地下停车库的规划布局时，应当考虑平战转换作用，以及在平时发生灾害时能起到防灾作用。充分发挥地下工程固有的防护性能，用较少的投入在地下停车库的出入口部分做适当的防护处理，使其成为具有一定抗灾、抗毁能力的城市防灾系统的一个组成部分。因为临战时它可以使大量人流快速进入安全的地下空间，在短时间内能暂时掩蔽并等候疏散，这对城市防护体系的防护效率很有利，并在城市发生重大灾害时，在容纳居民避难、救灾等方面都有积极作用，因此可以将地下停车库系统规划纳入城市综合防灾规划。

4.3 地下停车库总图设计

4.3.1 总图设计需要考虑的因素

（1）场地的建筑布局、形式、道路走向、行车密度及行车方向。

（2）是否有其他地下空间设施，如地下商业街、地铁、综合管廊、地下道路等。

（3）周围环境状况，如绿化、道路宽度、高程、场地条件等。

（4）工程与水文地质情况，如地下水位、是软土还是硬土，若为岩石则对总图设计影响很大。

（5）出入口数量和位置应符合现行国家标准，不宜直接与城市快速路及城市主干路相连接。

（6）出入口距离城市道路规划红线不应小于7.5 m，并在距出入口边线内2 m处、视点的120°范围内至边线外7.5 m以上不应有遮挡视线的障碍物（图4.20）。

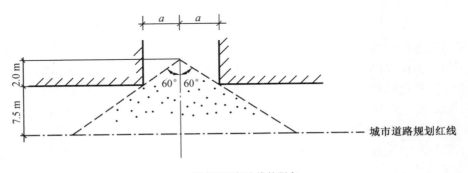

a—视点至两侧边线的距离

图4.20 汽车库库址车辆出入口通视要求

（7）地下停车库出入口不宜设在主干路上，可设在次干路或支路上，并远离交叉口；地下车库的车辆出入口与城市人行过街天桥、地道、桥梁或隧道等引道口距离应大于50 m；距道路交叉口应大于80 m；距地铁出入口、公共交通站台边缘不应小于15 m；距公园、学校、儿童及残疾人使用建筑的出入口不应小于20 m。

（8）车库总平面内应有交通标志引导系统和交通安全设施。

（9）车库总平面内宜设置电动车辆的充电设施。具备充电条件的停车位数量比例需满足各城市的指标配制要求。电动车停车位宜集中布置,并宜设置在变配电室附近。

（10）单建式停车库要考虑车库建成后地面部分的规划,如绿地、广场、公园等。

4.3.2　地下停车库的平面类型

1. 广场式矩形平面

广场式布局通常是地面环境为广场、绿地或水体,周围是道路,即在广场、绿地或水体下建设地下停车库。地下停车库出入口的设置主要考虑以下两个方面:一是进出车方便,二是尽可能同人流密集区有一定距离。如广场比较小,可按广场的大小布局,还要根据广场与停车库规模来确定。广场地下停车库的总平面大多为矩形、近似矩形、梯形等。

图4.21为日本川崎火车站站前广场的地下停车库,地下停车库平面形式同广场走向一致,其规模较大,可停车380台。地下共两层,地下一层为商场,地下二层为停车库,出入口距广场较远。

2. 道路式条形平面

条形平面布局的地下停车库属于线状的地下空间形态,通常设置在城市道路下,按道路走向布局,出入口设在次要道路一侧。

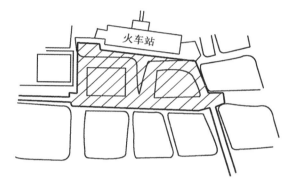

图4.21　广场地下停车库（日本川崎火车站）

图4.22为日本东京道路式条形平面布局的停车库。停车库设在主要道路下,出入口设在次要道路上,地下一层为商场,地下二层可存车385台。

图4.23为日本新潟的道路下停车库,共两层,其平面布局是顺着道路成条状,停车库柱网布局与商业街一致。其特点是把地下商业街同地下停车库相结合,即地下一层为商场,地下二层为停车库,可存车300台。

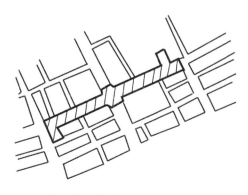

图4.22　道路下停车库（东京）

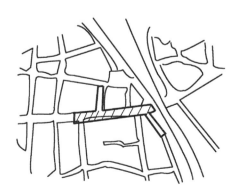

图4.23　道路下停车库（新潟）

3. 不规则地段下的不规则平面

不规则平面的地下停车库属于特殊情况，主要是地段形状不规则或专用车库等原因造成的。这种不规则的地下停车库施工复杂，增加了造价。

图4.24为德国某广场下建造的大型停车库，地下3层，可存车640台，由于广场不规整，车库呈不规则形状。图4.25为北京市某地下消防车库，9台容量，因地段条件有较大限制，为了方便出车而设计成此种形状。

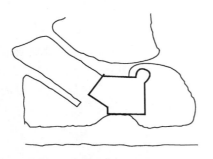

图4.24 不规则平面停车库（德国某广场）

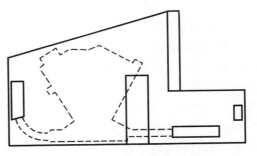

图4.25 不规则平面停车库（北京）

4. 圆形平面

圆形平面的优点是可以建在广场、公园及不规则地段，可通过环形坡道进出停车库，由于可建多层，所以存车量很大。

5. 附建式平面

附建式地下停车库是建在住宅和办公、商业、医疗等各类建筑的地下室部分，平面布局和结构形式受上层建筑限制。

6. 利用建筑地下室扩展的混合型平面

此种类型首先利用地面建筑地下室，在此基础上由规模或柱网要求而向外扩展成地下停车库，此平面类型既有附建部分，又有广场的单建部分，可称为混合型平面。

图4.26为俄罗斯某地的地下停车库，地上为12～14层住宅，由于需要扩大规模而扩展了平面。

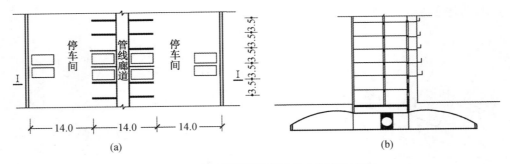

图4.26 混合型平面地下停车库（俄罗斯某地）

（a）地下一层平面图；（b）Ⅰ—Ⅰ剖面图

图4.27为日本东京独立的且与地上建筑毗连的地下专用停车库，共3层，可停放360台小型车。此种形状为不规则形，主要受建筑及广场、道路的不规则形状限制。

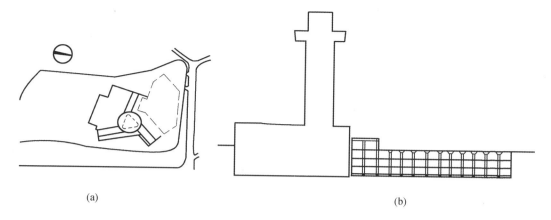

图 4.27 混合型地下专用停车库（东京）

（a）总平面图；（b）剖面图

7. 岩层中条形通道式平面

如果土层为岩状结构，其平面形式受施工影响将发生很大的变化。在这种地段条件下，地下停车库的平面形式常常由条形通道式拼接起来，可组成"T"形、"树"状或"井"形等平面。图 4.28 为我国某省地下专用停车库，可存 100 台中型客货车，战时为人员掩蔽所。

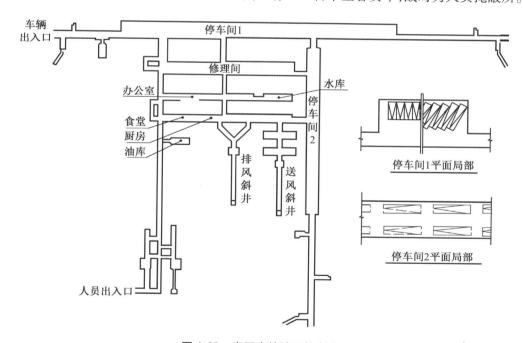

图 4.28 岩层中的地下停车库

4.4 地下停车库建筑设计

4.4.1 地下停车库的建筑组成与基本流线

1. 建筑组成

地下停车库建筑组成有以下几个部分：

(1)出入口 进出车用的车行出入口、人员出入口。

(2)停车库 主要有停车间、行车通道、步行道等。

(3)服务部分 收费处、等候室、卫生间、洗车，以及充电设施等。

(4)管理部分 门卫、调度、办公、防灾中心等。

(5)辅助部分 给排水、采暖通风、电气系统、交通工程设施及防护用设备间等。

2. 基本流线

地下停车库的一般流线是车由入口进入，然后洗车、存车、出库、收费，最后由出口离开，其基本流线如图4.29所示。

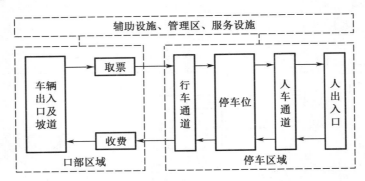

图4.29 机动车地下停车库流线示意图

4.4.2 地下停车库停车区域设计要求

停车区域是指车库中车辆行驶与停放的空间，主要由停车位与通车道组成，具体包括行车通道、停车位和停车通道、人行系统等。停车区域按停车楼板的形式分为平层式、错层式和斜楼板式三种(图4.30)。

1. 停车区域设计要点

一般来讲以停放一台车平均需要的建筑面积作为衡量柱网是否合理的综合指标。设计中应注意以下设计要点：

(1)尽量做到充分利用面积。停车通道的双侧布置停车位，有利于节约建筑面积。

(2)需考虑地面排水措施，地漏(或集水坑)的间距不宜大于40 m；地漏周围1 m半径范围应有1%地面排水找坡。

(3)尽可能减少柱网尺寸变化，结构完整统一。

(4)保障一定的安全距离，避免遮挡和碰撞。

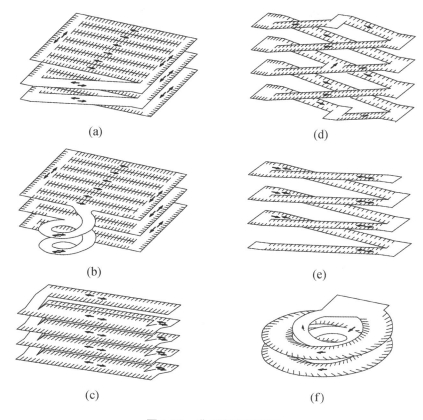

图 4.30　典型车库示意图

（a）平层式车库一；（b）平层式车库二；（c）错层式车库；
（d）斜楼板式车库一；（e）斜楼板式车库二；（f）斜楼板式车库三

（5）设备用房应尽量设在不利于布置停车位的边角位置。

（6）电动车停车位应集中布置，应就近设置充电桩，并宜为一位一桩形式，以便使用和管理；应考虑充电桩的安装和操作空间。

（7）充电桩可考虑采用壁挂式或落地式安装方式。壁挂式应靠墙柱布置，落地式应远离排水沟、地漏等地面排水点，安装基础应高出地面 200 mm。

（8）停车库为残障人士合理配置专用车位和无障碍设施。

2. 面积估算

地下停车库主体建筑面积指标主要有三项，地下停车库每台车所需面积指标，是根据国内近年来建造的一些地下停车库有关资料统计得出的（表 4.5），该指标为参考指标。

表 4.5　地下停车库的面积指标

指标内容	小型汽车库	中型汽车库
每停一台车需要的建筑面积/m^2	35～45	65～75
每停一台车需要的停车部分面积/m^2	28～38	55～65
停车部分面积占总建筑面积的比例/%	75～85	80～90

3. 车位平面尺寸

停车库设计取决于选定的基本车型,一般来说服务车型不可能太多,因为各类车型尺寸相差很大,尺寸的差别会影响到车库建筑面积和空间利用率,所以必须选定一种基本车型来确定车库的柱网。

按照《车库建筑设计规范》中的统计归纳结果,机动车设计车型的外轮廓尺寸可按表4.6取值。

表4.6　机动车设计车型的外轮廓尺寸

设计车型		外轮廓尺寸/m		
		总长	总宽	总高
微型车		3.80	1.60	1.80
小型车		4.80	1.80	2.00
轻型车		7.00	2.25	2.75
中型车	客车	9.00	2.50	3.20
	货车	9.00	2.50	4.00
大型车	客车	12.00	2.50	3.50
	货车	11.50	2.50	4.00

注:专用机动车库可按所停车的机动车外轮廓进行设计。

机动车库应以小型车为计算当量进行停车当量的换算,各类车辆的换算当量系数应符合表4.7规定。

表4.7　机动车换算当量系数

车型	微型车	小型车	轻型	中型车	大型车
换算系数	0.7	1.0	1.5	2.0	2.5

仅满足车辆尺寸要求并不能停车,车辆周围还必须有一定的安全距离,以保证停车状态下能打开车门和便于车辆进出。车辆停放时与周围物体间安全距离见表4.8。

表4.8　机动车之间以及机动车与墙、柱之间最小净距

项目		车型		
		微型车 小型车	轻型车	中型车 大型车
平行式停车时机动车间纵向净距/m		1.20	1.20	2.40
垂直式、斜列式停车时机动车间纵向净距/m		0.50	0.70	0.80
机动车间横向净距/m		0.60	0.80	1.00
机动车与柱间净距/m		0.30	0.30	0.40
机动车与墙、护栏及其他构筑物间净距/m	纵向	0.50	0.50	0.50
	横向	0.60	0.80	1.00

注:1. 纵向是指机动车长度方向,横向指机动车宽度方向;

2. 净距指最近距离,当墙、柱外有凸出物时,从其凸出部分外缘算起。

单间停放与开敞停放的情况如图4.31~图4.34所示。单间停放指一台车周围有墙或车的情况,开敞停放指一台车周围有柱的情况。

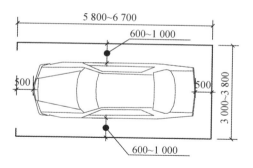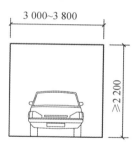

图4.31 单间车位式车库示意图(单位:mm)

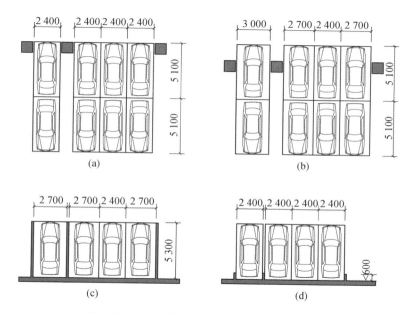

图4.32 停车区域车位布置示意图(单位:mm)

(a)结构柱间停车位;(b)结构柱间停车位;(c)实体墙间停车位;(d)实体墙垛间停车位

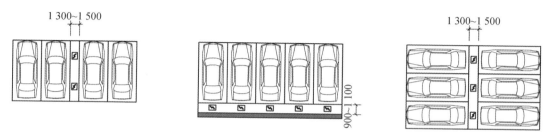

图4.33 电动车位充电设备布置示意图(单位:mm)

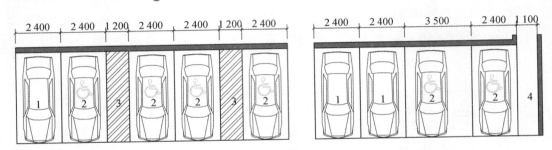

1—普通停车位;2—无障碍停车位;3—无障碍通道;4—人行通道兼无障碍通道

图 4.34 无障碍车位示意图(单位:mm)

4. 停放角度与停驶方式

车辆停放角度是指停车时汽车的轴线与车库纵轴线之间的夹角,一般有 0°、30°、45°、60°、90°等,如图 4.35 所示。

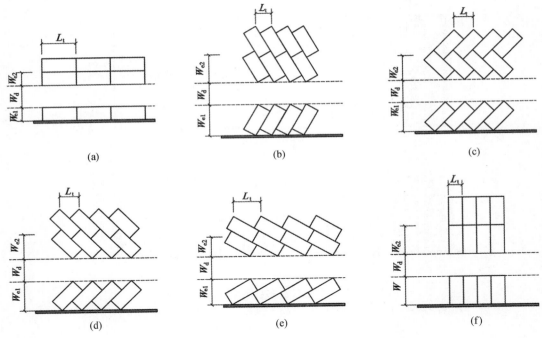

W_d—通车道宽度;W_{e1}—垂直于通车道的停车位尺寸(靠墙车位);

W_{e2}—垂直于通车道的停车位尺寸(中间车位);L_t—平行于通车道的停车位尺寸

图 4.35 停车位布置方式

(a)平行式;(b)斜列式 60°;(c)斜列交叉式(鱼骨式)45°;(d)斜列式 45°;(e)斜列式 30°;(f)垂直式

汽车停驶方式是指存车所采用的驾驶措施,有后退停放,前进出车;前进停放,后退出车;前进停放,前进出车三种驾驶停放方式(表 4.9)。

表4.9 停车方式

后退停放,前进出车	前进停放,后退出车	前进停放,前进出车
所需车道宽度小;进车较慢,出车快;停车位前部的通车道需保证足够长度;车辆之间需留有一定空间	所需车道宽度较大;进车方便,出车较慢	停车位前后均需有通车道,所需通道面积大;进车方便,出车快
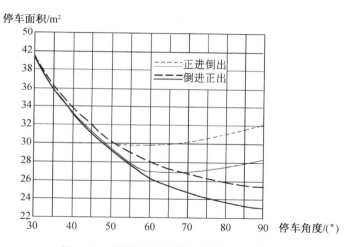		

—→ 前进行驶　----→ 倒退行驶

研究表明汽车停放角度与停车占用面积之间有一定的关系(图4.36)。不同停车角度,所需停车面积也有区别(表4.10)。

停车面积/m²

图4.36 停车角度与停车面积指标间关系

表4.10 不同停车角度所需停车面积

			最小每停车位面积/(m²/辆)					
			微型车	小型车	轻型车	中型车	大货车	大客车
平行式		前进停车	17.4	25.8	41.6	65.6	74.4	86.4
斜列式	30°	前进(后退停车)	19.8	26.4	41.6	59.2	64.4	71.4
	45°	前进(后退停车)	16.4	21.4	40.9	53	59	69.5
	60°	前进停车	16.4	20.3	34.3	53.4	59.6	72
	60°	后退停车	15.9	19.9	40.3	49	54.2	64.4
垂直式		前进停车	16.5	23.5	33.5	59.2	59.2	76.7
		后退停车	13.8	19.3	41.9	48.7	53.9	62.7

注:此面积只包括停车和紧邻停车位的面积,不是每停车位所需的车库建筑面积。

根据分析得知,0°存车时驾驶方便但所需面积最大,所以该角度适合狭长而跨度小的停车库。斜角停放时使每台车占用面积较大;垂直停放时可以从两个方向进出车,所用面积指标最小,但需要较宽的行车通道,适用于大面积多跨的停车库。经过长期的实践证明:垂直停车方式中后退停车、前进出车的停车方式较为合理。

5. 通车道宽度

行车通道指停车区域内供车辆行驶的通道,应满足车辆行驶的车道宽度。行车通道有直线和曲线两种形式。停车通道是指与停车位相连,并能满足车辆进出停车位所需回转空间要求的通道。停车通道同时具有行车通道功能。

通车道宽度取决于汽车车型、停放角度和停驶方式。机动车最小停车位、通(停)车道宽度应根据所采取的车型的转弯半径等有关参数,用计算法或几何作图法求出在某种停车方式下所需的行车通道最小宽度,再结合柱网布置,适当调整后确定合理的尺寸(图 4.37 ~ 图4.39)。

(1)前进停放、后退出车时的通车道宽度计算方法见式(4.1),作图方法如图 4.37 所示。

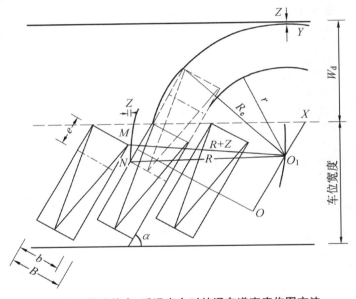

图 4.37　前进停车、后退出车时的通车道宽度作图方法

$$W_d = R_e + Z - [(r + b)\cot \alpha + e - L_r]\sin \alpha \tag{4.1}$$

$$R_e = \sqrt{(r + b)^2 + e^2}$$

$$L_r = e + \sqrt{(R + S)^2 - (r + b + C)^2} - (C + b)\cot \alpha$$

$$r = \sqrt{r_1^2 + l^2} - \frac{b + n}{2}$$

$$R = \sqrt{(l + d)^2 + (r + b)^2}$$

式中　W_d——通车道宽度,mm;

　　　C——车与车的间距(取 600 mm);

　　　S——出入口处与邻车的安全距离(取 300 mm);

　　　Z——行驶车与停放车或墙的安全距离(大于 100 mm 时,可取 500 ~ 1 000 mm);

R——汽车环行外半径,mm;

r——汽车环行内半径,mm;

b——汽车宽度,mm;

e——汽车后悬尺寸,mm;

d——汽车前悬尺寸,mm;

l——汽车轴距,mm;

n——汽车后轮距,mm;

α——汽车停放角度,(°);

r_1——汽车最小转弯半径,mm。

作图步骤:

①从汽车后轴作延长线,量出 r,得出回转中心 O;

②经过点 O 作与车纵轴平行的线 OX;

③以点 M 为圆心,$R+Z$ 为半径,交 OX 线于点 O_1;

④以点 O_1 为圆心,Re 为半径作弧,与水平线相切于点 Y;

⑤从点 Y 起,加上安全距离 Z 后作平行线,即为行车通道边线,此线至车位外缘线的距离即为 W_d;

⑥以点 O_1 为圆心,R 为半径作弧,交车外轮廓线于点 N,点 N 即为倒车时开始回转的位置。

(2)后退停车、前进出车时的通车道宽度计算方法见式(4.2),作图方法如图 4.38 所示。

$$W_d = R + Z - \sin \alpha [(r+b) \cot \alpha + (a-e) - L_r] \tag{4.2}$$

$$L_r = (a-e) - \sqrt{(R-S)^2 + (r-C)^2} + (C+b) \cot \alpha$$

式中 a 为汽车长度,mm;其他字母含义同式(4.1)。

作图步骤:

①从汽车后轴作延长线,量出 r,得出回转中心点 O;

②经过点 O 作与车纵轴平行的线 OX;

③以点 M 为圆心,$r-Z$ 为半径作弧,交 OX 线于点 O_1;

④以点 O_1 为圆心,R 为半径作弧,与水平线相切于点 Y;

⑤从点 Y 起加上安全距离 Z 后作平行线,即为行车通道边线,此线至车位外缘线的距离即为 W_d;

⑥以点 O_1 为圆心,R_1 为半径,即 $R-Z$ 为半径作弧,交车外轮廓线于点 N,点 N 即为进车时停止回转位置。

(3)后退停车,前进出车,90°停放,两侧有柱时的行车通道宽度计算方法同式(4.2),取 $\alpha = 90°$,则作图方法同图 4.37,只是车两侧障碍物改为柱,如图 4.39 所示。

(4)曲线行车通道(环道)宽度的计算方法为

$$\begin{cases} W = R_0 - r_2 \\ R_0 = R + x \\ r_2 = r - y \end{cases} \tag{4.3}$$

式中　W——环道最小宽度,mm;

R_0——环道外半径,mm;

r_2——环道内半径,mm;

x——外侧安全距离,最小取 540 mm;

y——内侧安全距离,最小取 380 mm。

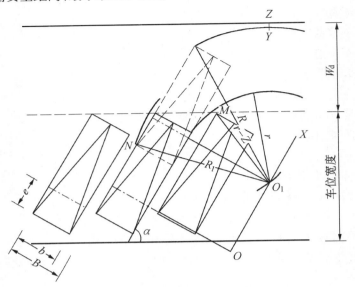

图 4.38　后退停车、前进出车时的通车道宽度作图方法

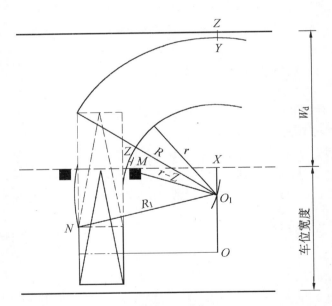

**图 4.39　后退停车、前进出车、90°停放、两侧有柱时
通车道宽度作图方法**

　　现行规范中直接给出小型车的最小停车位、通(停)车道宽度,小型车地下停车库内单向行驶通道宽度不应小于 3.0 m,双向行驶行车通道宽度不应小于 5.5 m(图 4.40)。小型车的最小停车位、通(停)车道宽度宜符合表 4.11 的规定。

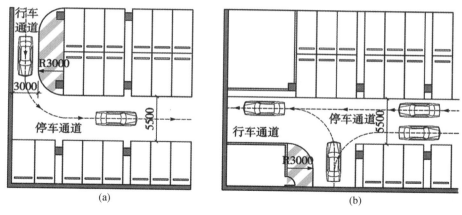

图4.40 停车区域内行车通道及尽端回转方式(单位:mm)

(a)停车区域内行车通道;(b)停车区域尽端回转方式

表4.11 小型车的最小停车位、通(停)车道宽度

停车方式			垂直通车道方向的最小车位宽度/m		平行通车道方向的最小停车位宽度 L_t/m	通(停)车道最小宽度 W_d/m
			W_{e1}	W_{e2}		
平行式		后退停车	2.4	2.1	6.0	3.8
斜列式	30°	前进(后退)停车	4.8	3.6	4.8	3.8
	45°	前进(后退)停车	5.5	4.6	3.4	3.8
	60°	前进停车	5.8	5.0	2.8	4.5
	60°	后退停车	5.8	5.0	2.8	4.2
垂直式		前进停车	5.3	5.1	2.4	9.0
		后退停车	5.3	5.1	2.4	5.5

6.停车区域人行系统

人行系统包括人行出入口和人行通道。人行出入口开向通车道时,应设置缓冲空间和安全防护设施;电梯不应直接开向行车通道,宜结合楼梯间设置。大型停车库宜设置人行通道,通道宽度可按1 m取值(图4.41)。

4.4.3 平面柱网与层高

1.平面柱网

决定平面柱网尺寸的因素有如下几个方面:

(1)停放角度及停驶方式,一个柱距内停放车辆台数。

(2)车辆停放所必需的安全距离及防火间距。

(3)通道数及宽度。

(4)结构形式及柱断面尺寸。

（5）如果是多层又不都是车库层,则柱网应考虑非停车功能等。

附建式停车库的柱网布局和结构形式会受到主体建筑的限制,而单建式停车库的柱网布局和结构形式应充分满足停车功能要求。当地下停车库柱间停放1台、2台、3台小型车时,所需的柱间最小净距如图4.42所示。

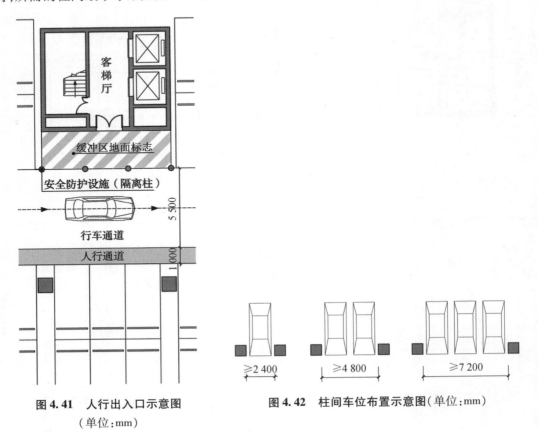

图 4.41　人行出入口示意图
（单位:mm）

图 4.42　柱间车位布置示意图（单位:mm）

2. 层高

地下停车库的层高取决于停车位的净高、各种管线所占用空间的高度以及结构高度,停车位的净高取决于汽车高度、通行安全高度。车库最小净高见表4.12。

表 4.12　车库最小净高

车型	最小净高/m
微型车、小型车	2.2
轻型车	2.95
中型、大型客车	3.7
中型、大型货车	4.2

如果地下停车库和地铁、地下商业街等综合在一起考虑时,其埋深、层数、层高等都应综合各种因素,使其在水平和垂直两个方向都能保持合理的关系。

4.4.4　地下停车库出入口布置

出入口是停车区域和场地之间的连接部位,也是保证车辆进出车库流线畅通的重要部

位,出入口的数量和位置应满足相关规范的要求,具体布置有如下要求:

(1)出入口宜与基地内部道路相连通,如直接开向城市道路,应满足基地出入口的各项要求。

(2)出入口应设缓冲段与道路相连通。

(3)车辆出入口不宜设在消防栓接到安全岛的附近,以及其他禁止停车地段和地势低洼地段,出入口也不宜朝向道路的交叉点上;

(4)双向行驶出入口宽度不应小于7 m,单向行驶时不应小于4 m。各汽车出入口之间的净距应大于15 m。

(5)机动车库的人员出入口与车辆出入口应分开设置,机动车升降梯不得替代乘客电梯作为人员出入口,并应设置标志。

(6)对于消防车专用地下停车库应设人员紧急入口,可采用滑梯、滑杆等形式。

(7)出入口数量要求,见表4.13。

表4.13 地下汽车库的规模与机动车库出入口数量

规模	特大型	大型	中型		小型
停车当量/辆	>1 000	301 ~ 1 000	101 ~ 300	51 ~ 100	<50
或总建筑面积/m²	>10 000	>10 000	5 001 ~ 10 000	2 001 ~ 5 000	≤2 000
汽车出入口数量/个	≥3	≥2	≥2	≥1	≥1

4.4.5 坡道设计

1.坡道设计要点

(1)坡道要同出入口和主体有顺畅地连接,同地段环境相吻合,满足车辆进出方便、安全的要求。

(2)通往地下停车库的坡道,在地面出入口处应设置不小于0.1 m高的返坡,坡道需有防滑要求,对于回转坡道有转弯半径的要求。

(3)单向坡道的通行能力一般可按300 辆/小时进行计算。

(4)坡道出入口与城市道路之间的距离不应小于7.5 m。

(5)有防护要求的车库,坡道应设在防护区以内,并保证有足够的坚固程度。

(6)在保证使用要求的前提下应使坡道面积尽量紧凑。

2.坡道类型

坡道按其位置可分为内置式和外置式(图4.43)。外置式出入口车辆进出流线完全独立,内置式出入口车辆进出的部分流线需利用停车区域内的通车道。

坡道按其形状可分为直线形坡道、曲线形坡道(螺旋式坡道为其特殊形式)和组合式坡道。其各有优缺点,适用于不同场合,可根据基地形状和尺寸及停车要求和特点,在设计时进行选用。

直线形坡道视线好、上下方便、切口规整、施工简便,但占地面积大(图4.44(a)、(b))。

曲线形坡道占地面积小,适用于狭窄地段,视线效果差,进出不太方便(图4.44(c))。

混合形坡道是将直线段与曲线段相连的方式。如先过直线段,然后为曲线段,或进出为直线段,层间用曲线螺旋坡道等,如图4.44(d)、(e)、(f)所示。

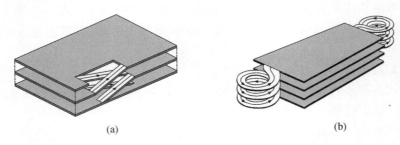

图 4.43 内置式坡道和外置式坡道示意图

(a)内置式坡道;(b)外置式坡道

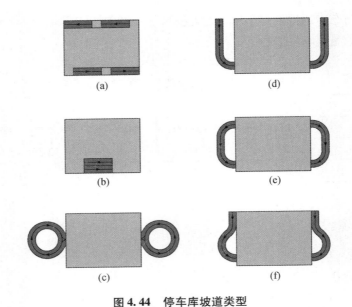

图 4.44 停车库坡道类型

(a)直线式一;(b)直线式二;(c)曲线式;
(d)直线与曲线结合式一;(e)直线与曲线结合式二;(f)直线与曲线结合式三

由此看出,坡道设计最主要的原则是适用、节约用地、安全及坚固,可根据基地的实际情况安排坡道的总体设计。表 4.14 为坡道形式的特点及应用。

表 4.14 坡道形式特点及应用

类型	形式	特点	运用情况
直线式	直线长坡道	进出车方便,结构简单	很常用
	直线短坡道	对于单层或二、三层地下停车库,不能充分发挥这种坡道的优点,反而使结构复杂化	层数较多的倾斜楼板式、错层式停车区域布置
曲线式	曲线整圆坡道(螺旋形)曲线半圆坡道	比较节省面积	多层地下停车库中常用,但对于停放载重车等大型车辆不适用

3. 坡道与主体交通流线

坡道与主体交通流线应顺畅、方便、安全,是存车的主要要求,它们之间的功能关系如图4.45所示。

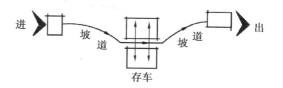

图4.45 流线功能关系图

坡道与主体内交通布置应顺畅,方向单一,流线清楚,出入口明显。流线在主体内时应同主体平面相一致。图4.46为坡道与主体之间的相互关系,可以看出进出坡道既可在同向也可在两侧,取决于出入口的道路状况,应考虑多种因素综合设计。

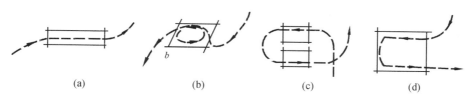

图4.46 交通流线图

(a)直线式;(b)曲线式;(c)回转式;(d)拐弯式

4. 坡道技术标准

（1）数量

坡道数量与车库规模、高峰小时车流量和车辆进出的等候时间有关。调查结果显示高峰小时车流量与建筑类别相关,如交通类建筑高峰小时车流量最大,居住类建筑最小。根据防火要求,机动车出入口和车道数量设计见表4.15。

表4.15 机动车库出入口和车道数量

出入口和车道数量	规 模					
	特大型	大型		中型		小型
	停车当量					
	>1 000	501~1 000	301~500	101~300	51~100	25~50	<25
机动车出入口数量	≥3	≥2		≥2	≥1		≥1
非居住建筑出入口车道数量	≥5	≥4	≥3	≥2		≥2	≥1
居住建筑出入口车道数量	≥3	≥2	≥2	≥2		≥2	≥1

（2）坡道坡度

坡道坡度关系到车辆进出口和上下方便程度,对长度和面积也有影响。坡度既不能太大,又不能太小,太大爬坡困难,太小坡道太长。

最大坡度首先取决于安全及驾驶员的心理影响,其次是机动车爬坡能力和刹车能力,所以最大纵向坡度一般不大于15%。英、美、法和俄罗斯的最大纵向坡度分别为10%、10%、14%和16%。实际上日本常用12%～15%,德国常用10%～15%。根据我国实际情况,地下汽车库坡道纵向坡度建议值为10% ~15%,见表4.16。

表4.16　坡道的最大纵向坡度

车型	直线坡道		曲线坡道	
	百分比(%)	比值(高:长)	百分比(%)	比值(高:长)
微型车 小型车	15.0	1:6.67	12	1:8.3
轻型车	13.3	1:7.50	10	1:10.0
中型车	12.0	1:8.3		

为防止机动车上、下坡时机动车头、尾和车底触地,可根据机动车设定的前进角、退出角和坡道转折角的角度等进行计算。当小型车车库坡道纵向坡度大于10%时,坡道上、下端均应设置缓坡段。其直线缓坡段的水平长度不应小于3.6 m,缓坡坡度应为坡道坡度的1/2;曲线缓坡段的水平长度不应小于2.4 m,曲率半径不应小于20 m,缓坡段的中心为坡道起点或止点(图4.47)。

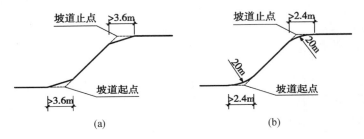

(a)　　　　　　　　(b)

图4.47　缓坡
(a)直线缓坡;(b)曲线缓坡

机动车环行时会产生离心力,因此将环道内倾构成横向坡度,即弯道超高,用机动车重力的水平分力来平衡离心力。一般情况下最急转弯处每米坡道宽度抬高40 mm,接近楼层处略少一些,因此纵向坡度应符合表4.16,还应于坡道横向设置超高。环形坡道处弯道超高宜为2% ~6%,也可按式(4.4)计算,即

$$i_c = \frac{v^2}{127R} - \mu \tag{4.4}$$

式中　i_c——横向坡度;

　　　v——设计车速,km/h;

　　　R——弯道平曲线半径,m;

　　　μ——横向力系数(0.1 ~0.15)。

(3)坡道宽度

出入口可采用直线坡道(图4.48)、曲线坡道和直线与曲线组合坡道,其中直线坡道可选用内直坡道式和外直坡道式。坡道最小净宽应符合表4.17的规定。

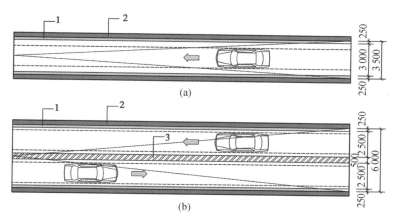

1—矮道牙80～100 高（选设）;2—坡道实墙;3—地面分隔带标线

图 4.48 小型车直线坡道示意图（单位:mm）

（a）直线单行;（b）直线双行

表 4.17 坡道最小净宽

形式	最小净宽/m	
	微型、小型车	轻型、中型、大型车
直线单行	3.0	3.5
直线双行	5.5	7.0
曲线单行	3.8	5.0
曲线双行	7.0	10.0

注:此宽度不包括道牙及其他分隔带宽度。当曲线比较缓时,可以按直线宽度进行设计。

4.5 结 构 形 式

地下停车库结构形式主要有两种,即矩形结构和拱形结构。两种结构形式同其他地下建筑结构形式基本一样,在尺寸、受力特点、施工方法、土质性质等方面有所区别。下面分别介绍两种结构形式。

1. 矩形结构

矩形结构又分为梁板结构、无梁楼盖、幕式楼盖。侧墙通常为钢筋混凝土墙,大多为浅埋,适合采用地下连续墙、大开挖建筑等施工方法(图 4.49)。

2. 拱形结构

拱形结构有单跨、多跨、幕式及抛物线拱、顶制拱板等多种类型,其特点是占用空间大、节省材料、受力好、施工开挖土方量大,有些适合深埋,相对来说不如矩形结构采用得广泛,如图 4.50 所示。

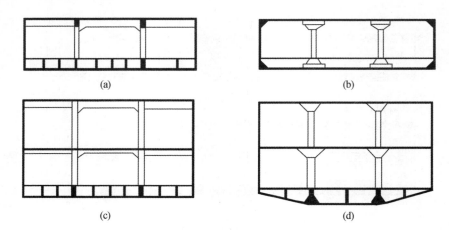

图 4.49　矩形结构

（a）三跨梁板式；（b）三跨无梁楼盖式；（c）双层三跨梁板式；（d）双层三跨无梁楼盖式

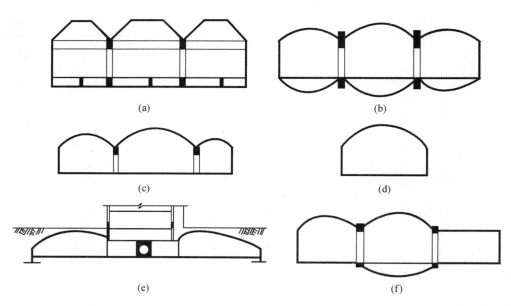

图 4.50　拱形结构

（a）幕式结构；（b）拱形结构；（c）拱形结构；（d）拱形结构；（e）预制拱板；（f）拱与矩形混合式

第 5 章　城市地铁设计

5.1　城市轨道交通概述

我国自改革开放以来城市发生了很大的变化,这种变化最大的特点是人多、车多及城市大规模的扩容,其带来的负面特征有交通堵塞惊人、环境污染严重、能源匮乏等,城市问题表现极为突出,这些城市问题推动了"绿色交通"方式的践行,而轨道交通由于具有运量大、快速、准时、节能、保护环境等的优越性,在 21 世纪的城市交通中起到了十分重要的作用,并以十分迅猛的速度向前发展。

城市轨道交通包括地铁、轻轨、单轨、市郊铁路、有轨电车及磁悬浮列车等多种类型。城市地铁属于城市轨道交通的重要组成部分,也是地下工程领域中重要的建筑类型之一。城市轨道交通工程是城市发展到一定阶段的产物,是城市交通的重要组成部分,它承担着城市市区、郊区交通的主要作用。在 21 世纪的今天,地铁与轻轨交通正以十分迅猛的速度向前发展。

5.1.1　城市轨道交通的概念与分类

1. 城市轨道交通的概念

在国家标准《城市公共交通常用名词术语》中,城市轨道交通的定义为"通常以电能为动力,采取轮轨运转方式的快速大运量公共交通的总称"。本章重点介绍的是轨道交通中的地铁设计内容。

地铁的概念在《地铁设计规范》(GB 50157—2013)里为:在城市中修建的快速、大运量、用电力牵引的轨道交通。列车在全封闭的线路上运行,中心城区的线路基本设在地下隧道内,中心城区以外的线路一般设在高架桥或地面上。

2. 城市轨道交通的分类

根据《城市公共交通分类标准》,城市轨道交通分为地铁系统、轻轨系统、单轨系统、有轨电车、磁浮系统、自动导向轨道系统和市域快速轨道系统等(表 5.1)。

表 5.1　城市轨道交通分类

分类名称		主要指标及特征		
大类	小类	车辆和线路条件	客运能力(N) 平均运行速度(v)	备注
地铁系统	A 型车辆	车长:22.0 m 车宽:3.0 m 定员:310 人 线路半径:≥300 m 线路坡度:≤35‰	N:4.5~7.0 万人次/h v:≥35 km/h	高运量,适用于地下、地面或高架
	B 型车辆	车长:19 m 车宽:2.8 m 定员:230~245 人 线路半径:≥250 m 线路坡度:≤35‰	N:2.5~5.0 万人次/h v:≥35 km/h	大运量,适用于地下、地面或高架
	L_B 型车辆	车长:16.8 m 车宽:2.8 m 定员:215~240 人 线路半径:≥100 m 线路坡度:≤60‰	N:2.5~4.0 万人次/h v:≥35 km/h	大运量,适用于地下、地面或高架
轻轨系统	C 型车辆	车长:18.9~30.4 m 车宽:2.6 m 定员:200~315 人 线路半径:≥50 m 线路坡度:≤60‰	N:1.0~3.0 万人次/h v:25~35 km/h	中运量,适用于高架、地面或地下
	L_C 型车辆	车长:16.5 m 车宽:2.5~2.6 m 定员:150 人 线路半径:≥60 m 线路坡度:≤60‰	N:1.0~3.0 万人次/h v:25~35 km/h	中运量,适用于高架、地面或地下
单轨系统	跨座式单轨车辆	车长:15 m 车宽:3.0 m 定员:150~170 人 线路半径:≥50 m 线路坡度:≤60‰	N:1.0~3.0 万人次/h v:30~35 km/h	中运量,适用于高架
	悬挂式单轨车辆	车长:15 m 车宽:2.6 m 定员:80~100 人 线路半径:≥50 m 线路坡度:≤60‰	N:0.8~1.25 万人次/h v:≥20 km/h	中运量,适用于高架

表5.1(续)

分类名称		主要指标及特征		
大类	小类	车辆和线路 条件	客运能力(N) 平均运行速度(v)	备注
有轨 电车	单厢或铰 接式有轨 电车(含D 型车)	车长:12.5~28 m 车宽:≤2.6 m 定员:110~260人 线路半径:≥30 m 线路坡度:≤60‰	N:0.6~1.0万人次/h v:15~25 km/h	低运量,适用于地 面(独立路权)、街 面混行或高架
	导轨式 胶轮电车	—	—	—
磁浮 系统	中低速 磁浮车辆	车长:12~15 m 车宽:2.6~3.0 m 定员:80~120人 线路半径:≥50 m 线路坡度:≤70‰	N:1.5~3.0万人次/h 最高运行速度:100 km/h	中运量,主要适用 于高架
	高速 磁浮车辆	车长:端车27 m 　　　中车24.8 m 车宽:3.7 m 定员:端车120人 　　　中车144人 线路半径:≥350 m 线路坡度:≤100‰	N:1.0~2.5万人次/h 最高运行速度:500 km/h	中运量,主要适用 于郊区高架
自动 导向 轨道 系统	胶轮 特制车辆	车长:7.6~8.6 m 车宽:≤3.0 m 定员:70~90人 线路半径:≥30 m 线路坡度:≤60‰	N:1.0~3.0万人次/h v:≥25 km/h	中运量,主要适用 于高架或地下
市域快 速轨道 系统	地铁车辆或 专用车辆	线路半径:≥500 m 线路坡度:≤30‰	最高运行速度:120~ 160 km/h	适用于市域内中、 长距离客运交通

5.1.2 城市轨道交通的发展历程和特点

从 1863 年 1 月 10 日英国伦敦采用明挖法建设并开通第一条城市地铁以来,世界上城市轨道交通发展至 2018 年底已经有 155 年的历史,已有 72 个国家和地区的 493 座城市修建了轨道交通,其中 56 个国家和地区的 179 座城市修建了地铁,线路总长度超过了14 000 km,同时还有数万千米的城市铁路、轻轨和现代化的有轨电车线路,各大城市的地铁、轻轨、城市铁路都得到了很好的发展。

1. 地铁的发展历程和特点

地铁是在城市中修建的快速、大运量、用电力牵引的轨道交通。线路通常设在地下隧道内,也有的在城市中心以外地区从地下转到地面或高架桥上。

(1)世界主要城市地铁的发展

世界上第一条地下铁道是 1863 年 1 月 10 日在英国伦敦建成并通车的。它采用明挖法施工,蒸汽机车牵引,线路长度约 6.4 km(图 5.1)。1890 年 12 月 18 日伦敦又建成了一条由电气机车牵引的地铁并投入运营,它采用盾构法施工,线路长度约 5.2 km。此后按时间排序以下地区先后建成地铁:1892 年美国芝加哥(10.5 km)与匈牙利布达佩斯,1897 年英国格拉斯哥(缆索牵引,1936 年改为电力牵引),1898 年美国波士顿及奥地利维也纳,1900年法国巴黎(14 km)。20 世纪上半叶,柏林、纽约、东京、雅典、莫斯科等 12 座城市先后建造了地铁。1863—1963 年的 100 年间,世界各国共计 26 座城市建有地铁。1964—1980 年的16 年中又有 33 座城市建有地铁;1980—2004 年,世界进入和平发展时期,又有 30 余座城市地铁相继通车,其中亚洲有 20 余座城市开通了地铁。

(a)   (b)

图 5.1　1863 年英国伦敦修建的地铁
(a)地铁车站;(b)地铁隧道

各国的地铁特色不同,最快的地铁为美国旧金山"巴特"地铁,它全长 120 km,地下部分长 37 km,穿越 5.8 km 的海底隧道(深 30 ~ 40 m),平均时速为 90 km/h,最快时速为128 km/h;最豪华的地铁为莫斯科地铁,同时也是运输量最大的地铁,它有"欧洲地下宫殿"之称,九条线路纵横交错,线路总长 146.5 km,103 个车站内圆雕、浮雕各具特色,仿佛是一座艺术博物馆;截至 2017 年底,世界最长的地铁为中国上海地铁,线路 16 条,全长637.3 km;最清新的地铁为新加坡地铁,明亮、清洁、安全为其主要特色;最方便的地铁当属法国巴黎地铁,每天发车 4 960 列,主要的出入口均设电脑显示屏,一目了然,换乘方便;最先进的地铁当属法国里昂地铁,全部由电脑控制,无人驾驶,轻便、省钱、省电,车辆运行时噪声和振动都很小。表 5.2 为世界主要国家地铁修建情况。

表 5.2　世界主要国家地铁修建情况

国家	城市	通车年代	车站数目	线路长度/km	客流量(百万)
美国	亚特兰大	1979 年	38	77	68.7(2016)
	巴尔的摩	1983 年	14	24.9	11.2(2016)
	波士顿	1897 年	51	38.61	172.1(2016)
	芝加哥	1892 年	145	165.4	238.6(2016)
	洛杉矶	1993 年	16	28.0	45.9(2016)
	纽约	1867 年	472	380.2	1757(2016)
	旧金山	1972 年	45	167	135.3(2016)
英国	伦敦	1863 年	273	575	1340(2015)
	格拉斯哥	1896 年	15	10.4	12.8(2013)
法国	巴黎	1900 年	367	374	1518.6(2016)
德国	柏林	1902 年	173	151.7	517.4(2014)
	汉堡	1912 年	91	104	219.3(2014)
	纽伦堡	1972 年	48	37	130.2(2014)
	慕尼黑	1971 年	96	95	390(2014)
俄罗斯	莫斯科	1935 年	206	346.1	2384.5(2015)
	圣彼得堡	1955 年	67	113.2	741.8(2015)
日本	东京	1927 年	207	401	2497(2014)
	大阪	1933 年	123	129.9	940(2014)
	名古屋	1957 年	87	93.3	443.4(2012)
	札幌	1971 年	46	48	220.6(2015)
	横滨	1972 年	40	53.4	234.7
墨西哥	墨西哥城	1969 年	195	226.5	1605(2016)

注:本表只反映部分国家部分城市情况。

（2）中国地铁的发展

我国地铁建设起步于 1965 年 7 月，在北京建设的地铁一期工程，全长 31.0 km，1971 年竣工并投入使用；天津地铁 1970 年动工，1980 年通车(7.4 km)，截至 2018 年 12 月，天津轨道交通运营线路共 6 条，包括地铁 1、2、3、5、6 号线及 9 号线(津滨轻轨)，线网覆盖 10 个市辖市，运营里程 219 km，共设车站 154 座；香港地铁始建于 1975 年，1980 年全部完工并开始运营；上海第一条长 14.57 km 的南北地铁 1 号线于 1995 年正式通车；广州地铁 1 号线长 18.47 km，于 1999 年建成通车；深圳地铁运营里程 285 km(截至 2017 年 8 月)，1999 年展开建设。目前还有相当多的百万以上人口的城市正在修建或计划筹建地铁及快速轻轨交通。

我国第一批批准的轨道交通建设项目城市有 15 个(北京、上海、天津、广州、南京、深圳、武汉、西安、重庆、成都、哈尔滨、长春、沈阳、杭州和苏州)，2007 年又有大连、昆明、郑州、南宁、长沙、贵阳、无锡、大同、济南、石家庄、厦门、太原、兰州等 40 多个城市报建地铁，截至 2018 年底，中国大陆地区共 34 个城市开通城市轨道交通运营，共计 185 条线路，运营线路总长度达 5 761.4 km，其中地铁 4 354.3 km,占比 75.6% ,中国城市轨道交通已建成的线路及其他情况见表 5.3。

表 5.3　中国城市轨道交通运营线路表

| 序号 | 城市 | 线路类型 | | | | | | | 车站（座） | 总里程/km |
		地铁	轻轨/km	单轨/km	市域快轨/km	现代有轨电车/km	磁浮交通/km	APM		
1	北京	617.0	—	—	77.0	8.9	10.2	—	347	713.0
2	上海	669.5	—	—	56.0	23.7	29.1	6.3	386	784.6
3	天津	166.7	52.3	—		7.9			163	226.8
4	重庆	214.9	—	98.5	—	—	—	—	160	313.4
5	广州	452.3	—	—	—	7.7	—	3.9	227	463.9
6	深圳	285.9	—	—	—	11.7	—	—	186	297.6
7	武汉	263.7	37.8	—	—	46.4	—	—	233	348.0
8	南京	176.8	—	—	200.8	16.7	—	—	187	394.3
9	沈阳	59.0	—	—	—	69.4	—	—	119	128.4
10	长春	38.6	61.5	—	—	17.5	—	—	119	117.7
11	大连	54.1	103.8	—	—	23.4	—	—	106	181.3
12	成都	222.1	—	—	94.2	13.5	—	—	190	329.8
13	西安	123.4	—	—	—	—	—	—	89	123.4
14	哈尔滨	21.8	—	—	—	—	—	—	22	21.8
15	苏州	120.7	—	—	—	44.2	—	—	120	164.9
16	郑州	93.6	—	—	43.0	—	—	—	64	136.6
17	昆明	88.7	—	—	—	—	—	—	57	88.7
18	杭州	114.7	—	—	—	—	—	—	80	114.7
19	佛山	21.5	—	—	—	—	—	—	15	21.5
20	长沙	48.8	—	—	—	—	18.6	—	45	67.4
21	宁波	74.5	—	—	—	—	—	—	50	74.5
22	无锡	55.7	—	—	—	—	—	—	45	55.7
23	南昌	48.5	—	—	—	—	—	—	40	48.5
24	兰州		—	—	61.0	—	—	—	6	61.0
25	青岛	44.9	—	—	124.5	8.8	—	—	92	178.2
26	淮安	—	—	—	—	20.1	—	—	23	20.1
27	福州	24.6	—	—	—	—	—	—	21	24.6
28	东莞	37.8	—	—	—	—	—	—	15	37.8
29	南宁	53.1	—	—	—	—	—	—	41	53.1
30	合肥	52.3	—	—	—	—	—	—	46	52.3
31	石家庄	28.4	—	—	—	—	—	—	26	28.4
32	贵阳	33.7	—	—	—	—	—	—	24	33.7
33	厦门	30.3	—	—	—	—	—	—	24	30.3
34	珠海	—	—	—	—	8.8	—	—	14	8.8
35	乌鲁木齐	16.7	—	—	—	—	—	—	12	16.7
合计	35 座	4354.3	255.4	98.5	656.5	328.7	57.9	10.2	3 394	5 761.4

注:上表数据引自城市轨道交通 2018 年度统计和分析报告。

　　中国的轨道交通具有巨大的市场和十分广阔的前景。我国100万人口以上的城市有78座。有专家测算中等城市修建1～3条轨道交通线,100万以上城市修建4～8条轨道交通线。

　　地铁的主要特征为综合性、立体性、高速快捷、四通八达,具体表现有下述几点:

　　(1)在城市的中心区形成的交通枢纽处,地铁同地下商业街、地下停车库等相结合组成城市地下综合体,并列或垂直设置在岩土介质中。

　　(2)地铁已不单纯设在地下,常在离开繁华区时在地面或空中运行,也就是常说的轻轨,形成地下、地面、高架桥为一体的立体交通系统。

　　(3)地铁建设按照总体规划分期完成。技术上可穿山跨海,并由城市中心扩散至卫星城,直至城市远郊。

　　(4)地铁按平均时速分类,低速为30～40 km/h,中速为70～80 km/h,高速为100 km/h以上。其规律为在城市繁华拥挤的市区为低速,当在郊区或去卫星城时采用中高速。

　　(5)地铁运营管理更先进、方便、清洁、无污染,已成为21世纪城区主要公共交通工具。

　　(6)地铁在防灾能力方面将成为保护人们安全,疏散人员的重要交通工具等。

　　值得注意的是地铁建设造价很高,并不是所有城市都有能力建造,有些经济不太发达的城市仍无能力大规模开发轨道交通。

　　2.轻轨的发展历程和特点

　　1881年在德国柏林工业博览会期间,展示了一列3辆电车组编的小功率有轨电车,在400 m长的轨道上做往返示范运行。这是世界上第一辆有轨电车,至今有轨电车已有130多年的发展历史。

　　1908年我国第一条有轨电车在上海建成通车,1909年大连也建成了有轨电车,在以后的几十年的发展中,我国先后有近10个城市相继修建了有轨电车,在当时我国城市的公共交通中发挥了骨干作用。

　　轻轨的造价每千米投资在0.6～1.8亿元,而且施工简便,建设工期较短;轻轨的单向高峰小时客运量为1～3万人次,足以解决客流密度不高的城市交通问题;轻轨交通建设标准也低于地铁,因而其国产化进程容易推进。轻轨是适合我国大、中城市,特别是中等城市的轨道交通方式。

　　3.磁浮的发展历程和特点

　　磁浮交通系统从悬浮机理上可分为电磁悬浮和电动悬浮。

　　电磁悬浮就是对车载的、置于轨道下方的悬浮电磁铁(或永久磁铁加励磁控制线圈)通电励磁而产生电磁场,电磁铁与轨道上的铁磁性构件(钢质轨道或长定子直线电机定子铁芯)相互吸引,将列车向上吸起悬浮于轨道上,电磁铁和铁磁轨道之间的悬浮间隙(称为气隙)一般约为8～10 mm。列车通过直线电机牵引行驶,通过控制悬浮电磁铁的励磁电流来保证动态稳定的悬浮气隙。

　　电动悬浮的特点是当列车达到一定速度时才能悬浮。当列车运动时,列车上安装的磁体(一般为低温超导线圈或永久磁铁)的运动磁场在安装于线路上的悬浮线圈中产生感应电流,两者相互作用,产生一个向上的磁力将列车悬浮于路面一定高度(一般为10～15 cm)。列车运行靠直线电机牵引。与电磁悬浮相比,电动式磁悬浮系统在静止时不能悬浮,必须达到一定速度(约150 km/h)后才能浮起。电动式悬浮系统在应用速度下悬浮气隙较大,不需要对悬浮气隙进行主动控制。

我国上海磁浮示范运营线是世界上第一条投入商业化运营的磁悬浮列车示范线,属上海市交通发展的重大项目,具有交通、展示、旅游观光等多重功能。于 2002 年 12 月 31 日启用,由当时的中国国务院总理朱镕基与德国总理施罗德,在龙阳路站主持剪彩仪式。磁浮示范运营线西起上海轨道交通 2 号线龙阳路站,东到上海浦东国际机场站,主要解决连接浦东机场和市区的大运量高速交通需求。线路正线全长约 30 km,双线上下折返运行,设计最高运行速度为 430 km/h,单线运行时间约 8 分钟。

5.1.3 城市轨道交通的影响作用

1. 轨道交通对国民经济的影响作用

轨道交通最显著的作用就是促进了城市与城镇的发展,其功能不再仅仅是为了满足人们出行的需要,而是一种资源,其与土地资源、人力资源、文化资源、环境资源等一起成为现代化城市建设的主要资源。轨道交通可以极大地发挥中心城市、区域性城市的辐射带动作用,带动一省甚至某一区域的经济社会发展,是城市——城市圈——城市带的组合纽带。世界各国拥有地铁和轻轨系统的城市已有几百个,这些城市都是政治、文化、经济中心,有良好的客运市场需求和坚实的经济基础,轨道交通已经成为大城市经济发展和聚集辐射能力的重要力量。

轨道交通建设投资带动的产业链影响较大,如带动原材料、建筑、机电、电子信息、金融和相关服务等产业的发展。根据测算轨道交通建设投资对 GDP 的直接贡献为 1∶2.63,加上带动沿线周边物业发展和商贸流通业的繁荣等间接贡献则更高。

发展轨道交通对城市规划具有导向作用。现代城市规划发展了带形城市理论,出现了沿主要交通轴线的带状发展理论。现代带状城市理论的具体应用是经济带,如拉动了全国经济的日本东京 – 大阪经济带、韩国首尔 – 釜山经济带等。在经济带上的各城市间,除了有高速铁路联络之外,还建有公交型城市轨道交通网,使各城市间大大缩短了时空距离,这样有利于突破行政区划的羁绊,实现资源配置的最优化;调整产业结构使各城市间优势互补,实现整体经济利益的最大化。

2. 轨道交通对交通的影响作用

城市轨道交通的基础性功能就是解决城市交通的拥堵问题,轨道交通在运量、速度、运行方式等方面对解决城市交通拥堵发挥着重要的作用,地铁在许多城市交通中已担负起主要的乘客运输任务。法国巴黎有 1 000 万人口,轨道交通承担着城市 70% 的交通量;英国伦敦有 800 万人口,地铁近 500 km,共有 273 个地铁车站,地铁解决了 40% 以上人们出行的需要;东京轨道交通也承担了 80% 的交通量。新加坡及中国台北、香港都建有 200 km 左右的比较完善的城际交通网络系统;而香港地铁则是世界公认的地上地下空间综合开发经营最好的、唯一盈利的地铁系统。

轨道交通发展至今,世界各国纷纷开始采用立体化的快速轨道交通来解决日益恶化的城市交通问题。大城市逐步形成了目前以地铁为主体,多种轨道交通类型并存的现代城市轨道交通新格局。

5.2　城市地铁线路网的规划

城市地铁线网规划是城市总体规划的重要组成部分,因此地铁规划应服从于城市总体规划的要求。我国在地铁规划理论与实践方面仍处在发展阶段,需要不断总结经验,加速我国地铁建设的进程。

5.2.1　地铁线路网的规划原则及形态结构

1. 规划原则

(1)地铁规划应符合城市的总体规划并与之相结合,必须考虑近期一条、两条及远期多条地铁线路网的布置及同城市道路、人口密度的总体关系。近期宜为交付运营后 10 年;远期不宜小于交付运营后 25 年。

(2)地铁建设的目的是为了满足城市交通的需要,通常情况下规划应充分利用地面交通道路网,并贯穿城市的人口集散、繁华、交通流量大的地段。

(3)地铁规划应考虑到地面轻轨、高架轻轨及整体系统交通网络,并研究相应的布局。其规模、设备容量及车辆段用地,应按预测的远期客流量和通过能力确定。对于分期建设的工程和配置的设备,应考虑分期扩建和增设。

(4)地铁建设应同一定范围内的其他地下建筑相连接,如地下商业街、地下停车库和防护疏散通道等。

(5)地铁建设中必须周密考虑车站的位置及形式、设备布置、埋深与施工方法,以及穿越山、河等特殊地段和地面建筑及地下管线设施等。

(6)地铁线路规划要根据现时及远期财力、施工及技术水平考虑可能出现的各种困难。

(7)由于地铁设在地下,具有良好的防护能力,因而要考虑到其防护防灾效果及在应急状态下的运输、疏散及与其他防灾单元的联系。

(8)地铁线路远期最大通过能力为每小时不应少于 30 对列车。线路为右侧行车双线线路,采用 1 435 mm 标准轨距。

2. 形态结构

地铁线路网有多种形态,基本类型通常有单线式、单环式及由其组成的放射形、棋盘形等。线路网覆盖整个城区并向城外郊区辐射。

(1)单线式

单线式是由一条轨道组成的地铁线路,常用于城市人口不多,对运输量要求不高的中小城市。初次建造地铁多为单线式(图 5.2)。

(2)单环式

单环式设置原则同单线式,它将线路闭合形成环路,这样可以减少折返设备(图 5.3)。

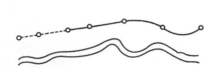

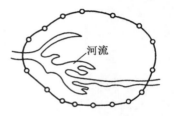

图 5.2　某单线式线路网示意图　　　图 5.3　某单环式线路网示意图

（3）放射式

放射式又称辐射式，是将单线式地铁线网汇集在一个或几个中心，通过换乘站从一条线换乘到另一条线。此种形式常规划在呈放射状布局的城市街道下（图 5.4 和图 5.5）。

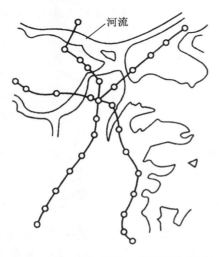

图 5.4　美国某放射式线路网示意图

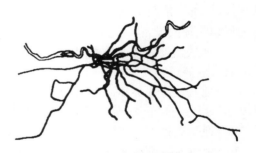

图 5.5　伦敦某放射式线路网示意图

（4）蛛网式

蛛网式由放射式和环式组成，此种形式运输能力大，是大多数大城市地铁建造的主要形式。蛛网式地铁通常不是一期完成，而是分期完成，首先完成单线或单环，然后完成直线段（图 5.6）。

（5）棋盘式

棋盘式由数条纵横交错布置的线路网组成，大多与城市道路走向相一致。这种形式特点是客流量分散、增加换乘次数、车站设备复杂（图 5.7）。

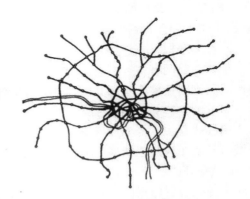

图 5.6　某蛛网式线路网示意图

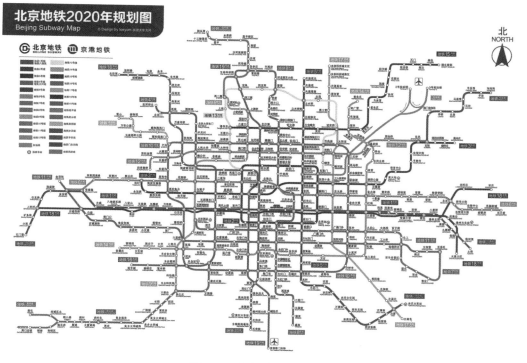

图 5.7　北京棋盘式线路网

5.2.2　地铁线路网的规划设计

1. 规划设计的准备和内容

地铁线路网规划决定着线路设计,因此在规划前期应准备下述资料:

(1) 拟规划地段的地形图、城市规划图、规划红线位置及红线宽度、道路及建筑规划布局。

(2) 规划地段内的地下状况,主要是附近建筑的基础资料、地下管网资料(电、水、燃气等的位置、标高等)、已建地下建筑状况(性质、形式及标高等)。

(3) 工程地质与水文地质资料,包括土质状况、地下水深度、土的物理力学性质等。

(4) 自然气候状况,如风力、风向、雨雪分布、地震烈度及洪水等。

(5) 其他资料,如河床、坡谷、重要保护性建筑、古文物、古树等。

(6) 地铁线路的防护等级、基本要求、防火等级等资料。

(7) 调查预测近期和远期列车编组的车辆数,由近期、远期客流量和车辆定员数确定。车辆定员数为车厢座位数和空余面积上站立的乘客数之和,车厢空余面积应按每平方米站立 6 名乘客计算。

2. 规划设计内容

根据准备资料,再经过调查研究、勘察及方案比较来进行。勘察设计必须按已经批准的可行性论证报告及上级有关主管部门批复的文件进行。

(1) 总体说明:城市状况、建造地铁的意义、上级主管的意见、建设规模及设计施工方案等。

（2）线路的形式及各期所要完成的线段。

（3）线路的平面位置及埋置深度：线路网平面形式与地面街道的关系，最小曲线半径与缓和曲线半径的确定等，埋置深度与工程水文地质、其他地下设施及施工方法的关系，是否同地面轻轨相接等。

（4）线路纵断面设计图：线路的坡度及竖曲线半径等。

（5）线路标志与轨道类型：线路标志是引导列车运行的一种信号，应按规定设置；轨道形式包括轨枕、道床、轨距、道岔、回转及停车等。

（6）机车类型、厂家、牵引方式等。

（7）车站的位置、数量、距离、形式（如岛式、侧式、混合式）。

（8）区间设备段的位置、通风、给排水及电力形式、布局等。

（9）线路内的障碍物状况及解决办法。

（10）技术经济比较论证：筹建措施、技术、经济的可行性论证、社会经济效益等。

3.线路设计

线路设计是指地铁线路网的勘察、规划、设计等工作，在设计过程中需协调解决许多技术问题，必须保证主要的技术问题及基本原则的准确性。地铁线路按其在运营中的作用，分为正线、辅助线和车场线。

（1）线路平面位置与埋深确定的一般条件

线路平面位置，特别是车站位置应尽可能与地面交通相对应，地下线路应尽可能采用直线，减少弯曲线路，平面位置与埋设深度应综合考虑下列因素选定：

①地面建筑物、地下管线和其他地下建筑物的现状与规划，原则上应把隧道设在对沿线建筑没有影响的道路的中心；

②尽量缩短地铁隧道线路长度、采用大的曲线半径；

③工程地质与水文地质条件；

④地铁准备采用的结构类型、施工方法与运营要求等。

（2）线路平面设计中的重要技术参数

①最小曲线半径

最小曲线半径是修建地铁的主要技术指标之一，它与线路的性质、车辆性质、行车速度、地形地物条件等有关。最小曲线半径选定的合理与否对地铁线路的工程造价、运行速度和养护维修都将产生很大的影响。

最小曲线半径是指当列车以求得的"平衡速度"通过曲线时，能够保证列车安全、稳定运行的圆曲线半径的最低限值。

最小曲线半径的计算公式为

$$R_{\min} = \frac{11.8v^2}{h_{\max} + h_{qy}} \tag{5.1}$$

式中　　$R_{\min}$——满足欠超高要求的最小曲线半径，m；

v——设计速度，km/h；

$h_{\max}$——最大超高，120 mm；

h_{qy}——允许欠超高（$h_{qy} = 153a$）；

a——当速度要求超过设置最大超高值时，产生的未被平衡的离心加速度，规范规定取 0.40 m/s^2。

当列车在曲线上运行产生离心力,通常以设置超高 $h = 11.8v^2/R$ 产生的向心力来平衡离心力。R 一定时,v 越大则 h 越大,规定 $h_{max} = 120$ mm,当车速要求超过设置最大超高值时,就会产生未被平衡的离心加速度 a,则允许欠超高值为

$$h_{qy} = 153 \times 0.4 = 61.2 \text{ mm}$$

我国《地铁设计规范》(GB 50157—2013)中规定,线路平面圆曲线半径应根据车辆类型、地形条件、运行速度、环境要求等综合因素比选确定,最小曲线半径不得小于表5.4规定的数值。

表5.4　圆曲线最小曲线半径

单位:m

线路	车型			
	A 型车		B 型车	
	一般地段	困难地段	一般地段	困难地段
正线	350	300	300	250
出入线、联络线	250	150	200	150
车场线	150	—	150	—

目前,国内外城市地铁最小曲线半径存在差别,如表5.5所示。

表5.5　某些城市、地区及国家地铁最小曲线半径

单位:m

城市、地区及国家	一般情况			困难情况		
	正线	辅助线	车场线	正线	辅助线	车场线
中国北京	300	200	110	250	150	30
中国香港	300	200	140			
俄罗斯	600	150	75	300	100	60
匈牙利	400	150	75	250	100	60

表5.5中正线是指列车载客高速运行的线路,辅助线是指为保证正线运营而配置的非载客状态下低速行驶的线路,车场线是指列车非运营的场区作业线路。

最小曲线半径作为铁路主要技术指标之一,影响整条线路的安全及旅客乘坐的舒适性,影响行车速度、运营时间等运营技术指标和工程投资、运营支出、经济效益等经济指标,同时它也受到运营模式、经济条件、地形等很多因素的限制。

②缓和曲线

地铁线路中直线与圆曲线相交处的曲线称为缓和曲线(图5.8)。其目的是为了满足曲率过渡、轨距加宽和超高过渡的需要。

缓和曲线的半径是变化的量,与直线连接一端为无穷大,逐渐变化到等于所要连接的圆曲线半径 R。我国铁路的

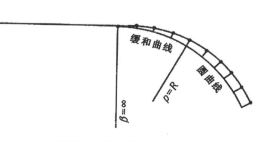

图5.8　缓和曲线示意图

缓和曲线半径采用三次抛物线型,其缓和曲线方程式为

$$y = \frac{x^3}{6C} \tag{5.2}$$

式中 C 为缓和曲线的半径变化率,即

$$C = \frac{Sva^2}{gi} = \rho L = Rl$$

式中　R——曲线半径,m;

S——两股钢轨轨顶中线间距,1 500 mm;

v——设计速度,km/h;

a——圆曲线上未被平衡的离心加速度,m/s^2;

g——重力加速度,9. 81 m/s^2;

i——超高顺坡,‰;

ρ——相应于缓和曲线长度 L 处的曲率半径,m;

L——缓和曲线上某一点至起始点的长度,m;

l——缓和曲线全长,m。

缓和曲线长度的分析与计算按下述情况考虑:

①按超高顺坡率的要求计算。一般超高顺坡率不宜大于2‰,困难地段不应大于3‰,按此要求,缓和曲线的最小长度为

$$L_1 \geqslant \frac{h}{2} \sim \frac{h}{3} \tag{5.3}$$

式中　L_1——缓和曲线长度,m;

h——圆曲线实设超高,m。

②按限制超高时变率保证乘客舒适度分析计算,缓和曲线的最小长度为

$$L_2 \geqslant \frac{hv}{3.6f} \tag{5.4}$$

式中　L_2——缓和曲线长度,m;

v——设计速度,km/h;

f——允许的超高时变率,40 mm/s。

允许的超高时变率 f 是乘客舒适度的一个标准,主要应依据实测来决定。

当 f = 40 mm/s 时

$$L_2 \geqslant \frac{hv}{3.6f} = 0.007vh \tag{5.5}$$

以最大超高 h_{max} = 120 mm 代入得

$$L_2 \geqslant 0.84v \tag{5.6}$$

③从限制未被平衡的离心加速度时变率保证乘客舒适度分析计算有

$$\beta = \frac{av}{3.6L_3} \tag{5.7}$$

缓和曲线的最小长度为

$$L_3 \geqslant \frac{av}{3.6\beta} \tag{5.8}$$

$$L_3 \geqslant \frac{0.4v}{3.6 \times 0.3} = 0.37v \tag{5.9}$$

$$0.37v \leqslant L_3 < 0.84v \tag{5.10}$$

式中 a——圆曲线上未被平衡的离心加速度为 $0.4\ \text{m/s}^2$；

β——离心加速度时变率，规范取 $\beta = 0.3\ \text{m/s}^3$；

L_3——缓和曲线长度，m。

圆曲线上的未被平衡的离心加速度 a 值应按一定的增长率 β 值逐步实现，不能突然产生或消失，否则乘客会感到不舒适。地面铁路 $\beta = 0.29 \sim 0.34\ \text{m/s}^3$，英国实测认为当 $\beta = 0.4\ \text{m/s}^3$ 时，乘客舒适度接近于感觉到的边缘，说明 β 值对缓和曲线长度不起控制作用，对缓和曲线长度起控制作用的应满足式(5.3)和式(5.5)要求，即

$$L_1 \geqslant \frac{h}{2} \sim \frac{h}{3}$$
$$L_2 \geqslant 0.007vh \tag{5.11}$$

如果在正线上曲线半径等于或小于 2 000 m 时，圆曲线与直线间的缓和曲线应根据曲线半径及行车速度按表 5.6 查取。

表 5.6 线路曲线超高——缓和曲线长度

R	V	100	95	90	85	80	75	70	65	60	55	50	45	40	35
3 000	L	30	25	20	20	20	20	20	—	—	—	—	—	—	—
	h	40	35	30	30	25	20	20	15	15	10	10	10	5	5
2 500	L	35	30	25	20	20	20	20	20	—	—	—	—	—	—
	h	50	45	40	35	30	25	25	20	15	15	10	10	10	5
2 000	L	45	40	35	30	25	20	20	20	20	20	—	—	—	—
	h	60	55	50	45	40	35	30	25	20	20	15	10	10	5
1 500	L	55	50	45	35	30	25	20	20	20	20	20	—	—	—
	h	80	70	65	60	50	45	40	35	30	25	20	15	15	10
1 200	L	70	60	50	40	40	30	25	20	20	20	20	20	—	—
	h	100	90	80	70	65	55	50	40	35	30	25	20	15	10
1 000	L	85	70	60	50	45	35	30	25	20	20	20	20	20	—
	h	120	105	95	85	75	65	60	50	45	35	30	25	20	15
800	L	85	80	75	65	55	45	35	30	25	20	20	20	20	20
	h	120	120	120	105	95	85	70	60	55	45	35	30	25	20
700	L	85	80	75	75	65	50	45	35	25	20	20	20	20	20
	h	120	120	120	120	110	95	85	70	60	50	40	35	25	20

表 5.6（续）

R	V	100	95	90	85	80	75	70	65	60	55	50	45	40	35
600	L	—	80	75	75	70	60	50	40	30	25	20	20	20	20
	h	—	120	120	120	120	110	95	85	70	60	50	40	30	25
550	L	—	—	75	75	70	65	55	40	35	25	20	20	20	20
	h	—	—	120	120	120	120	105	90	75	65	55	45	35	25
500	L	—	—	—	75	70	65	60	45	35	30	25	20	20	20
	h	—	—	—	120	120	120	115	100	85	70	60	50	40	30
450	L	—	—	—	—	70	65	60	50	40	30	25	20	20	20
	h	—	—	—	—	120	120	120	110	95	80	65	55	40	30
400	L	—	—	—	—	—	65	60	55	45	35	30	20	20	20
	h	—	—	—	—	—	120	120	120	105	90	75	60	50	35
350	L	—	—	—	—	—	—	60	55	50	40	30	25	20	20
	h	—	—	—	—	—	—	120	120	120	100	85	70	55	40
300	L	—	—	—	—	—	—	—	55	50	50	35	30	25	20
	h	—	—	—	—	—	—	—	120	120	120	100	80	65	50
250	L	—	—	—	—	—	—	—	—	50	50	45	35	25	20
	h	—	—	—	—	—	—	—	—	120	120	120	95	75	60
200	L	—	—	—	—	—	—	—	—	—	50	45	40	35	25
	h	—	—	—	—	—	—	—	—	—	120	120	120	95	70

注：R 为曲线半径(m)；V 为设计速度(km/h)；L 为缓和曲线长度(m)；h 为超高值(mm)。

根据表 5.6，并考虑超高顺坡的要求，在一定的时速范围内，曲线上的缓和曲线长度计取方法如下：

当 $v \leqslant 50$ km/h 时，缓和曲线长度 $L = \dfrac{h}{3} \geqslant 20$ m；

当 50 km/h $< v \leqslant 70$ km/h 时，$L = \dfrac{h}{2} \geqslant 20$ m；

当 70 km/h $< v \leqslant 3.2\sqrt{R}$ 时，$L = 0.007vh \geqslant 20$ m。

缓和曲线的最小长度为 20 m，它主要按照不短于一节车厢的全轴距而确定。

由表 5.6 看出，有些情况可不设缓和曲线。根据曲线半径 R、时变率 β 是否能符合不大于 0.3 m/s^3 的规定而定，不符合就要设置缓和曲线。若不设缓和曲线的曲线半径应按允许的未被平衡的离心加速度时变率计算确定，即

$$R \geqslant \frac{11.8v^3g}{1\,500 \times 3.6L\beta + Livg/2} \tag{5.12}$$

式中 L——车辆长度，m；

   β——未被平衡离心加速度时变率，m/s³；

   i——超高顺坡率，2‰~3‰；

   g——重力加速度，9.81 m/s²；

   v——设计速度，km/h。

若以 $v=90$ km/h，$i=2‰$，$L=19$ m，代入式(5.12)，可得 $R\approx1\,774.5$ m，所以曲线半径等于或小于 2 000 m 时应设缓和曲线。

对于线路中的平面圆曲线(正线及辅助线)最小长度 A 型车不宜小于 25 m，B 型车不宜小于 20 m，在困难情况下不得小于一个车辆的全轴距。两个圆滑曲线(正线及辅助线)间夹直线长度 A 型车不宜小于 25 m，B 型车不宜小于 20 m；车场线上的夹直线长度不得小于 3 m。通常情况下不得采用复曲线。车站站台不应设在曲线段，在困难地段车站必须设在曲线段时，曲线半径不应小于 800 m。

(3)线路设计中的纵断面设计规定

①坡度

地铁纵向线路最大坡度不宜大于表 5.7 中的数值。

表 5.7   线路坡度

路段	正线	联络线、出入线	车站	配线(夜间停车)	道岔
最大坡度	30‰	40‰	2‰	2‰(隧道内)，1.5‰(隧道外)	5‰
困难条件最大坡度	35‰		5‰		10‰

区间隧道的线路最小坡度宜采用 3‰；困难条件下可采用 2‰；区间地面线和高架线，当具有有效排水措施时，可采用平坡。车站站台范围内的线路应设在一个坡道上，坡度宜采用 2‰。当具有有效排水措施或与相邻建筑物合建时，可采用平坡。

车场内的库(棚)线宜设在平坡道上，库外停放车的线路坡度不应大于 1.5‰，咽喉区道岔坡度不宜大于 3.0‰。

②竖曲线半径

为保证车辆安全运行，两相邻坡段的坡度代数差等于或大于 2‰时，应设圆曲线型的竖曲线连接，竖曲线的半径 R_v 不应小于表 5.8 的规定。

表 5.8   竖曲线半径   单位：m

线别		一般情况	困难情况
正线	区间	5 000	2 500
	车站端部	3 000	2 000
联络线、出入线、车场线		2 000	

R_v 与 v、a_v 的关系为

$$R_v = \frac{v^2}{(3.6)^2 a_v} \tag{5.13}$$

式中　v——行车速度,km/h;

　　　　a_v——列车变坡点产生的附加加速度,m/s^2;一般情况下 $a_v = 0.1$ m/s^2,困难情况下 $a_v = 0.17$ m/s^2。

同时规定车站站台有效长度内及道岔范围内不得设竖曲线,竖曲线离开道岔端部的距离应符合表5.9的规定。

表5.9　道岔两端与平、竖曲线端部的最小距离

项目	至平面曲线端或竖曲线端	
	正线	车场线
道岔型号	60 kg/m – 1/9	50 kg/m – 1/9
道岔前端/后端	5/5(m)	3/3(m)

(4)线路轨道设计规定

我国对线路轨道有一定的要求,主要有足够的强度、稳定性、弹性与耐久性,以及要符合绝缘、减振、防锈等要求,以保证列车安全、平稳、快速地运行。正线及辅助线钢轨应依据近、远期客流量,并经技术经济综合比较确定,宜采用60 kg/m 钢轨,也可采用50 kg/m 钢轨,车场线宜采用50 kg/m 钢轨。

轨距是轨道上两根钢轨头部内侧在线路中心线垂直方向上的距离,应在轨顶下规定处量取。国内标准轨距是在两钢轨内侧顶面下16 mm处测量,应为1 435 mm。轨距变化率不得大于30‰。

标准轨距为1 435 mm,半径小于250 m的曲线地段应进行轨距加宽,加宽值应符合表5.10的规定。轨距加宽值应在缓和曲线范围内递减,无缓和曲线或其长度不足时,应在直线地段递减,递减率不宜大于2‰。

表5.10　曲线地段轨距加宽值

曲线半径 R /m	加宽值/mm	
	A 型车	B 型车
250 > R ≥ 200	5	—
200 > R ≥ 150	10	5
150 > R ≥ 100	15	10

圆曲线的最大超高值为120 mm。超高值的设置形式与道床材料有关,道床为混凝土整体道床的曲线超高,按内轨降低一半和外轨抬高一半的方式设置,碎石道床的曲线超高采取外轨抬高超高值的方式设置。

矩形隧道内混凝土整体道床的轨道建筑高度不宜小于500 mm,圆形隧道的轨道建筑高度不宜小于700 mm,混凝土强度等级宜为C30,需要加强的地段应增设钢筋。道床面应有

小于3%的横向排水坡,道床面至轨台面的距离宜为30~40 mm。轨枕铺设数量在正线及辅助线的直线段和半径大于等于400 m的曲线地段,铺设短轨枕数为1 680对,小于400 m以下的曲线地段和大坡道上,铺设1 760对。

5.2.3 地铁线网规划实例

1. 哈尔滨轨道交通规划

哈尔滨地铁是中国黑龙江省哈尔滨市的城市轨道交通系统,是中国首个高寒地铁系统。提到哈尔滨地铁不得不提到哈尔滨市20世纪70年代建造的大型人防工程(图5.9(a))。该工程于1973年8月1号开始设计动工,是继北京、天津之后全国第三个修建地铁项目的城市,地下干道总长9.5 km,是具有战备人防功能的地下铁道项目,除此之外还有主干道、支干线、地铁车站、汽车引道和专项工程。专项工程包括战备指挥所、医院、车间、地下商业街、停车库等约18项工程。该工程按北京地铁1号线标准设计,工程顶埋深16~24 m,采用马蹄形设计断面形式,隧道高为6 m,宽7.3 m,限界按DK-3型地铁机车车型、接触网授电方式设计,隧道均为双线隧道,施工采用矿山法,1979年工程停止建设。2005年6月30日国务院正式批准了哈尔滨近10年的地铁规划,2007年7月国家批准了工程可行性研究报告,至此哈尔滨地铁项目启动,原7381地铁隧道烟厂站至和兴路站6.7 km以及4个地铁车站经过按新的建设规范进行改造予以利用。2008年3月31日启动哈尔滨地铁规划,规划有"九线一环",总里程340 km。哈尔滨地铁总工程预计在20年内完成,估算总投资2 000亿元。哈尔滨市轨道交通网络规划采取地上地下相结合、城区城郊相结合、平时战时相结合方式,工程完成后将新增线路,总规模可达12条线和1条环线和两条支线。哈尔滨地铁1号线一、二期工程于2013年9月26日开通试运营,1号线三期工程于2019年4月开通运营,2号线一期、3号线一期、二期在加紧建设中(图5.9(b))。

2. 上海市轨道交通规划

上海轨道交通建设始于1990年初,截至2018年底,上海轨道交通共有五种制式在运营,运营线路总里程约为784.6 km,其中地铁运营里程669.5 km,市域快轨运营里程56 km,磁浮交通29.1 km,现代有轨电车23.7 km,APM6.3 km。早在1958年,上海开始地铁建设的前期准备,当时苏联专家断言上海是软土地层,含水量大,因此不宜建设隧道工程。1989年5月,中德双方正式签署了4.6亿马克的地铁专款贷款协议书,1990年3月国务院正式同意,上海地铁工程开工兴建。1995年4月10日,上海轨道交通1号线全线(上海火车站——锦江乐园站)建成通车。

上海地铁规划类似蛛网式,由于城市密集,地铁线路规划也较密集,甚至穿越上部隧道、防汛墙、地面建筑基础等,施工难度较大。上海地铁在建设中重视先进技术的应用,在盾构法隧道设计与施工技术上解决了诸多技术难题,取得了丰富的实践经验。图5.10为上海市地铁规划示意图。

3. 沈阳市轨道交通规划

沈阳市地铁线网规划由"四横、四纵、两L、一弦线"11条线组成,线网总长为400 km。2010年沈阳市又编制了新一轮轨道交通近期建设规划,建设年限为2012年至2018年,由4号线一期工程、9号线工程及10号线工程组成。线路总长118 km,全部为地下线路,工程总投资610亿元。此规划实施后,到2018年沈阳市地铁运营总里程达168 km。2012年6月9日《沈阳市城市轨道交通近期建设规划(2012—2018)》获得国务院批准,并由国家发改委正

(a)

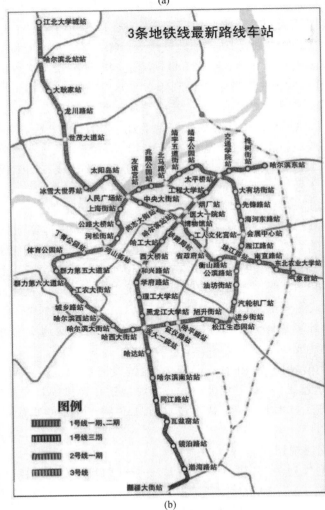

(b)

图 5.9　哈尔滨地铁

(a)哈尔滨地铁 1 号线隧道内景(1973);(b)哈尔滨轨道交通示意图(1~3 号线)

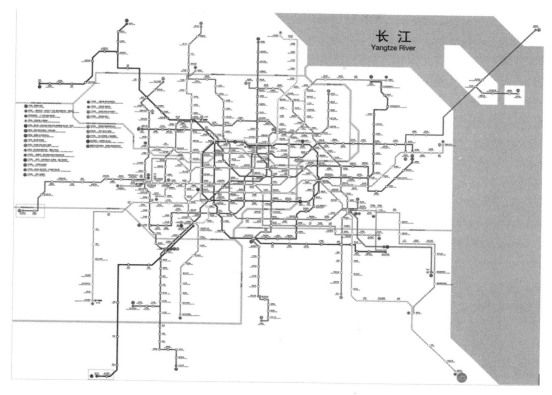

图 5.10　上海市地铁线路规划示意图

式批复,沈阳市新一轮地铁建设进入实质性操作阶段。

沈阳地铁 9 号线一期工程、10 号线工程可行性研究报告于 2013 年 2 月 16 日、21 日分别获得国家发改委批复,同年 3 月 22 日,地铁 9 号线一期工程、10 号线工程丁香公园至张沙布段正式开工,工程进展顺利。2013 年 12 月 30 日,沈阳至铁岭城际铁路(松山路——道义,地铁 2 号线北延线)工程医学院站至航空航天大学站段开通试运营,并与地铁 2 号线实现无缝贯通运营。

4. 南京市轨道交通规划

南京市的地铁及快速轨道交通网,主要承担主城区客运交通及主城区至城市圈外围城镇间的快速客运走廊的客流运输。南京市轨道交通共计 22 条线路,其中城市轨道 14 条,都市圈轨道 8 条,老城、主城、中心城轨道线网密度分别达 1.36、0.90、0.62 km/km^2。老城区轨道站点 600 m 半径覆盖率达 75%,主城区轨道站点 800 m 半径覆盖率达 70%。

南京地铁在吸收国外先进技术经验的同时,坚持走国产化的道路,一期工程确保总体国产化率 70%,2005 年南京地铁 1 号线一期开通;2016 年 11 月,南京市轨道交通第二期建设规划调整方案已获得国家发改委批复(图 5.11)。

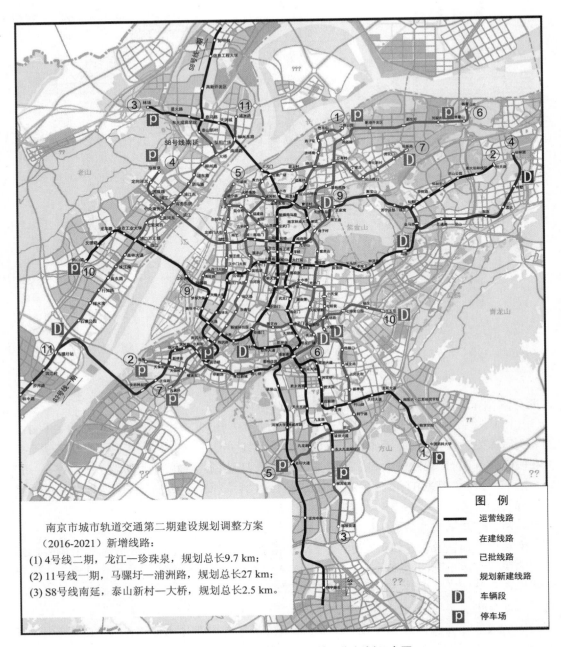

图 5.11 南京市轨道交通路网第二期规划示意图

5.3 地铁区间隧道及区间设备段

地铁土建设计主要由三个部分组成,即区间隧道、区间设备段及车站三个部分等。图 5.12(a)为浅埋,车站布置在纵向坡底;图 5.12(b)为深埋,车站布置在纵坡变坡点顶部。一般在无特殊条件下,车站尽量布置在纵坡变坡点顶部,这样有利于列车运行。

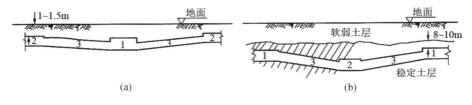

1—车站;2—区间设备段;3—隧道
图 5.12 地铁纵剖面示意图
(a)浅埋;(b)深埋

5.3.1 区间隧道

地铁隧道是机车运行的空间,也是联系车站的地下构筑物。它不仅要求有足够的建筑尺寸,同时也必须满足通风、给排水、通信、信号、照明、线路等工程的多种技术要求。地铁隧道是地铁中线路最长、工程量最大的一部分。

1. 地铁限界

(1)限界确定的一般规定

①地铁列车需要在特定的空间中沿着固定轨道高速运行,限界是限定车辆运行及轨道区周围构筑物超越的轮廓线。

②保障地铁安全运行、限制车辆断面尺寸、限制沿线设备安装尺寸及确定的建筑结构有效净空尺寸的图形及坐标参数称为限界。其目的是为了保证机车平稳安全运行,建筑空间尺寸必须保证车辆正常运行,车辆与建筑物内缘及各种设备之间应有合适的尺寸。

③根据不同的功能要求,分为车辆限界、设备限界和建筑限界。

④车辆限界:计算车辆不论是空车或重车在平直线的轨道上按区间最高速度等级并附加瞬时超速、规定的过站速度运行,计算了规定的车辆和轨道的公差值、磨耗量、弹性变形量,及车辆振动、一系或二系悬挂故障等各种限定因素而产生的车辆各部位横向和竖向动态偏移后形成的动态包络线,并以基准坐标系表示界线。

车辆限界的计算应以车辆在平直线上,以区间最高瞬时超速速度、车站计算站台长度范围内计算速度为基本条件。车辆限界应包含区间车辆限界和车站计算站台长度范围内附加的车辆限界。

⑤设备限界:基准坐标系中控制沿线设备且安装在车辆限界外加安全余量而形成的界线。

直线地段设备限界与车辆限界之间应留安全间距。除站台、屏蔽门及接触网或接触轨带点部分外,沿线安装的任何设备,包括安装误差值、测量误差值及维护周期内的变形量均不得侵入设备限界。平面曲线地段的设备限界应在直线地段设备限界的基础上加宽,具体计算方法见《地铁限界标准》(CJJ/T 96—2018),接触网和接触轨受流侧应除外。

⑥建筑限界:位于设备限界外考虑了沿线设备安装后的最小有效界线。

我国于 2003 年颁布了《地铁限界标准》,其限界标准主要根据广州、上海地铁建设经验,采用车辆参数按 A 型、B 型(又分 B_1 和 B_2 型)划分。A 型计算车辆主要尺寸根据上海地铁 1、2 号线和广州地铁 1 号线车辆制定,A 型为受电弓受电,B_1 型采用接触轨受电。B_1 型限界计算车辆主要尺寸参考北京地铁、北京复八线及天津和武汉轨道交通车辆的参数而确定,该车辆主要参数由长春客车厂提供。B_2 型限界采用受电弓受电,其车辆尺寸与 B_1 完全相同,受电弓的参数与 A 型完全相同。B_2 型首先在大连、天津轻轨中使用。

2003 版的《地铁限界标准》适用范围仅针对最高运行速度 80 km/h,且不含瞬时超速,限定车辆为 A(受电弓)、B_1、B_2 三类车型,不能满足我国城市轨道交通建设发展的多样性需要。我国于 2018 年发布《地铁限界标准》(CJJ/T 96—2018),于 2019 年 4 月 1 日起实施,新标准的适用范围扩大,限定车辆为 A_1、A_2、B_1、B_2 四类车型,运行于隧道内或隧道外的标准轨距(1 435 mm)线路上,车辆最高运行速度为 80 km/h、100 km/h、120 km/h 三种等级。

(2)制定建筑限界的主要原则

① 建筑限界与设备限界之间的空间应根据设备和管线且包含变形预留值后所需的安装尺寸、安装误差值、测量误差值和结构施工允许误差值确定。任何沿线永久性固定建筑物,包括施工误差值、测量误差值及结构永久性变形量在内,均不得向内侵入。建筑限界和设备限界之间的最小间距不宜小于 200 mm。

② 建筑限界坐标系的规定:正交于轨道中心线的二维平面直角坐标,横坐标轴(X 轴)在相切于两钢轨轨顶的设计轨顶平面内且与轨道中心线垂直,纵坐标轴(Y 轴)垂直于设计轨顶平面,该基准坐标系的坐标原点为轨距中心点。

(3)单线矩形隧道建筑限界

①直线地段矩形隧道建筑限界

直线地段矩形隧道建筑限界,应在直线设备限界基础上,按下列公式计算确定。

a. 建筑限界宽度

$$B_S = B_R + B_L \tag{5.14}$$

矩形隧道线路中心线至隧道建筑限界右侧面的距离

$$B_R = X_{S(max)} + b_R + c \tag{5.15}$$

矩形隧道线路中心线至隧道建筑限界左侧面的距离

$$B_L = X_{S(max)} + b_L + c \tag{5.16}$$

b. 自结构底板至隧道顶板建筑限界高度 H

A_2 型车和 B_2 型车为

$$H = h_1 + h_2 + h_3 \tag{5.17}$$

B_1 型车为

$$H = h_1' + h_2' + h_3 \tag{5.18}$$

式中　$X_{S(max)}$——直线地段设备限界最大宽度点的横坐标值,mm;

　　　b_L,b_R——左、右侧的设备、支架最大宽度值,mm;

　　　c——安全间隙,包含设备安装误差值、测量误差值,mm;

　　　h_1——接触导线距轨顶平面高度,mm;

　　　h_2——接触网结构高度,mm;

h_3——轨道结构高度,mm;

h_1'——设备限界高度,mm;

h_2'——设备限界至建筑限界安全间隙,mm,取 200 mm。

②曲线地段矩形隧道建筑限界

曲线地段矩形隧道建筑限界,应在曲线地段设备限界基础上按下列公式计算确定:

a. 建筑限界曲线外侧宽度

$$B_a = Y_{Ka}\cos\alpha - Z_{Ka}\sin\alpha + b_R(b_L) + c \qquad (5.19)$$

b. 建筑限界曲线内侧宽度

$$B_i = Y_{Ki}\cos\alpha + Z_{Ki}\sin\alpha + b_L(b_R) + c \qquad (5.20)$$

c. 曲线建筑限界高度

A_2 型车和 B_2 型车:采用式(5.17)

A_1 型车和 B_1 型车:

$$B_u = Y_{Kh}\sin\alpha + Z_{Kh}\cos\alpha + h_3 + 200 \qquad (5.21)$$

$$\alpha = \sin^{-1}(h/s)$$

式中　h——圆曲线段轨道超高值,mm;

s——滚动圆间距,mm;

α——轨道超高角,rad;

$(Y_{Kh}, Z_{Kh}), (Y_{Ki}, Z_{Ki}), (Y_{Ka}, Z_{Ka})$——曲线地段设备限界控制点坐标值,mm。

③缓和曲线地段矩形隧道建筑限界应按所在曲线位置的曲率半径和超高值等因素计算确定。按照《地铁设计规范》(GB 50157—2013)附录 E 缓和曲线地段矩形隧道建筑限界加宽计算。

(4)A_1 型车限界标准

A_1 型车应采用受流器受电,计算车辆主要参数宜符合表 5.11 的规定,制定限界的主要线路参数宜符合表 5.12 的规定。

表 5.11　A_1 型计算车辆主要参数

车体长度/mm	22 100
车辆定距/mm	15 700
车体外侧最大宽度/mm	3 000、鼓形小于 3 100
客室门槛区外侧宽度/mm	3 000
车顶距轨顶平面高度/mm	3 842
地板面距轨顶平面高度/mm	1 130
转向架固定轴距/mm	2 500
车轮新轮直径/mm	840
受流器端部横坐标值/mm	当 DC1 500 V 下部受流时为 1 585
受流器工作释放高度/mm	当 DC1 500 V 下部受流时为 270
适用区间最高瞬时速度、车站速度/(km·h⁻¹)	90/110/132、停站 70/越行

注:当选用鼓形车时,需将本标准限界对应鼓形凸出的局部坐标进行等量扩宽修正。

表 5.12　制定限界的主要线路参数

接触轨中心线距相邻走行轨内侧距离/mm	当 DC1 500 V 下部受流时为 832.5
接触轨轨顶面高度/mm	当 DC1 500 V 下部受流时为 200
正线平面曲线最小半径/m	300
辅助线及车场线平面曲线最小半径/m	辅助线 150、车场线 150
竖曲线最小半径/m	2 000
正线及辅助线钢轨类型/(kg·m⁻¹)	60
车场线钢轨类型/(kg·m⁻¹)	50
轨道最大超高值/mm	120,当 120 km/h 速度等级线路时为 150
超高设置方法	第一种:内轨降低半超高,外轨抬高半超高 第二种:外轨抬高一个超高
风荷载/(N·m⁻²)	隧道外:区间 400、计算站台长度范围内 210 隧道内:0

A_1 型车车辆限界及直线地段设备限界见图 5.13、图 5.14,其相应坐标值应符合表 5.13、表 5.14 的规定。

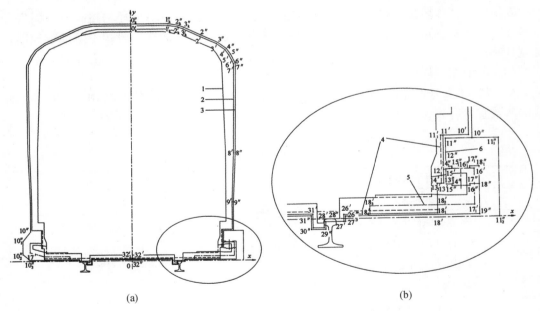

(a)　　　　　　　　　　　　　(b)

1—计算车辆轮廓线;2—区间车辆限界;3—直线设备限界;
4—车下吊挂物车辆限界;5—受流器带电体车辆限界;6—接触轨限界

图 5.13　A_1 型车区间车辆限界和区间直线地段设备限界

（a）整体图;（b）局部放大图

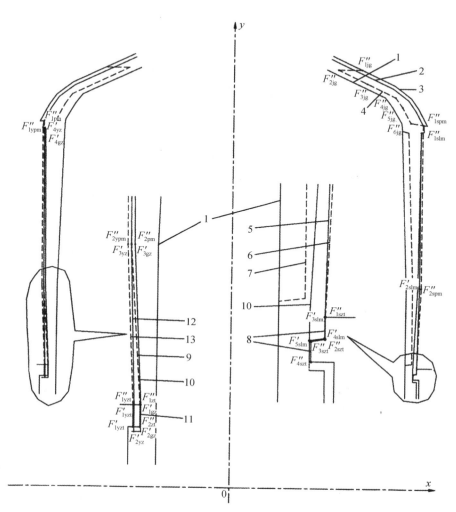

1—计算车辆轮廓线;2—区间车辆限界;3—直线设备限界;4—检修库高平台限界;
5—塞拉门车停站开门附加车辆限界;6—塞拉门车屏蔽门限界;7—塞拉门车开门计算车辆轮廓线;
8—塞拉门车站台和检修库低平台限界;9—非塞拉门车屏蔽门限界;10—停站进出站附加车辆限界;
11—非塞拉门车站台和检修库低平台限界;12—越行附加车辆限界;13—越行站台及屏蔽门限界

图5.14 A_1型车计算站台长度范围内附加车辆限界、
直线站台及屏蔽门限界、检修库高低平台限界

表 5.13　A_1 型车车辆限界坐标值　　　　单位：mm

控制点	$0'_k$	$1'_k$	$2'_k$	$3'_k$	$2'$	$3'$	$4'$	$5'$	$6'$	$7'$
X'	0	597	755	839	1 103	1 367	1 503	1 564	1 636	1 640
Y'	3 900	3 900	3 872	3 839	3 712	3 584	3 478	3 388	3 246	3 199
控制点	$8'$	$9'$	$10'$	$11'$	$11'_1$	$12'$	$13'$	$13'_1$	$14'$	$15'$
X'	1 626	1 599	1 600	1 445	1 430	1 445	1 445	1 430	1 405	1 480
Y'	1 766	960	510	510	510	295	210	210	210	300
控制点	$16'$	$17'$	$17'_1$	$18'$	$18'_1$	$18'_2$	$18'_3$	$18'_4$	$26'$	$27'$
X'	1 630	1 630	1 630	1 405	1 405	1 405	995	995	837	837
Y'	300	143.5	75	25	45	75	75	25	25	−17
控制点	$28'$	$29'$	$30'$	$31'$	$32'$	$32'_1$	F'_{1gz}	F'_{2gz}	F'_{3gz}	F'_{4gz}
X'	717.5	717.5	650.5	650.5	0	0	1 565	1 565	1 600	1 615
Y'	−17	−54	−54	30	30	45	1 080	—	1 800	3 192
控制点	F'_{1yz}	F'_{2yz}	F'_{3yz}	F'_{4yz}	F'_{1slm}	F'_{2slm}	F'_{3slm}	F'_{4slm}	F'_{5slm}	—
X'	1 595	1 595	1 616	1 625	1 615	1 615	1 596.5	1 596.5	1 565	—
Y'	1 080	—	1 800	3 199	3 192	1 800	1 080	1 032	1 027	

表 5.14　A_1 型车直线地段设备限界坐标值　　　　单位：mm

控制点	$0''_k$	$1''_k$	$2''_k$	$3''_k$	$2''$	$3''$	$4''$	$5''$	$6''$	$7''$
X'	0	600	763	851	1 117	1 383	1 525	1 590	1 665	1 670
Y'	3 930	3 930	3 901	3 867	3 738	3 610	3 499	3 403	3 254	3 200
控制点	$8''$	$9''$	$10''$	$10''_1$	$10''_2$	$10''_3$	$11''$	$11''_1$	$11''_2$	$12''$
X'	1 656	1 620	1 620	1 745	1 745	1 630	1 460	1 780	1 780	1 460
Y'	1 766	957.5	490	330	113.5	15	490	490	0	314
控制点	$13''$	$14''$	$14'_1$	$15''$	$15''_1$	$16''$	$16''_1$	$17''$	$17''_1$	$18''$
X'	1 460	1 496	1 496	1 496	1 496	1 604	1 604	1 604	1 604	1 660
Y'	204	204	314	194	304	194	304	204	314	204
控制点	$18''_1$	$19''$	$26''$	$27''$	$28''$	$29''$	$30''$	$31''$	$32''$	—
X'	1 660	1 660	847	847	727.5	727.5	640.5	640.5	0	—
Y'	314	15	15	−17	−17	−64	−64	20	20	
控制点	F''_{1zt}	F''_{2zt}	F''_{1szt}	F''_{2szt}	F''_{3szt}	F''_{4szt}	F''_{1pm}	F''_{2pm}	F''_{1ypm}	F''_{2ypm}
X'	1 570	1 570	1 600	1 600	1 570	1 570	1 630	1615	1 640	1 631
Y'	1 080	—	1 080	1 030	1 025	—	3 260	1 800	3 199	1 800
控制点	F''_{1spm}	F''_{2spm}	F''_{1jg}	F''_{2jg}	F''_{3jg}	F''_{4jg}	F''_{5jg}	F''_{6jg}	F''_{1yst}	F''_{2yzt}
X'	1 630	1 630	1 102	898	1 144	1 390	1 451	1 524	1 600	1 600
Y'	3 260	1 800	3 745	3 745	3 625	3 504	3 416	3 277	1 080	—

A₂型车、B₁型车和B₂型车的地铁限界具体要求详见《地铁限界标准》（CJJ/T 96—2018）。

2.隧道断面

地铁隧道断面尺寸由建筑限界确定，断面形式根据建筑功能要求、结构形式、水文地质、施工方案来确定，通常包括图5.15所示的几种类型。

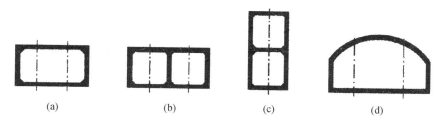

图5.15　区间隧道断面类型（浅埋明挖施工）

（a）单跨矩形；（b）双跨矩形；（c）单跨双层；（d）单跨形

图5.15（a）为矩形单层框架，跨度大、施工土方量小，结构净空高。图5.15（b）、图5.15（c）为单层双跨及单跨双层矩形，由于中间设柱或楼板，结构形式较单层复杂，使用方便，土方开挖量大。图5.15（d）为直墙拱顶式结构，受力好，跨度大，拱顶空间可敷设管线。上述几种形式均适用于浅埋明挖法施工的地铁隧道。

暗挖法施工的地铁隧道常采用圆形、拱形、马蹄形等（图5.16、图5.17）。

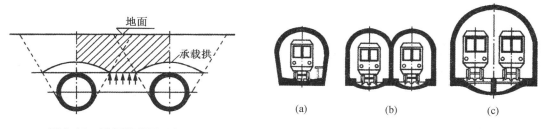

图5.16　区间隧道圆形断面

图5.17　区间隧道横断面形式

（a）单线马蹄形；（b）双线双拱形；（c）双线单拱形

图5.16中的圆形断面适用于盾构法施工，施工速度快，机械化程度高。图5.17中的马蹄形及拱形断面适用于深埋暗挖法施工，这种断面由于埋深较大，所以施工时如采用人工暗挖则工期长，还会增加施工费用，如地面隔一段距离就要设置垂直升降竖井，土方及人员从竖井中出入，这势必影响地面道路交通，间接经济损失更大，所以深埋圆形及拱形断面一般应采用机械化施工方法，且因埋深较大不影响地面交通。

图5.18为哈尔滨地铁规划中的单线轨道圆形区间隧道设计方案，建筑限界控制的内径为5 m及外径为6 m的断面，考虑了各种限界控制的轮廓线。图5.19为已建成的马蹄形双线区间隧道的断面相关尺寸，在该设计中采用50 kg/m耐磨钢轨、DTIV型扣件、短枕式整体道床及无缝线路形式。

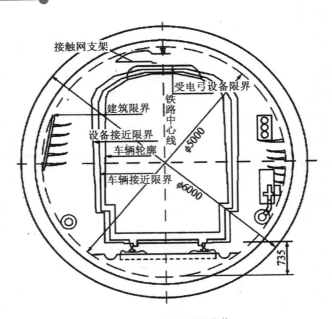

图 5.18　圆形区间隧道

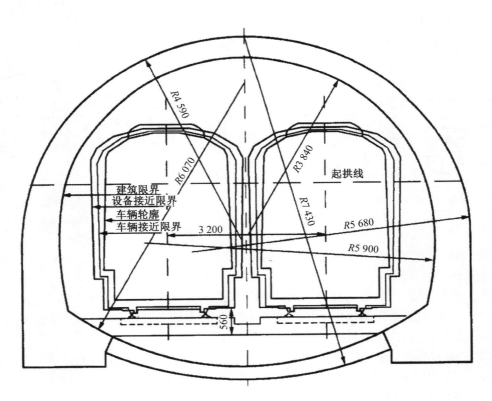

图 5.19　双线马蹄形隧道

5.3.2　区间设备段

1. 作用

区间设备段主要位置设在车站之间或重要而特殊的地段,其主要作用是满足隧道内的通风、供水、排水、供电、防护等要求。设备段之间或设备段与车站之间可为进排风组合,也可利用设备段组成防护单元,为了保证及时供水,当城市自来水出现问题时可由设备段的深井泵房作为备用水源等。

2. 建筑布置

设备段设在隧道一侧,有平行与垂直两种方式,每隔约 3～4 km 设一个设备段。设备段内主要满足以下几点要求:

(1)设置出入口及通风设施,也可单纯通风,通常与出入口合设,便于出入。出入口形式多为垂直设置,出入口可供检修人员平时及战时使用。

(2)设置必要的值班、休息用房(约 30～40 m²)、风机房及其需要的防护设备用房(洗消间等)。

(3)按要求设置防护密闭设施及隧道单元的防护用门库,以便在应急状态下使用。

图 5.20～图 5.24 是区间设备段实例。其中图 5.20～图 5.22 为平行隧道布置的设备段,内设出入口、防护门、风机房及消波系统;图 5.21 增设了洗消系统及深井泵房;图 5.22 增设了对开区段门库;图 5.23 为垂直隧道布置的设备段;图 5.24 为过渡区的多层设备布置,底层有封闭隧道使用的门库、排水泵库及电控室、风机房,二层有防灾害状态下的除尘、滤毒、风室等房间。

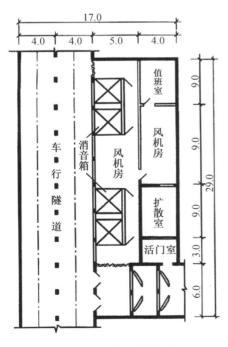

图 5.20　区间设备段例一

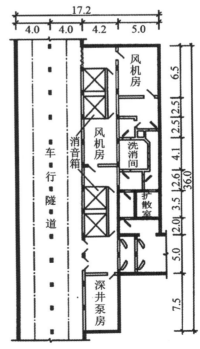

图 5.21　区间设备段例二

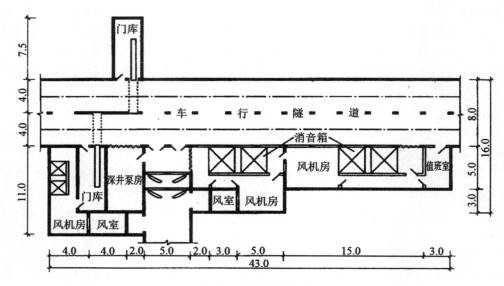

图 5.22　区间设备段例三

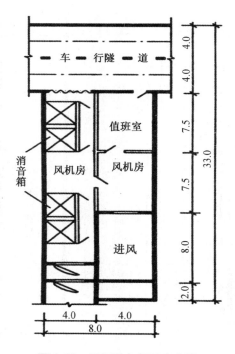

图 5.23　区间设备段垂直布置

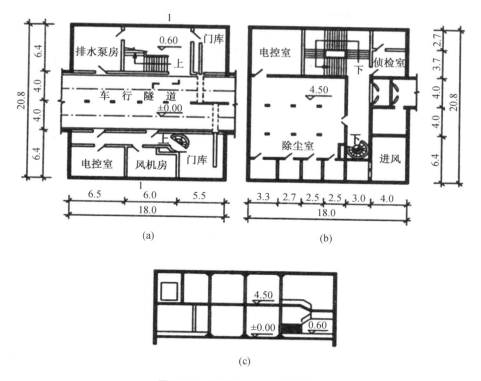

图5.24 多层过渡区间设备段

（a）底层平面图；（b）二层平面图；（c）1-1剖面图

5.4 地铁车站建筑设计

地铁车站是地铁的交通枢纽,也是地铁设计中技术要求最复杂的部位。地铁车站在规划中应设置在地面或地下空间人流集中的地带。地铁车站不仅功能复杂,而且技术要求难度也大,造价非常高,因此地铁车站设计十分重要。

5.4.1 地铁车站的总体布局

地铁车站总体布局设计包括车站的位置(站位选择)及类型、出入口与地面之间的关系、出入口的类型、站厅建筑布局、站台的类型及尺寸等。总体设计中车站在线路中的位置,及在线路中如何配置终点站、区域站、换乘站、中间站,这将影响乘客换乘的方便程度,它通常应由城市交通部门根据城市的各区、点的客流量及多种因素来决定,需要对车站、出入口、站厅、站台设计的规律进行分析。

1.地铁车站站位选择

车站位置应结合城市地上、地下空间的总体规划进行。为了最大限度地发挥车站的功能,应确定合适的站距。站距太长乘客使用不便,太短影响运营速度。我国的车站设计通常市区站距离为 1 km,郊区站距离不大于 2 km。

（1）车站一般设置在下述位置：

①城市交通枢纽中心　如火车站、汽车站、码头、空港、立交中心等。

②城市文化、娱乐中心　如体育馆、展览馆、影视娱乐中心等。

③城市中心广场　如游乐休息广场、交通分流广场、文化广场、公园广场、商业广场等。

④城市商业中心　如大的百货商场集中地、购物市场、批发市场等。

⑤城市工业区、居住区中心　如住宅小区、厂区等。

⑥同地面立交及地下商业街相结合　出入口常设在地面街道交叉口、立交点、地下商业街中心或地下广场等处。

⑦车站最好设置在隧道纵向变坡点的顶部,这样有利于车辆的起动与制动等。

（2）周边规划条件

①车站站位应尽量靠近规划区域内的核心位置,并以不阻碍城市发展为条件。

②在规划商业区内,应综合周边实际条件,适当考虑地铁车站区域整合开发。

车站位置设置见图 5.25 ~ 图 5.28。

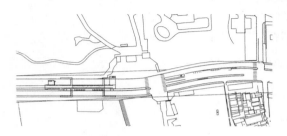

图 5.25　车站设置在一定宽度的道路上

图 5.26　车站设置在开发地块内

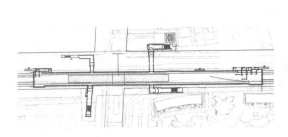

图 5.27　跨路口设站

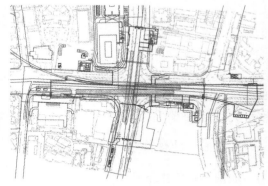

图 5.28　线路交点设置换乘车站

2. 车站的分类

（1）按运营功能进行分类,可分为中间站、换乘站、折返站、终点站等(图 5.29)。

①中间站　是供乘客中途上下车使用的车站,其特点是规模较小、流通量不大,是建造数量最多的车站。中间站决定整个线路的最大通过能力,某些中间站在中远期规划中有可能发展成折返站或换乘站,因此设计规模应考虑扩展及功能转换的可能性。

②换乘站　换乘站是位于地铁线路交叉点的车站,主要作用是改变乘客人流方向,并具有中间站的功能。

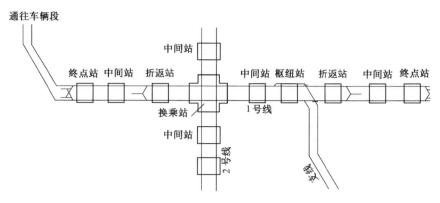

图 5.29　按运营功能分类

③折返站　具有中间站的作用,通常设有折返设备,使高峰区段能增加行车密度。

④终点站　设有线路折返设备及设施,作为列车临时检修使用,而折返方式则决定列车折返速度的快慢。折返有环形式与尽端式两种。环形折返在需折返的车站位置尽端处设置一个环形回转线,但是此种折返对轨道磨损大,并要求有较宽敞的空间。尽端式折返通过道岔改变运行方向,不需要更宽敞的运行空间,该地段的开挖量小。两种形式应根据具体情况设计。

(2)按车站站台形式可分为侧式、岛式、组合式等,见表5.15。

表 5.15　车站站台基本布置形式

站台类型	类型示意图	类型特点
侧式		乘客乘降在车行方向右侧
岛式		乘客乘降在车行方向左侧
组合式		多种类型的站台组合使用

线路终点站选用岛式站台有利;在路面狭窄的街道下及结构埋深又较深的情况下,选用岛式车站有利;当车站与两条单线盾构区间相接时应设岛式车站。

在路面狭窄的街道下及结构埋深较浅的情况下,选择侧式站台有利;当车站与复线盾构施工的区间隧道相接时应设侧式站台。

组合式站台多出现在换乘站、折返站、分叉站或联运站(轨道交通与铁路联运)等位置。

(3)按线路敷设形式分类可分为地下站、地面站、高架站(图 5.30)。

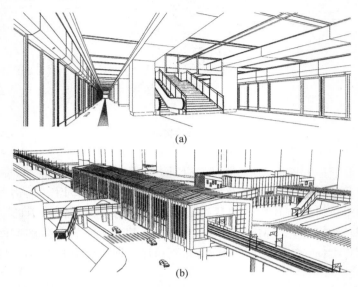

(a)

(b)

图 5.30　按站台敷设形式分类示意图

(a)地下站;(b)高架站

3.车站的总体布局

车站总体布局应和隧道线路的方向一致,以便乘客迅速上下车及进出车站。车站出入口是引导乘客上下的主要进出通路,要合理设置出入口并处理好与城市道路、人行道、绿地和立交街道的关系(图 5.31)。

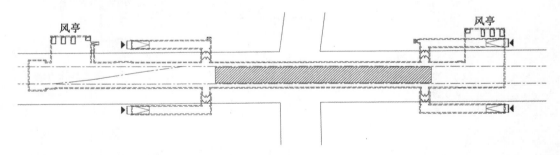

图 5.31　典型地铁车站总平面布置

(1)出入口与广场型多交叉口的关系

地铁车站出入口设在广场型多交叉口时,应顺应道路方向多设出入口。图 5.32 为伦敦甘兹山地铁车站出入口的设置。在交通广场周围有 5 条道路,每条道路均设带有人行过街的出入口。6 个出入口解决了地下人行过街问题,使 5 个街道通行畅顺,地铁车站设在广场的左侧地下,通过带有自动扶梯的出入口进入地铁站厅。

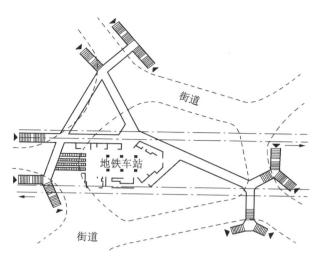

图 5.32 伦敦甘兹山地铁出入口布置

(2)出入口与地面立交桥的关系

地铁车站位于立交桥人行道处(图5.33)。

(3)出入口与"十"字交叉口的关系

地铁车站位于"十"字交叉口的情况相当普遍,"十"字交叉口有"正十字"和"斜十字"交叉路口,出入口通常布置在人行道一侧,以保证人员不横穿路段,直接由出入口进入地铁。图 5.34 为"十"字交叉出入口与道路之间的关系。图 5.34(a)为"斜十字"交叉口,出入口布置在路段建筑物内,此种设计的出入口称附建式出入口,其特点是不影响人员通行,节约地面面积,但建筑内部人流交叉多,不易被发现;图 5.34(b)为带地下通道的出入口;图 5.34(c)为带地下中间站厅的出入口。图 5.34(c)中的地下中间站厅可在"十"字交叉口左右各设一个,这样就形成 4 个出入口、2 个中间站厅的类型,此种设计适用于岛式站台。图 5.34(d)为柏林地铁车站出入口与城市道路、地面车站与铁路间的关系。车站出入口不仅设在火车站和电车站的附近,有些还设在大楼

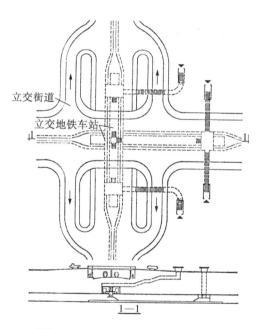

图 5.33 立交地铁车站与立交街道关系示意图

内。阿列克山及尔 - 泼拉茨地铁车站共有 13 个车站出入口,分别设置在两个百货商店、市郊火车站站台、所毗邻的 8 条街道及街道中央的电车站上,乘客进、出地铁车站十分方便。

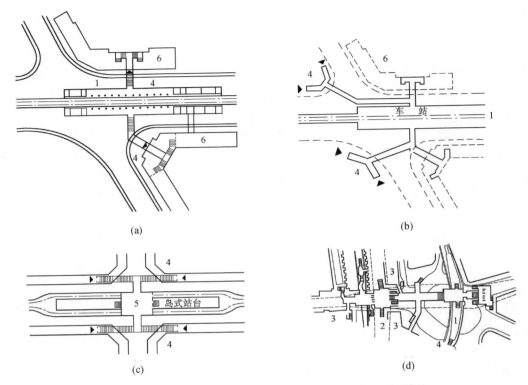

1—上层车站;2—下层车站;3—商场;4—出入口;5—站厅;6—地面建筑

图 5.34 "十"字交叉口地铁车站出入口

(a)地面站厅与地面建筑结合布置的地铁车站出入口;(b)带地下通道的地铁车站出入口
(c)带地下中间站厅的地铁车站出入口;(d)上下层立交式车站出入口

5.4.2 地铁车站建筑设计

1.车站功能组成

地铁车站根据建筑功能,主要分为车站公共区和设备用房区,公共区主要供乘客使用,设备用房区主要满足车站运营相关功能和内部管理的使用,如图 5.35 所示。

车站主体公共区由出入口及通道、站厅公共区、站台公共区等组成;设备管理区由运营管理用房区、设备用房区、通风道、风亭及其他附属设施等组成。

2.车站站台

(1)站台平面形式

车站中最主要的是站台,它的形式决定着车站的总体设计方案和出入口的布置。站台类型有岛式、侧式、组合式三种。

侧式站台设在上下行车线的两侧,既可相对布置,也可错开布置。乘客中途折返需通过天桥或地道,其特点是适用于规模较小的车站,人流不交叉且折返需经过联系通道,可不设中间站厅,管理分散,可延长站台长度(图 5.36)。

岛式站台设在上下行车线路之间,乘客中途折返同时使用一个站台,适用于规模较大的车站,如终点站、换乘站,其特点是折返方便,集中管理,需设中间站厅进入站台,站台长度固定,见图 5.37。

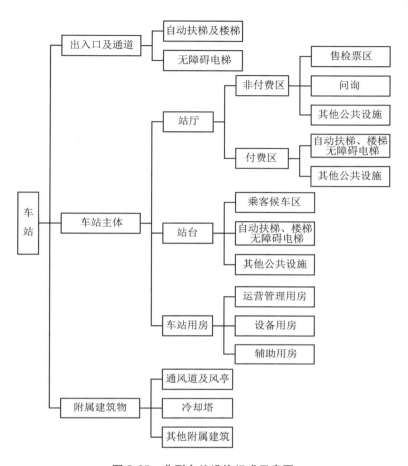

图 5.35　典型车站设施组成示意图

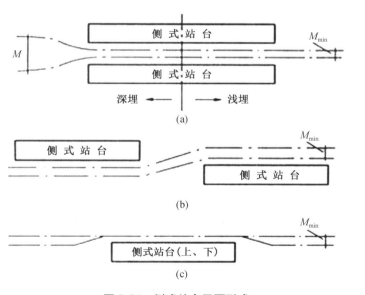

图 5.36　侧式站台平面形式

（a）两台相对布置；（b）两台错开布置；（c）两台上下重叠布置

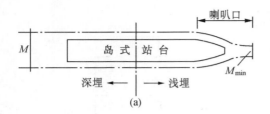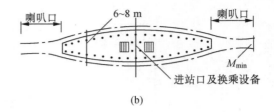

图 5.37　岛式站台平面形式

（a）岛式站台；（b）弧形岛式站台

组合式站台是将岛式站台与侧式站台相结合的形式，其特点是乘客可同时在两侧上下车，能缩短停靠时间，常适用于大型车站，折返方便，组合式站台可设一岛一侧或一岛两侧等，见图 5.38。

（2）站台尺寸

①站台长度

站台计算长度应采用列车最大编组数的有效长度与停车误差之和，有效长度和停车误差应符合下列规定：

a. 有效长度在无站台门的站台应为列车首末两节车辆司机室门外侧之间的长度；有站台门的站台应为列车首末两节车辆尽端客室门外侧之间的长度。

b. 停车误差当无站台门时应取 $1\sim2$ m；有站台门时应取 ±0.3 m 之内。

②站台宽度

站台宽度应按下列公式计算，并应符合表 5.20 的规定：

岛式站台宽度

侧式站台宽度

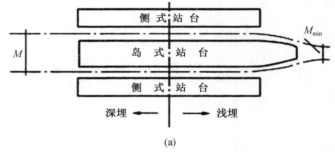

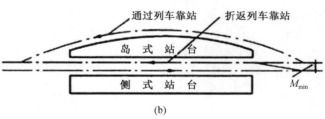

图 5.38　组合式站台平面形式

（a）一岛两侧；（b）一岛一侧

$$B_d = 2b + n \cdot z + t \qquad (5.22)$$

$$B_c = b + z + t \qquad (5.23)$$

$$b = \frac{Q_{\text{上}} \cdot \rho}{L} + b_\alpha \qquad (5.24)$$

$$b = \frac{Q_{\text{上、下}} \cdot \rho}{L} + M \qquad (5.25)$$

式中　b——侧站台宽度，m，式（5.22）和式（5.23）中的 b，应取式（5.24）和式（5.25）计算结果的较大值；

n——横向柱数；

z——纵梁宽度(含装饰层厚度)，m；

t——每组楼梯与自动扶梯宽度之和(含与纵梁间所留空隙)，m；

$Q_{上}$——远期或客流控制期每列车超高峰小时单侧上车设计客流量，人；

$Q_{上、下}$——远期或客流控制期每列车超高峰小时单侧上、下车设计客流量，人；

ρ——站台上人流密度，取 0.33 平方米/人～0.75 平方米；

L——站台计算长度，m；

M——站台边缘至站台门立柱内侧距离，m，无站台门时，取 0；

b_α——站台安全防护带宽度，m，取 0.4 m，采用站台门时用 M 替代 b_α 值。

表 5.16、表 5.17、表 5.18 分别列出了日本地铁站台宽度及我国北京、上海地铁站台尺寸。

表 5.16 日本站台宽度 单位:m

车站位置	岛式	侧式无立柱	侧式有立柱
位于以住宅区为主地区内的小站	8	4	5
位于以住宅、商业为主地区内的中等站	8～10	4～5	5～6
位于以商业、办公为主地区内的大站	10～12	5～6	6～6.5
位于以商业、办公为主地区内的换乘站或与铁路的联运站	12 以上	6 以上	6.5 以上

从表 5.16 中可看出，无论哪种站台类型在以住宅为主的地区其宽度为最低值，而以换乘、中转性质为主的站台宽度为最高值，其他情况的宽度位于两者之间。岛式站台宽度基本是 8 m、10 m、12 m，侧式站台的宽度净宽应保证 4 m、5 m、6 m，如有柱则应加上柱宽。

表 5.17 北京一期车站尺寸 单位:m

岛式车站 项目	规模		
	大	中	小
站台总宽	12.5	11	9
站台中跨集散厅宽	6	5	4
站台面至顶板底高	4.95	4.55	4.35
侧站台宽	2.45	2.10	1.75
站台纵向柱中心距	5	4.5	4
站台长度	118	118	118
地下站厅高	2.95	2.95	2.95
地下通道宽	4	4	4
地下通道高	2.55	2.55	2.55

表 5.18　上海一号线车站尺寸　　　　　　　　单位:m

项目＼岛式车站	规模		
	大	中	小
站台总宽	14	12	10
侧站台宽	3.5~4.0	2.5~3.0	2.5
站台长度	186	186	186
站台面至楼板底高	4.1	4.1	4.1
站台面至吊顶面高	3	3	3
吊顶设备层高	1.1	1.1	1.1
纵向柱中心距	8~8.5	8~8.5	8

（3）车站各建筑部位的尺寸要求及通行能力

车站各建筑部位的通过能力、最小宽度和最小高度规范中有明确的规定（表 5.19~表 5.21）。

表 5.19　车站各部位的最大通过能力

部位名称			最大通过能力（人次/h）
1 m 宽楼梯	下行		4 200
	上行		3 700
	双向混行		3 200
1 m 宽通道	单向		5 000
	双向混行		4000
1 m 宽自动扶梯	输送速度 0.5 m/s		6 720
	输送速度 0.65 m/s		不大于 8 190
0.65 m 宽自动扶梯	输送速度 0.5 m/s		4 320
	输送速度 0.65 m/s		5 265
人工售票口			1 200
自动售票机			300
人工检票口			2 600
自动检票机	三杆式	非接触 IC 卡	1 200
	门扉式	非接触 IC 卡	1 800
	双向门扉式	非接触 IC 卡	1 500

表 5.20 车站各部位的最小宽度

名称		最小宽度/m
岛式站台		8.0
岛式站台的侧站台		2.5
侧式站台(长向范围内设梯)的侧站台		2.5
侧式站台(垂直于侧站台开通道口设梯)的侧站台		3.5
站台计算长度不超过 100 m 且楼、扶梯不伸入站台计算长度	岛式站台	6.0
	侧式站台	4.0
通道或天桥		2.4
单向楼梯		1.8
双向楼梯		2.4
与上、下均设自动扶梯并列设置的楼梯(困难情况下)		1.2
消防专用楼梯		1.2
站台至轨道区的工作梯(兼疏散梯)		1.1

表 5.21 车站各部位的最小高度

名称	最小高度/m
地下站厅公共区(地面装饰层面至吊顶面)	3
高架车站站厅公共区(地面装饰层面至梁底面)	2.6
地下车站站台公共区(地面装饰层面至吊顶面)	3
地面、高架车站站台公共区(地面装饰层面至风雨棚底面)	2.6
站台、站厅管理用房(地面装饰层面至吊顶面)	2.4
通道或天桥(地面装饰层面至吊顶面)	2.4
公共区楼梯和自动扶梯(踏步面沿口至吊顶面)	2.3

3. 车站站厅

(1)站厅的组成

站厅是乘客进入站台前首先经过的地下中间层,是分配人流、休息、候车、售票、检票的场所,该场所称为地下中间站厅。岛式车站必须设置地下中间站厅,侧式车站以中间站厅兼作天桥,站厅高度为 2.4~3.0 m。

①付费区

付费区是供乘客检票后使用的站厅公共空间,应保持与非付费区的完全分隔;付费区内不宜布置与乘客集散功能无关的商铺等设施。

②非付费区

非付费区是乘客进站安检、售检票和出站疏散的区域。

图 5.39 为典型地下双层车站站厅平面图。

(2)地下车站站厅建筑布局

站厅剖面位置应设在站台的顶部,通过楼梯(或电梯)与站台联系。站厅内一般设有售

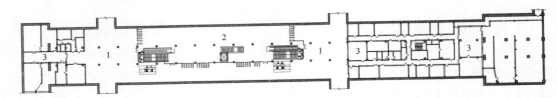

1—非付费区;2—付费区;3—设备管理区

图5.39 典型地下双层车站站厅平面图

票、检票、商服、休息、管理、候车、设备等空间,其建筑布局有以下几种形式:

①桥式站厅

桥式站厅即在地铁站台的顶层设一个类似桥一样的厅,这种厅联系着站台和地面出入口,通常在站台中间或两端各设一个(图5.40、图5.41)。

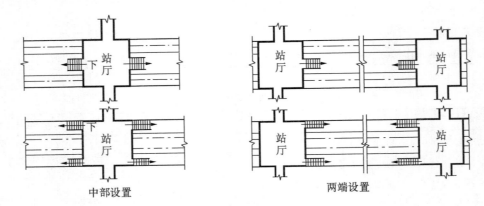

中部设置　　　　　　　　　　　两端设置

图5.40 岛式和侧式站台站厅

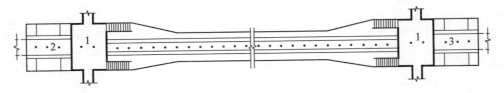

1—中间站厅;2—电气用房;3—办公及休息室

图5.41 桥式站厅实例

②楼廊式站厅

楼廊式站厅即在站台上周布置夹层而形成一层站台上空形式,并在楼廊采用2~3个廊桥连接,通过廊桥下楼梯进入站台(图5.42)。

③楼层式站厅

楼层式站厅将站台设计成两层,地下顶层为站厅、地下底层为站台。站厅很大,可设置管理及设备用房,人流可根据进出流线管理,并同其他地下设施(地下商业街等)相连接(图5.43),站厅设在地下一层,采用自动售票和自动检票方式。

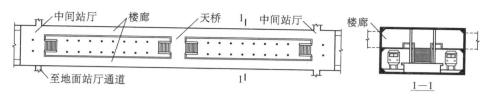

图 5.42 楼廊式地下中间站厅

④夹层式站厅

夹层式站厅是在站台大厅中设置局部夹层,通过夹层连接地面及站台。此种做法站厅面积受到一定限制,但有一种共享空间的特色,较有艺术感(图 5.44)。

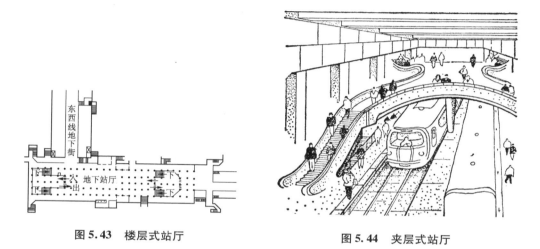

图 5.43 楼层式站厅

图 5.44 夹层式站厅

⑤独立式站厅

独立式站厅不设在地铁的顶层,而是独立设置,通过楼梯和步行道连接站台和地面。其特点是布置灵活,不受地下层站台结构影响,上下层为两个独立式结构,甚至根本不在一条轴线上(图 5.45)。

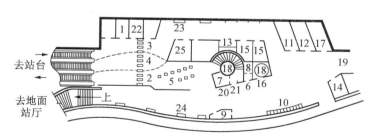

1—站务、票务办公室;2—进站检票口;3—出站检票口;4—可逆行检票口;5—售票机;6—换钱处;
7—会计室及票库;8—站长室;9—小卖部;10—电话间;11—公用男厕;12—公用女厕;13—清洁用具室;
14—职工休息室;15—职工盥洗室;16—灭火器;17—风机房;18—风道;19—地下人行通道;20—急救室;
21—问询处;22—自动跟踪控制室;23—发光布告牌;24—坐凳;25—配电间

图 5.45 香港地铁车站地面站厅

4. 车站出入口及立面形式

(1)出入口及通道

地铁出入口设计必须考虑人流的进出方便程度、高峰时人流量、服务半径等多种因素，一般有如下设计原则：

①出入口的数量应根据吸引与疏散客流的要求设置；每个公共区直通地面的出入口数量不得少于两个。

②出入口布置应与地面道路走向、主要客流方向相一致，且宜与过街天桥、地下人行过街通道、地下商业街、邻近公共建筑物相结合或连通，宜统一规划，可同步或分期实施，并应采取地铁夜间停运时的隔断措施。

③出入口的总设计客流量应按该站远期超高峰小时客流量乘以 1.1~1.25 的不均匀系数来计算，最小宽度不应小于 2.5 m，净高不小于 2.4 m。

④出入口要考虑防灾要求。如防护、防火、防洪等情况，应按相应的国家有关规范进行设计。

⑤地铁车站为乘客服务的各类设施，均应满足无障碍通行要求，并应符合现行国家标准《无障碍设计规范》(GB 50763—2012)的有关规定；车站应设置无障碍电梯。

⑥地下车站出入口、消防专用出入口和无障碍电梯的地面标高，应高于室外地面 300~450 mm，并应满足当地防淹要求，当无法满足时，应设防淹闸槽，槽高可根据当地最高积水位确定。

⑦地下出入口通道应力求短、直，通道的弯折不宜超过三处，弯折角度不宜小于 90°。地下出入口通道长度不宜超过 100 m，当超过时应采取能满足消防疏散要求的措施。

⑧出入口的踏步尺寸一般按公共建筑楼梯踏步设计，一般高度为 135~150 mm，宽度为 300~340 mm，楼梯宜采用 26°34′倾角，当宽度大于 3.6 m 时，应设置中间扶手。每个梯段不应超过 18 级，且不应少于 3 级。如北京地铁出入口的踏步尺寸为 150 mm × 300 mm，当有自动扶梯时踏步尺寸为 172 mm × 300 mm。

⑨车站出入口、站台至站厅应设上、下行自动扶梯，在设置双向自动扶梯困难且提升高度不大于 10 m 时，可仅设上行自动扶梯。每座车站应至少有一个出入口设上、下行自动扶梯；站台至站厅应至少设一处上、下行自动扶梯。

(2)出入口通道形式

出入口通道的形式结合地形设置，可分为图 5.46 中所示的形式，此外还有组合形式等。

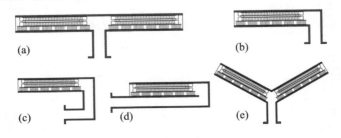

图 5.46　出入口平面形式

(a)"T"形；(b)"L"形；(c)"U"形；(d)"J"形；(e)"Y"形

（3）出入口通道通过能力验算

$$b_1 \geqslant \frac{R \times \alpha}{C_1} \qquad (5.26)$$

式中 R——出入口分向进出站客流，人次/小时；

b_1——出入口通道设计净宽度，m；

α——出入口客流不均匀系数，一般取 1～1.25；

C_1——1 m 宽通道混行通行能力，人次/小时。

（4）出入口通过能力计算

$$R \times \alpha \leqslant b_2 \times C_2 + n \times C_3 \qquad (5.27)$$

式中 R——出入口分向进出站客流，人次/小时；

α——出入口客流不均匀系数，一般取 1～1.25；

b_2——出入口楼梯设计净宽度，m；

n——出入口自动扶梯设计台数；

C_2——1 m 宽楼梯混行通行能力，人次/小时；

C_3——1 台自动扶梯通过能力，人次/小时。

（5）出入口的立面形式

地铁出入口的立面形式应同地面的街道视线、建筑、绿化、环境相统一，应成为城市建筑小品，并有明显的引导性。由于地铁出入口大多设在较繁华的市中心且人流集中地带，因此立面应按照建筑立面的一般原则进行设计：

①入口立面应醒目、突出，具有吸引分散人流的特征，且有地铁运行的特点，如动态感地铁立面标志。

②立面造型同街景相结合，与周围环境有机组成整体，活泼、生动。

③符合建筑设计的一般规律，如统一、对位、尺度、变化、协调等。

④充分利用原有环境特色，如建筑、立交、通风口等。

⑤若条件具备，应尽可能设计成附建式、下沉广场式、开敞式等出入口形式。

地铁出入口的立面形式主要有以下几种：

①单建棚架式出入口

单建棚架式出入口即采用带有防雨罩及围护或半围护的出入口，可做成矩形及其他几何图形来解决（图 5.47）。

②附建式出入口

附建式出入口是通过地面建筑的局部设置的出入口（图 5.48）。

③开敞式出入口

开敞式出入口（图 5.49）可不设围护及棚架，直接在露天条件下敞口设置，并做出必要的挡雨造型设施，如围栏等，也可设在下沉广场内（图 5.50）。

④立交式出入口

立交式出入口是将出入口同地面的立交桥或其他立交设施相结合，其特点是空间层次丰富，现代化都市感强，有地铁交通特色。

图 5.47　西班牙毕尔包地铁车站曲线形
地面出入口

图 5.48　东京大冈山地铁车站出入口

图 5.49　开敞式出入口

图 5.50　下沉广场式出入口

5.功能分析及平面设计

地铁车站建筑设计主要研究地铁车站的建筑功能及其相适应的建筑布局和结构形式。车站的平面建筑形式主要有侧式站台车站、岛式站台车站、混合式站台车站。从空间关系上分有单层、双层的侧式或岛式车站。从功能上分主要由乘客使用、运营管理、设备技术、生活辅助用房四个部分组成,四个部分之间按照一定的使用功能排列,必须满足各自的功能及相互的联系。

（1）地铁车站的组成及功能分析

地铁车站的组成主要有以下几个部分:

①乘客使用部分　出入口、地面站厅、地下中间站厅、楼梯、电梯、坡道、步行道、售票处（含网络售票处）、检票处、站台、卫生间等。

②运营管理部分　行车主、副值班室、站长室、办公室、会议室、广播室、信号用房、通信室、休息值班室等。

③技术用房部分　电器用房、通风用房、给排水用房、电梯机房等。

④生活辅助部分　客运服务人员休息室、清洁工具室、储藏室等。

以上四个部分之间应有一定的联系和区别,图 5.51 为地铁车站的功能分析图。

图 5.52 为典型的地铁车站建筑平面与透视图。该地铁底层为站台,两端为二层,设桥式地下中间站厅。站厅内设有电信、通风及变电机房。底层污水用房及变电用房各设一

端,并设行车主副值班室。把上例进行简图分析的布局如图5.53所示。

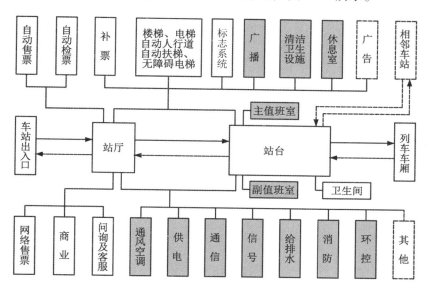

图5.51 地铁车站功能分析图

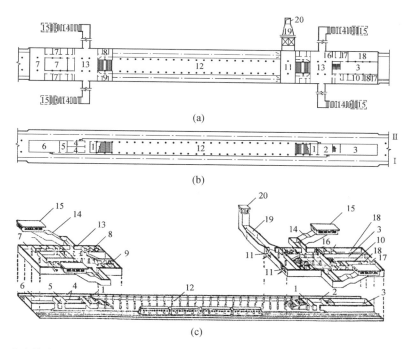

1—行车值班室;2—降压变电站;3—牵引变电站;4—男、女厕所;5—污水泵房;6—排水泵房;
7—电信用房;8—通信设备用房;9—行政办公用房;10—控制室;11—通风用房;12—集散厅;
13—地下中间站厅;14—出入口楼梯;15—出入口地面站厅;16—售票处;17—工作人员休息室;
18—局部通风机房;19—通风通道;20—地面风亭

图5.52 地铁车站建筑平面与透视图

(a)二层平面;(b)底层平面;(c)透视图

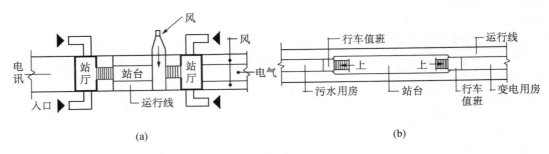

图 5.53　地铁车站简析图

(a)上层平面图;(b)下层平面图

(2)地铁车站平面布局方案

地铁车站平面布局方案(站厅及出入口通道设在地下一层)仅从站台层分析。

①侧式站台车站(图 5.54)

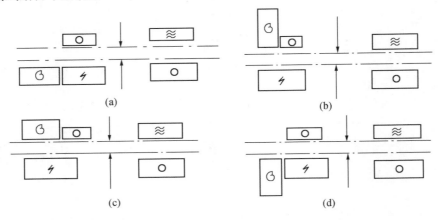

⑤—风;≈—水;⚡—电;○—管理;➤—人流

图 5.54　浅埋侧式站台的平面功能布局

(a)平面布局一;(b)平面布局二;(c)平面布局三;(d)平面布局四

实例方案见图 5.55 和图 5.56。

图 5.55 为二跨单层双拱直墙侧式站台车站方案。单拱净跨 8 m,车站总长 129 m,设 2 个门库及风亭,车站左部为电器用房,右部为污水用房。站台净宽 4.817 m,上下行车线设在中间墙的两侧。

该方案站台的左侧和右侧分别设一个行车主、副值班室,管理用房均设在站台右侧的上下行车线一侧,在站台内设出入口及两个通风口。车站的左右两端各设门库一个,在应急的状况下,如果关闭库门可使车站与隧道进行分隔,以保证其防护或防火单元的分区封闭。

图 5.56 为三跨单层三拱立柱式侧式站台车站方案。中间拱净跨 8.4 m,两边拱净跨 3.5 m,站台总长 105.5 m,车站左部为电器用房,右部为污水及牵引变电,设独立式中间站厅及一条连接两个出入口通道的天桥。

图 5.56 方案站厅的特点是独立建造在土层中,与车站标高不同,通过楼梯连接出入口

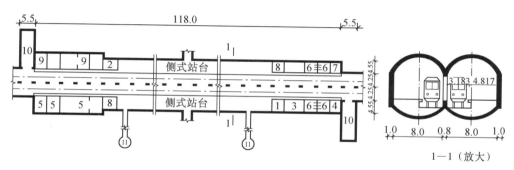

1—行车主值班室;2—行车副值班室;3—信号设备室;4—广播室;5—电气用房;
6—厕所;7—污水泵房;8—客运休息室;9—牵引变电室;10—门库;11—风亭

图 5.55　双拱直墙侧式站台车站方案

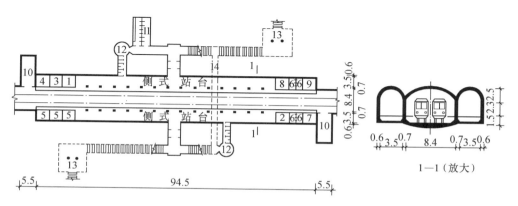

1—行车主值班室;2—行车副值班室;3—信号设备室;4—广播室;5—电器用房;
6—卫生间;7—污水泵房;8—客运休息室;9—牵引变电室;10—门库;
11—战备卫生间;12—风亭;13—中间站厅;14—天桥

图 5.56　三拱立柱直墙侧式站台车站方案

及站台。站台设三跨,中跨为行车跨,边跨为站台跨。设垂直风井,并把有用水的房间设在风井一侧。断面为三跨连续拱,这由剖面 1—1 可以看出,拱顶高 2.5 m,两侧为直墙,中间为立柱,中间跨底板为 1.5 m 高反拱,两侧地面为平板。

此种三拱立柱式车站可设在较深的土层中,采用暗挖法施工,适合拱形结构,此种结构形式的拱内空间还可用于敷设各种风、电、通信等管线。

②岛式站台

岛式站台与侧式站台的主要差别是须用桥式中间站厅解决交通问题。如设计成双层,就可利用地下一层做一部分设备用房,办公、污水等房间设在站台所在层(地下二层)。图 5.57 为岛式站台的平面布局关系图。

图 5.58 为双层三跨岛式站台平面布置方案。该方案乘客由人行通道进入设在车站站台两端的地下中间站厅,左右站厅分别设有电器及电信用房,底层左侧为电器和行车主值班室,右侧为污水、排水用房及行车副值班室。

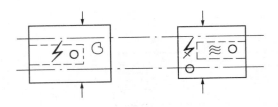

图 5.57　岛式站台平面关系

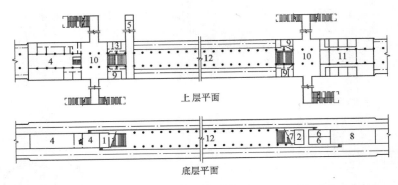

1—行车主值班室;2—行车副值班室;3—继电器室;4—电器用房;

5—通风用房；6—卫生间;7—污水泵房;8—排水泵房;9—办公及控制室;

10—中间站厅;11—电信用房(电话总机、广播等);12—站台

图5.58　双层三跨岛式站台车站平面布置方案

　　图 5.59 为双层岛式站台的实例方案,该方案为上下两层,顶层基本是为服务乘客的用房及通风用房,底层为电器用房。

　　③混合式站台

　　混合式站台常用于规模较大的地铁车站,如区域站、大型立交换乘站。图 5.60 为混合式站台平面关系图,虚线表示不在同一层标高上。人流由独立式站厅进入两个站台,电器用房与污水用房设在岛式站台两端。在岛式站台左侧设一个行车主值班室,其右侧和侧式站台右侧各设一行车副值班室。

　　图 5.61 为混合式站台车站设计。在此车站内设有渡线可使车折返,在岛式站台上方设反曲线可使列车停靠。其断面形式为五跨箱型结构,中间有四排柱子。

5.4.3　地铁换乘车站设计

　　换乘车站是指在地铁线网中,两条或多条线路相交时,各线路设置相互连通的供乘客转乘其他线路的车站。

　　1.换乘车站的分类

　　车站间的换乘形式,可划分为节点换乘、平行换乘、通道换乘等。

　　根据换乘车站组合方式,节点换乘包括"十"字换乘、"T"形换乘、"L"形换乘;平行换乘包括叠摞平行换乘、平行双岛同岛换乘;通道换乘包括单通道换乘、多通道换乘等,如表5.22 所示。

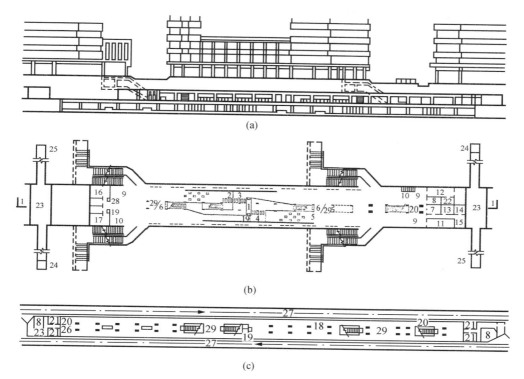

1—站务票务办公室;2—进站检票口;3—出站检票口;4—可逆性检票口;5—售票机;6—换钱机;
7—会计及票库;8—站长室;9—小卖部;10—公用电话;11—公共男厕;12—公共女厕;
13—清洁用具;14—职工室;15—职工盥洗室;16—自动跟踪控制室;17—配电室;18—坐凳;
19—灭火器;20—备用梯;21—继电器室;22—厕所及通风机室;23—风机室;24—进风道;
25—排风道;26—发光广告牌;27—线路图;28—急救站;29—问询处

图 5.59　双层广厅岛式站台车站布置方案
（a）剖面图;（b）地下一层平面图;（c）地下二层平面图

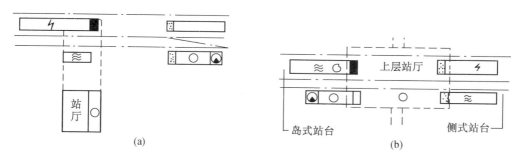

图 5.60　混合式站台平面关系图
（a）站厅独立布置;（b）站厅与站台上下布置

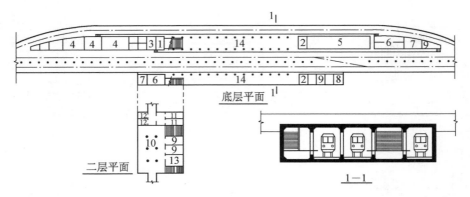

1—行车主值班室;2—行车副值班室;3—继电器室;4—电器用房；5—通风用房;6—厕所;7—污水泵房;8—排水泵房;9—办公用房;10—中间站厅;11—广播室;12—保安室;13—贵宾室;14—站台

图 5.61　混合式站台车站平面布置方案

表 5.22　地铁车站几种主要换乘形式

换乘形式			特点
节点换乘 （图 5.62）	十字 换乘	岛岛换乘	岛式站台与岛式站台相互换乘,上层是岛式站台
		侧岛换乘	侧式站台与岛式站台相互换乘,上层是侧式站台
		岛侧换乘	岛式站台与侧式站台相互换乘,上层是岛式站台
		侧侧换乘	侧式站台与侧式站台相互换乘,上层是侧式站台
	"T"形换乘		上层站台中央与下层站台端部换乘
	"L"形换乘		上下层站台都在端部相互换乘
平行换乘 （图 5.63）	叠摞平行换乘		站台双层重叠布置,同方向（或反方向）同站台换乘
	平行双岛同台换乘		单层双站台同站台同方向换乘
	双层双岛换乘		双层双站台同方向换乘
通道换乘 （图 5.64）	单通道换乘		两个车站站厅用单个换乘通道连接付费区
	多通道换乘		两个车站站厅用两个以上换乘通道连接付费区

2.换乘形式选择原则

①车站换乘形式和组合方式的设计原则是方便乘客,缩短换乘距离,减少高差,直达便捷。换乘流线与进出站流线分开,客流较大时,可适当拉长换乘距离,使换乘客流自然疏解。

②同站台换乘,"T"形、"十"字形、"L"形节点换乘,易造成站台局部人流集中,站台和换乘楼梯应保证足够的宽度。

③采用通道换乘形式比较灵活,但长度宜控制在 100 m 以内。

④线网中与规划线路的换乘车站,一般可根据建设周期差异选择同步实施、预留换乘节点、预留换乘通道接口等不同条件。

3.换乘站实例

拟建哈尔滨地铁车站的类型有侧式、岛式、混合式三种;换乘站有"T"字形岛侧换乘(2号线)、"L"形岛侧通道换乘(3 号线)、"十"字形岛侧换乘及岛岛换乘(4 号线)、双岛式平行换乘(5 号线)等多种类型,如图 5.65 ~ 图 5.67 所示。

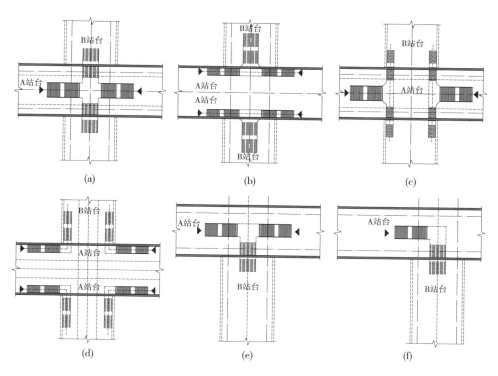

图 5.62 节点换乘形式示意图

（a）岛岛换乘；（b）侧岛换乘；（c）岛侧换乘；（d）侧侧换乘；（e）T形换乘；（f）L形换乘

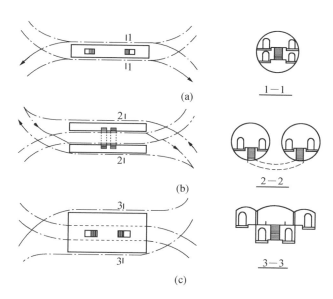

图 5.63 平行线路换乘形式示意图

（a）叠摞平行换乘；（b）平行双岛同台换乘；（c）双层双岛换乘

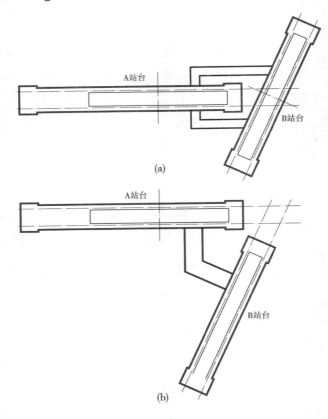

图 5.64 通道换乘形式示意图

（a）多通道换乘；（b）单通道换乘

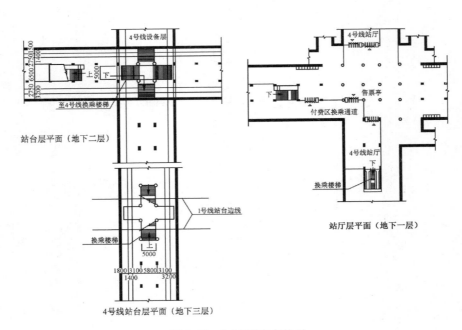

图 5.65 "十"字岛岛换乘

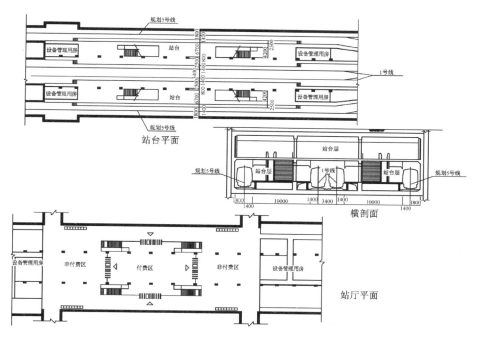

图 5.66 平行双岛同台换乘

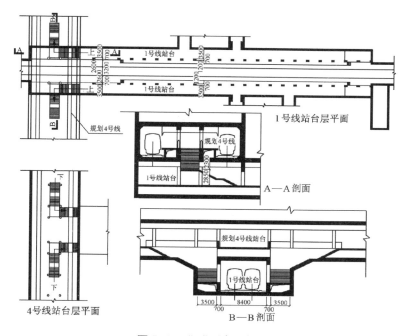

图 5.67 "T"形岛侧换乘

5.4.4　地铁车站结构类型

地铁车站结构形式主要有以下两种：

1. 拱式结构

拱式结构有直墙拱、单拱、双拱、落地拱等多种类型（图5.68），其主要特点是受力合理，适合深埋，拱顶上部空间可充分利用。图5.68（b）、（c）、（d）、（j）、（k）、（l）下部反拱可用于管线通道；（a）、（b）、（d）、（j）、（m）为直墙拱，（c）、（g）、（h）、（i）、（k）、（l）为圆拱，（e）、（f）为落地拱，（g）、（l）带有多拱组合；（a）、（e）、（g）、（h）、（i）、（k）、（l）、（m）为岛式站台，（b）、（c）、（d）、（f）、（j）为侧式站台。

拱形结构大多为钢筋混凝土结构。

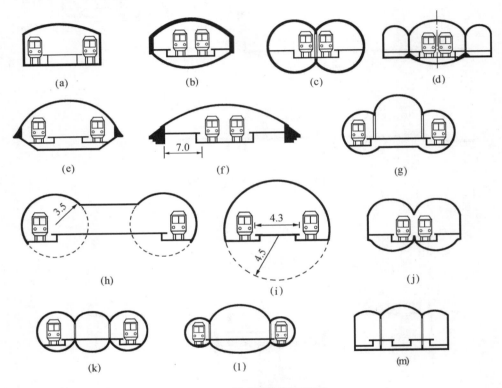

图 5.68　拱式结构断面类型

2. 矩形结构

矩形结构有单层矩形、双层矩形、多矩形等类型，双层矩形顶层可作为地下中间站厅使用。矩形结构多用于浅埋施工，适用于岛式及侧式站台。图5.69为矩形结构断面类型，由图中可设计出多跨混合式单双层车站，如将图5.69（f）对称翻转，则成十跨混合式车站。

图5.70（a）为法国巴黎某地铁车站结构断面形式，采用落地拱形式，深埋于泥灰岩及石灰岩地层中，侧式站台宽7 m，长225 m，单跨拱跨度21 m，支撑在钢筋混凝土的台柱上。变截面拱，其拱顶厚0.6 m，拱脚厚1 m，由13块宽0.8 m的钢筋混凝土管片拼装而成。管片端部涂以树脂，外侧用水泥浆充填，（b）为圣彼得堡单拱地铁车站，（c）为莫斯科地铁三拱立柱车站，（d）为圣彼得堡地铁三拱立柱车站，（e）为日本横滨地铁车站，（f）为纽约地铁车站。

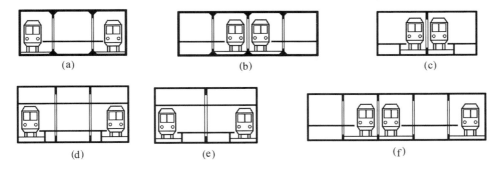

图 5.69 矩形结构断面类型

(a)三跨岛式站台;(b)四跨侧式站台;(c)两跨侧式站台;
(d)双层三跨岛式站台;(e)双层双跨岛式站台;(f)五跨混合式站台

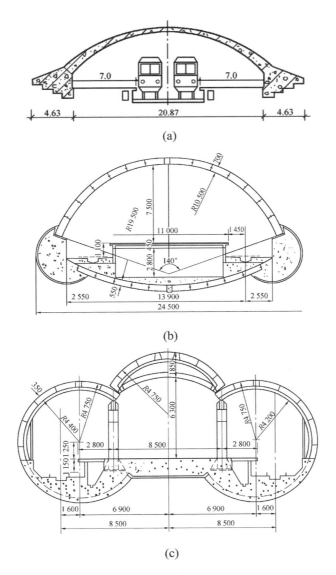

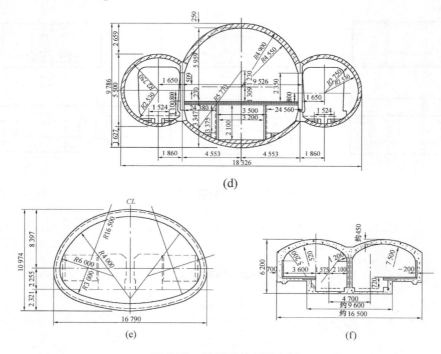

图 5.70　地铁车站断面实例

（a）法国巴黎某地铁的单拱车站结构断面;（b）圣彼得堡地铁车站;
（c）莫斯科地铁三拱立柱车站;（d）圣彼得堡地铁三拱立柱式车站;
（e）日本横滨地铁三泽下街车站;（f）纽约双拱立柱式车站

5.4.5　地铁车站区域的整合开发

地铁车站带来的大规模人流,影响和改变着周边那些对人流敏感的功能空间和公共空间,并逐渐呈现出站域空间使用的新趋势,包括站域周边的功能构成趋向于以办公、商业为主的功能组群复合化趋势;形成以地铁车站为核心,周边多要素高度整合的一体化趋势;以多层面步行路径为纽带,串联起周边的公共空间,形成公共空间体系化的趋势(图 5.71)。

1.地铁车站区域的整合设计

从站域空间地上、地下的城市功能来分析,主要提倡引导地铁车站区域与其他城市公共交通功能整合以及与其他公共功能整合。

（1）与其他公共交通功能的整合

地铁车站作为城市地下交通系统中重要的立体化开发节点,是多种公共交通之间转换的结合点,通过站域空间的整合开发,可形成集铁路、公交、公共停车场(库)、公共人行系统等多种交通设施综合开发的公共交通枢纽,再结合地铁车站本身形成地下过街通道、地下连接通道以及公共交通之间的换乘空间等,建立起高效的地铁与其他公共交通之间的换乘系统。

（2）与其他公共功能的整合

地铁车站是衔接人流的重要的交通转换空间。适宜在站域空间进行立体化、网络化的综合开发,形成集交通、换乘、停车、商业、文化、娱乐等多功能相结合的综合空间,并通过对空间的有序整合,使其发展形成功能多元复合的地下综合体。

(a)

(b)

(c)

图 5.71 沈阳市地铁 2 号线与周边地下空间整合开发规划图

(a)地铁线网;(b)可用于综合开发的公共用地地下空间;(c)可连通整合的开发地块

2. 地铁车站整合开发的类型和特点

地铁站域空间的整合开发和一体化建设,对土地资源集约利用、提升地下空间价值等方面起积极作用。由地铁车站衍生的站域地下空间的开发常见类型特点如下:

（1）孤岛式

地铁车站在初期呈现出独立的形式,这种类型应用最为广泛,通常站点的开发先于周边地区的建设,从而带动地铁沿线的发展。孤岛式的地铁车站与其他地下功能设施多为竖向垂直的整合方式,将地铁车站建成多层的地下综合设施(图 5.72)。

（2）上盖物业式

随着城市的发展,城市用地日益紧张,为了提高城市土地资源利用效率,开始了地铁上盖物业的开发模式,地铁车站与其上的物业或办公相结合,进行地上、地下的一体化开发(图 5.73)。

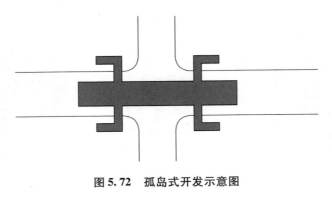

图 5.72　孤岛式开发示意图

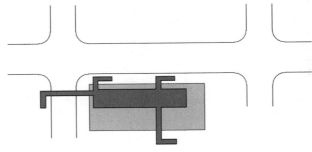

图 5.73　上盖物业式开发示意图

(3)通道结合式

这是相邻物业开发较为常见的模式,地铁车站与周边物业的关系更加独立,内部可通过地下通道的方式进行联系。这种开发类型在地铁车站与其他物业的施工配合上较为宽松,因此也更容易实现(图 5.74(a))。当地铁车站周边有多个相邻开发项目时,将这些项目的地下空间通过地铁车站相连,可串联成初步的地下公共空间网络(图 5.74(b))。

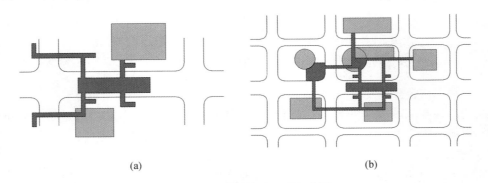

(a)　　　　　　　　　　　　　　　　　(b)

图 5.74　通道结合式开发示意图

(a)通道结合式(简单连通);(b)通道结合式(区域连通)

(4)多站网络整合式

在城市中心地区,由于轨道交通站点密集并且土地开发强度大,因此可围绕多个地铁车站,整合相邻的购物、餐饮、交通、休闲等功能,将区域内的各类设施以公共人行系统连接成整体,形成较完善的地下公共空间网络(图 5.75)。

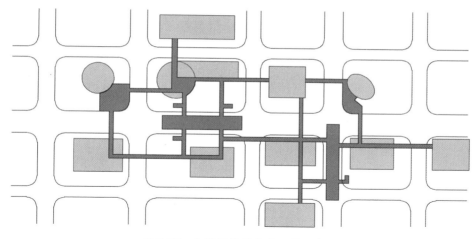

图5.75 多站网络整合式开发示意图

由此可见地铁站域空间与建筑、景观、市政等的结合程度逐步提高,相应地对于城市发展的促进作用也发挥得愈加充分。

3. 地铁车站与周边地下空间连通的适应性

地铁车站与周边地下空间的连通主要指站厅层与周边具有独立使用功能及独立防火分区的其他功能类型地下空间的连通。主要根据周边地下空间的公共属性、人流特征和安全因素来确定连通的适应性。可将地铁车站站址边界线外侧200 m范围内的区域作为站域地下空间的核心开发区,将地铁车站站址边界线外侧200~500 m范围的区域作为站域地下空间的规划引导区(表5.23)。

表5.23 地下车站与周边地下空间连通适应性

周边地下空间类型	地铁车站区位			
	重点地区		一般地区	
	核心开发区	规划引导区	核心开发区	规划引导区
商业、商务办公	√	○	○	○
文化、体育等公共设施	√	○	○	○
居住区	○	○	○	○
公交枢纽	√	○	○	○
公共地下停车库	○	○	○	○
对外交通(机场、铁路、港口、长途公交等)	√	√	—	—
地下广场、通道等地下人行系统	√	○	○	○
与轨道交通人流活动无关或连通后或施工时易产生安全隐患的地下空间,包括:地下道路、地下市政管网、地下市政场站设施设备用房、仓储设施等	×	×	×	×

注:1. √应连通 ○宜连通 ×不连通 —不存在;

2. 重点地区指市级(副)中心、地区中心(包括新城的核心区)、综合交通枢纽地区;

3. 核心开发区指地下车站站址边界线外侧200 m范围;规划引导区指地下车站站址边界线外侧200~500 m范围。

（1）适宜连通的类型

地铁车站周边的其他公共交通枢纽，包括大、中型公交枢纽站、轮渡站、长途客运站、火车站、机场等，宜与地铁车站连通。

地铁车站周边的大、中型地下停车库，宜与地铁车站连通，以鼓励绿色出行。

人流密集的商业区、办公区，或其他城市重点区域，公共建筑物的地下空间宜与地铁车站连通，共同形成区域性地下人行系统。

地铁车站周边的地下商业设施，包括地下商场、地下商业街等，鼓励其与地铁车站连通。

地铁车站周边的地下文化设施，包括地下体育馆、地下展览馆、地下图书馆等，宜与地铁车站连通。

（2）不适宜连通的类型

地铁车站周边的医院，不宜与地铁车站连通。如兼具人防功能或有特殊要求，可考虑预留连通条件。

地铁车站周边的地下道路、地下市政管网系统、地下市政场站设备用房、地下仓储设施等，不宜与地铁车站连通。

4. 地铁车站与周边地下空间的连通方式

地铁车站与周边地下空间的连通方式，按二者在地下的相对空间关系（分水平方向和垂直方向上的不同关系），分为以下五种：通道连通、共墙连通、下沉广场连通、垂直连通和一体化连通（表5.24）。

表5.24　地铁站域地下空间开发建设

开发类型	连通方式
孤岛式	垂直连通
上盖物业式	一体化连通
通道结合式	通道连通、下沉广场连通
多站网络整合式	通道连通、共墙连通、下沉广场连通、垂直连通、一体化连通

（1）通道连通

地铁车站与周边地下空间在水平方向上存在一定距离，两者之间通过地下通道相连通是最常见的一种连通方式，尤其是在地铁车站与周边地下空间的建设不同步的时候。连接通道的功能定位主要分为纯步行交通功能的通道以及兼有商业设施的通道。

（2）共墙连通

地铁车站与周边地下空间在水平方向上共用地下墙体，通过共用墙体的门洞实现连通，随着地下空间开发强度的提高，这种连通方式越来越多地被采用（图5.76）。

（3）下沉广场连通

地下车站与周边地下空间之间设下沉广场，下沉广场作为一个"阳光地带"，有助于减少人们对地下空间的不良心理预想。下沉广场很多时候也是作为大型地下空间的一种防火隔离区而存在，一定规模的下沉广场，能够切断火灾的蔓延，防止飞火延续，在熄灭火灾、控制火势、减少火灾损失等方面有独特的贡献（图5.77）。

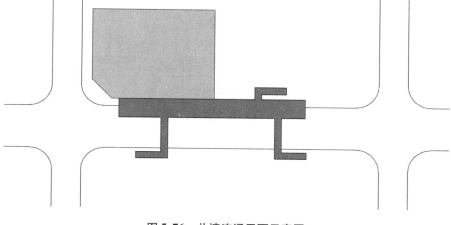

图 5.76 共墙连通平面示意图

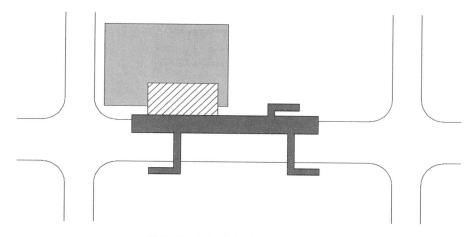

图 5.77 下沉广场连通平面示意图

(4)垂直连通

地下车站与其他地下空间设施呈上下垂直关系,二者通过垂直交通(电梯、自动扶梯、梯道)实现连通,使地铁车站建成多层、多功能、综合性的地下综合设施(图5.78)。

(5)一体化连通

地下车站被周边地下空间包围或者半包围,二者作为一个整体,同时规划、设计、建设,实现水平、垂直多个方向的连通。一体化连通是上述四种连通方式的综合运用,在设计上应遵从以上连通方式的所有技术要求。越来越多的地铁车站建设与地块开发紧密联系,借车站的建设带动周边地块的开发(图5.79)。

5. 地铁车站与周边地下空间连通的技术要求

(1)规划设计要求

地铁车站与周边地下空间设施连通的规划设计应依据城市轨道交通网络规划、轨道交通选线专项规划和地区控制性详细规划,明确地铁车站与周边地下空间的连通规划控制要求。连通工程规划设计应具有整体性和系统性,可将各自独立的地下空间连成一个整体,

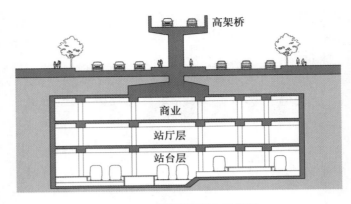

图 5.78　垂直连通竖向示意图

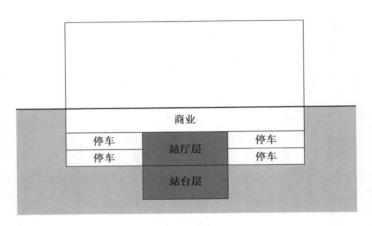

图 5.79　一体化连通竖向示意图

创造"1＋1＞2"的经济效益、社会效益,具有十分重要的意义,因此应从整个区域地下空间的整体规划角度出发,系统地考虑连通问题,不应简单地将连通视为局部工程。

在专项规划中主要是从总体层面提出地下空间连通的原则和建设方针,研究确定站域地下空间连通的适宜性,统筹安排近、远期地下空间开发建设项目,并制定各阶段地下空间开发利用的发展目标和保障措施。

在控制性详细规划中主要是对规划范围内地铁车站与周边地下空间是否连通,以及连通的功能要求、平面方案和竖向设计等要素提出控制性和指导性的规划要求,并与人防、交通、市政等专项规划相衔接,为站域地下空间的连通设计以及规划管理提供科学依据。强制性要素一般包括地下连通道和接口的位置、数量、标高、尺寸等;引导性要素应包括环境、景观、风貌保护、无障碍设计、安全疏散、标志系统及其他附属设施要求等(图 5.80)。

连通工程应根据地下空间的功能属性确定合理的连通需求,地铁车站应优先与人防工程、防灾工程进行连通,充分发挥其对城市公共安全的积极作用,不是简单地按与车站距离的远近来确定。

(2)建筑设计要求

①根据地铁车站与周边地下空间的相对空间关系、建设时序、地下管线、地下构筑物情

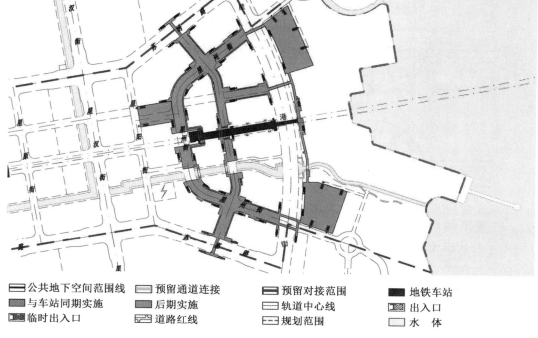

公共地下空间范围线	预留通道连接	预留对接范围	地铁车站
与车站同期实施	后期实施	轨道中心线	出入口
临时出入口	道路红线	规划范围	水 体

图 5.80　苏州地铁 1 号线东方之门站与周边地块连通规划图(控规层面)

况、周围城市环境、内部步行流线的组织等因素,确定适宜的连通方式及连通点的位置。

②合理预测连通后产生的客流量,连通设施的建设规模应与客流预测相匹配,保证人员通行的安全、集散迅速、便于管理,并满足良好的通风、照明、卫生、防灾等要求。

③连通通道宜短、直,通道的弯折不宜超过 3 处,弯折角度不宜小于 90°。

④连通应实现无障碍通行。

⑤地铁车站与周边地下空间相连通的层面,埋深宜浅,以利于疏散。

⑥连通工程应满足防火、人防设计中要求的隔离性和密闭性。

(3)安全管理要求

地铁车站与周边地下空间的连通应明确管理权责,必须保证地铁的独立使用权。站域地下空间开发与地铁车站的防灾疏散、出入口、通风设施、各种设备用房等应独立设置,完全分开,防灾信息应互通。

5.4.6　地铁车站实例

1. 上海某地铁车站

图 5.81 为上海某地铁车站结合交通枢纽位置和立交桥的条件,将路口地下人行过街道,地下空间开发区与地铁车站连通,形成一个地下三层的车站,实现了地上、地下空间的综合开发,使用十分方便。

2. 北京地铁西单车站

北京地铁西单车站全长 260 m,共设 5 个出入口,2 个通风道及 2 个临时通风竖井。车站采用岛式站台,主体结构为三拱两柱双层结构。上层为站厅层,下层为站台层。站台宽

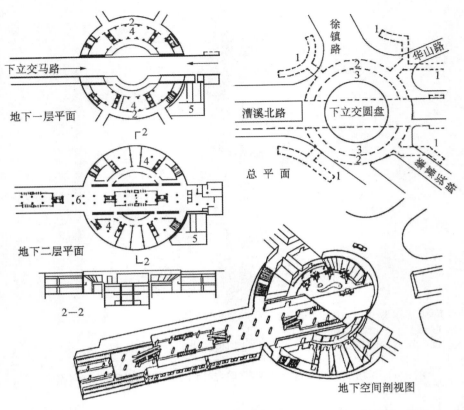

1—地面出入口;2—地下过街通道;3—开发空间;4—地下商场;5—辅助房间;6—站台

图 5.81　上海某地铁车站

26 m,边跨高 12.77 m,中跨高 13.45 m(图 5.82)。

3.新加坡某地铁车站

新加坡某地铁车站的结构断面为直墙拱形结构,剖面空间利用拱内空间形成中间站厅,在站厅的两直墙一侧设有管线廊道,整个车站规模较大,达到了使用功能要求(图5.83)。

4.加拿大蒙特利尔地铁车站

图 5.84 是蒙特利尔的格奥尔基－瓦涅地铁车站,规模不大,地面上只有一个出入口,由于站台部分为暗挖深埋,故将地下站厅与地面出入口结合,另做一小型浅埋结构。乘客从出入口建筑(标高为 21.3 m)下降至标高为 16.8 m 的地下中间站厅,通过检票口后再下降到标高为 7.5 m 的一个平台,经楼梯和跨线桥到达站台(标高 3.8 m)。在站台中部,上下两部分空间连通起来,形成一个高 13 m 大厅,中间有一根粗柱支撑,在结构上和装潢上都起到很好的作用,再加上平台和楼梯,使大厅空间很丰富,给人以"站小空间大"的感觉。在顶部设有天窗,天然光线可一直照到 20 m 深的站台上,减轻人们身处地下环境中的幽闭感。

5.国外地铁车站图例(图 5.85 ~ 图 5.90)

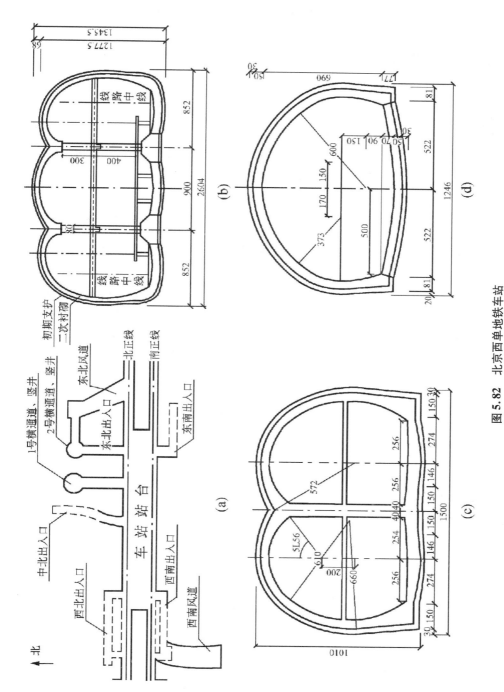

图 5.82　北京西单地铁车站

(a) 车站平面图；(b) 衬砌断面图；(c) 标准通风道断面图；(d) 出入口最大衬砌断面图

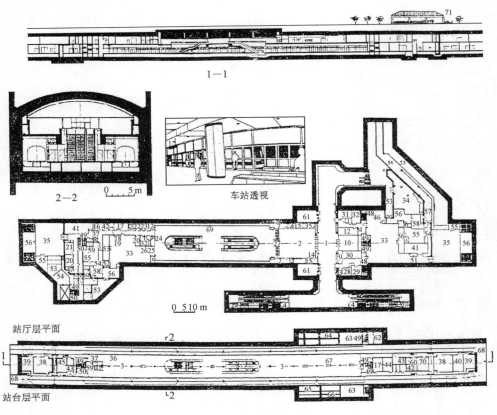

1—公共通道；2—售票厅；3—站台；4—出入口楼梯；5—售票机房；6—问讯处；7—服务室；8—检票机；
9—小卖部；10—银行；11—现金库；12—办公室；13—电话间；14—清洁工具间；15—垃圾间；16—票务室；
17—工作人员室；18—男更衣室；19—女更衣室；20—贮藏室；21—厨房；22—维修间；23—保卫室；24—医务室；
25—男厕所；26—女厕所；27—车站控制室；28—硅控开关柜；29—总仓库；30—隔离室；31—控制室；
32—配电室；33—电器设备室；34—发电机室；35—电视监视室；36—站台屏蔽门；37—电梯；38—变配电室；
39—开关柜室；40—休息室；41—电控室；42—压缩机房；43—空调机房；44—备品间；45—蓄电池室；
46—过滤器室；47—库房；48—服务楼梯；49—安全楼梯；50—消防楼梯；51—灭火器间；52—阀门室；
53—进风道；54—排风道；55—通风机房；56—进风室；57—排风室；58—冷却水塔；59—通风井；60—管道井；
61—机房；62—燃料库；63—水泵库；64—饮水间；65—冷却水；66—喷淋间；67—休息椅；68—区间隧道；
69—管道廊；70—预留空间；71—地面出入口

图 5.83　新加坡某地铁车站

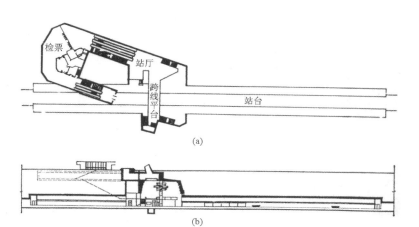

图5.84　蒙特利尔市格奥尔基—瓦涅地铁车站

（a）车站平面图；（b）车站剖面图

1—车站；2—地下站厅；3—出入口

图5.85　国外某地铁车站总平面布置示意图

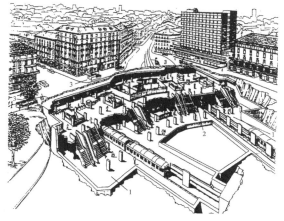

1—车站；2—地下站厅；3—出入口

图5.86　国外某地铁换乘车站示意图

1—车站;2—地下站厅;3—出入口

图5.87　国外某地铁车站平面布置示意图

图5.88　华盛顿地铁车站

图5.89　巴黎地铁21世纪新线的车站设计

图5.90　新加坡地铁

5.5　附属建筑设施设计

5.5.1　车辆基地设计

1.定义

车辆基地是地铁系统的车辆停修和后勤保障基地,通常包括车辆段、综合维修中心、物资总库、培训中心等部分,以及相关的生活设施(图5.91)。

2.选址原则

(1)用地性质应与城市总体规划协调一致;

(2)应有良好的接轨条件,便于运营和管理;

(3)用地面积应满足功能和布置的要求,并应具有远期发展空间;

(4)车辆基地应具有良好的自然排水条件,宜避开工程地质和水文地质的不良地段;

(5)车辆基地应便于城市电力、给排水及各种管线的引入和城市道路的连接。

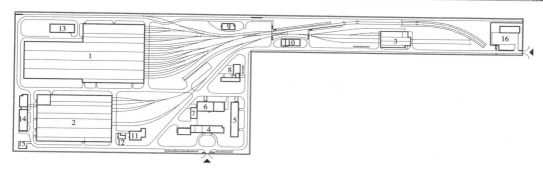

1—停车列检库;2—联合检修库;3—洗车库;4—段综合楼;5—综合维修工区综合楼;6—职工食堂;7—水泵房;
8—公寓;9—信号楼、备用中心、试车线用房;10—牵引、降压变电所;11—含油废水处理、生活废水处理;
12—空压机站;13—备用库;14—检修车间综合楼;15—工务料棚;16—公安楼

图 5.91 综合车辆基地总平面示例

3. 功能与组成

车辆基地主要负责车辆的运行及检修,主要功能如下:

(1)车辆停放及日常保养功能 地铁列车的停放和管理,司乘人员每日出、退勤前的技术交接,对运用车辆的日常维修保养及一般性临时故障的处理,车辆内部的清扫、洗刷及定期消毒等。

(2)车辆的检修功能 依据地铁列车的检修周期,定期完成对地铁列车的月修、定修、架修和厂修任务。

(3)列车救援功能 列车发生事故(如脱轨、颠覆)或接触轨中断供电时,能迅速出动救援设备起复车辆,或将列车迅速牵引至临近车站或地铁车辆基地,并排除线路故障,恢复行车秩序。

(4)设备维修功能 对地铁各系统,包括供电、环控、通信、信号、防灾报警、自动售检票、给水排水、自动扶梯等机电设备和房屋、轨道、隧道、桥梁、车站等建筑物进行维护、保养等。

4. 分类

根据承担功能、作业范围不同,车辆基地一般划分为车辆段和停车场,其中车辆段又划分为大、架修段和定修段。

(1)停车场主要承担列检和停车作业,必要时可承担双周/三月检及临修作业。

(2)大、架修段承担车辆的大修和架修及其以下修程作业。

(3)定修段承担车辆的定修及其以下修程作业。

5.5.2 附属用房设计

地铁车站的正常运营需要有良好的行车组织及通信保障,为了保证设备的正常运转及机车的正常运营,车站必须有相应的房间配置。

1. 运营

地铁运营状态应包含正常运营状态、非正常运营状态和紧急运营状态。系统的运营,必须在能够保证所有使用该系统的人员和乘客以及系统设施安全的情况下实施。

地铁的设计运输能力,应满足预测的远期单向高峰小时最大断面客流量的需要。地铁线路必须为全封闭形式,同时列车须在安全防护系统的监控下运行。我国规范有如下规定:线路最大通过能力每小时应不小于 30 对,列车编组车辆数一般为 6～8 辆。

2.通信

地铁通信系统宜由专用通信系统、民用通信引入系统、公安通信系统组成。

地铁通信设备用房,根据设备合理布置的原则确定机房及生产辅助用房的面积,面积应按远期容量确定,并应根据需要提供民用通信引入系统、公安通信系统设备设置的用房。

地铁通信设备机房不应与电力变电所相邻,设备机房的内装修应满足通信设备的要求,并应做到防尘、防潮及防止静电。

3.信号

地铁信号系统应由行车指挥和列车运行控制设备组成,并应设必要的故障监测和报警设备。信号系统采用的器材和设备应符合有关现行国家标准或参照有关行业标准的规定,涉及行车安全的设备及电路必须符合故障安全的原则。信号系统必须经安全检测、认证并批准后方可采用。

4.供电

地铁供电系统应包括外部电源、主变电所(或电源开闭所)、牵引供电系统、动力照明供电系统、电力监控系统。牵引供电系统应包括牵引变电所与牵引网;动力照明供电系统应包括降压变电所与动力照明配电系统。

供电系统中的各种变电所均应有两个电源,每个进线电源的容量应满足变电所全部一、二级负荷的要求。这两个电源可以来自不同变电所,也可来自同一变电所的不同母线。主变电所进线电源应至少有一个为专线电源。

5.通风

通风是隧道和车站不可缺少的部分,地铁通风一般以平时使用为主,设计时还要考虑应急状态下的防护通风,必要时还需采用空调系统。通风设施见表 5.25。

表 5.25　通风用房

名称	用途及位置
风道	隧道顶或侧部开口 一般的风量标准为 30 m³/h 每隔 80～150 m 设一个 长度不宜大于 10 m
风机房及消音	见区间设备段
隧道隔墙	防止隧道风过大 位于隧道两线路之间 车站 30 m 以外设置 有开洞要求

6.给排水

给排水主要有给水泵房、排水沟、污水泵房、厕所等,详见表 5.26。

表 5.26 给排水用房

名称	面积/m²	用途及位置
给水系统	—	每 3~4 km 设一深水井
给水泵房	15	地下 80 m 深处设潜水泵
排水系统	—	坡度 2‰~3‰
排水泵房	30	位于变坡低点处 以 2 km 设一个为宜 地面比轨顶标高高 25 cm 以上,净高为 3.6 m 局部设集水井容积大于 40 m³
污水泵房	12~15	邻近卫生间 地面应与化粪池底持平 设污水泵
消防泵房	50	带贮水池,方便消防人员使用
废水泵房	20	设在站台端部

7. 其他用房

由于各国地铁系统的组织管理体制不同,技术水平、设备设施方面存在着差异,车站内运营管理、技术设备用房的组成内容和面积定额也有所不同。现将我国有关行车、管理、技术用房的参考面积列于表 5.27。表 5.28 和表 5.29 为日本地铁车站站房面积。

表 5.27 车站行车、管理、技术用房参考面积表

房间名称	规模等级/m²			位置
	一级	二级	三级	
站长室	20	15	10	设在站厅层,接近车站控制室
车站控制室	35	30	25	设在站厅层客流最多一端
站务室	20	15	10	设在站厅层
会计室	15	10	10	设在站厅层
会议室	40	30	20	设在站长室附近或地面
行车主值班室	25	20	15	不设车站控制室时设置在站厅层
副值班室	12	10	8	设在站台层
保卫室	20	15	10	设在站厅层客流最多一端
工作人员休息室	2×15	2×12	2×10	设在地面或地下
男、女更衣室	2×15	2×12	2×10	设在地面或地下
清扫员室	10	8	8	设在站厅层接近盥洗室处
清扫工具间	2×8	2×8	2×6	站厅层、站台层各设一处
开水间	10	8	8	设在站厅层接近上、下水处
库房	20	20	15	设在站厅层或站台层
盥洗室	10	8	6	接近厕所及开水间

表 5.27（续）

房间名称	规模等级/m²			位置
	一级	二级	三级	
男、女厕所	15	12	10	内部职工使用、设在站台层
售票处	2×7	2×6	2×5	设在站厅层
问讯处	2×3	2×3	2×3	接近售票处
补票处	6	4	4	设在站厅层付费区内
乘务员休息室	20	15	10	仅设在有折返线车站停车线附近
票务室	20	15	10	3~4站设一处,设在地下或地面
工区	20	15	10	按需要设置,在站厅层或站台层
备品库	20	15	15	设在站厅层或站台层
公用电话	4	3	3	设在站厅层
办事员室	15	15	10	设在站厅层,接近站长室
值班员休息室	10	10	10	接近车站控制室
男、女暂宿室	45	30	30	设在地下或地面
小卖部	8	6	4	设在站厅层
牵引变电所	320~460			设在站台层,不一定每站皆设
降压变电所	130~210			每站必设
环控及通风机室	1 300~2 000			设在站厅层两端或站台层
通信机械室	35			接近车站控制室
广播室	10			接近车站控制室
信号机械室	35			靠近行车主值班室,位于有道岔一侧
防灾控制室	20			靠近车站控制室或其合并

表 5.28　东京地铁 6 号线日比谷车站站房面积表

房间名称	面积/m²	房间名称	面积/m²
站务室	138	电器室 A、B	148
售票室 A、B、C	221	排风机室	22
补票室 A	29	仓库 A、B、C、D、E、F、G、	261
补票室 B	3.5	厕所	58
工作人员室 A、B、C、D	219	消防水泵房	40
休息室	66	广播室	27
会议室	97	乘务员休息室	28
保安人员值班室	20	信号员休息室	22
乘务员室 A、B、C	126	信号所	56
信号员、运转助理室	22	空压机房	50
检车人员休息室	22	污水泵房	22
通风机房 A、B	870	水泵房	14

表5.29 大阪地铁车站站房面积表

房间名称	面积/m²	说明	房间名称	面积/m²	说明
站长室	83	包括办公、更衣、值班、开水间	清扫员值班室	18	车站清扫人员使用
工作人员室	108		垃圾间	13	兼清扫工具间
暂宿、更衣室	93	分暂宿和更衣	行车调度所	13	一条线设一处
售票室	58	分人工和自动售票	ATC、CTC机械室		包括更衣、暂宿、空调机房
定期票售票处	34	不是每站皆设	信号继电器室	86	仅在终点站、交叉站设置
仓库	61	分几处设置			
厕所	62	分公共厕所和内部厕所	继电器室	45	
			断路器室	41	
警察值班室	16	按需要设置或兼作会议室	空压机室	80	仅设在有转辙器车站
送风机室	222	含电器室送风	通信机械室	47	
消防水泵房	35	设一处	蓄电池室	22	
排水泵房	75	设在站台两端	配电盘室	80	各层一处、站台层两处
污水泵房	63	设在厕所下层			
电器室	270	包括变压器和手电组架	水表室	15	每层设一处

8. 管理、设备用房平面布局

运行管理用房、设备用房实例如图5.92~图5.96所示。由图5.92可以看出站台高度尺寸，并可以看出站台与机车厢边尺寸不大于120 mm；图5.93是在运营管理中行车主值班室，常邻近继电器室及通信引入线室；图5.94是变电站布置，图5.95是通风布置，图5.96为给排水泵房。

电气设计主要有动力电（380 V）、照明配电（220 V），图5.94（a）、图5.94（b）中牵引变电站占用房间为上下两层，图5.94（c）为单层布置降压变电同蓄电池室、整流器室、值班室、主控制室设在一起；图5.95（a）中通风利用顶部风道，每隔

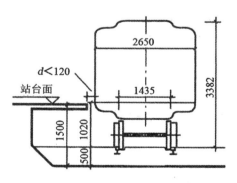

图5.92 站台高度及站台车箱间的缝隙
（单位:mm）

一定距离设水平的风机房，并由风井进排风；图5.95（b）中的隔墙是为了划分隧道风而设置；图5.95（c）是隧道中顶部和侧部的两种通风方式；图5.95（d）为平行式布置；图5.96（a）为深井泵房，主要供地铁用水；图5.96（b）为污水井的设计，污水由水泵排至市政管网；图5.96（c）为厕所下部化粪池与污水泵房间的相互关系。

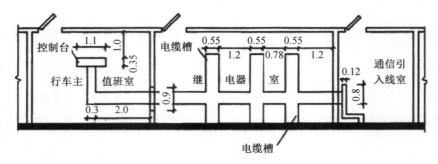

图 5.93　主值班室、继电器室、通信引入线室布置图（单位：mm）

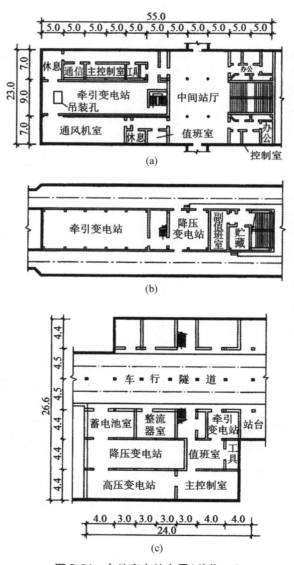

图 5.94　车站变电站布置（单位：m）

（a）双层布置的二层平面；（b）双层布置的底层平面；（c）单层布置平面

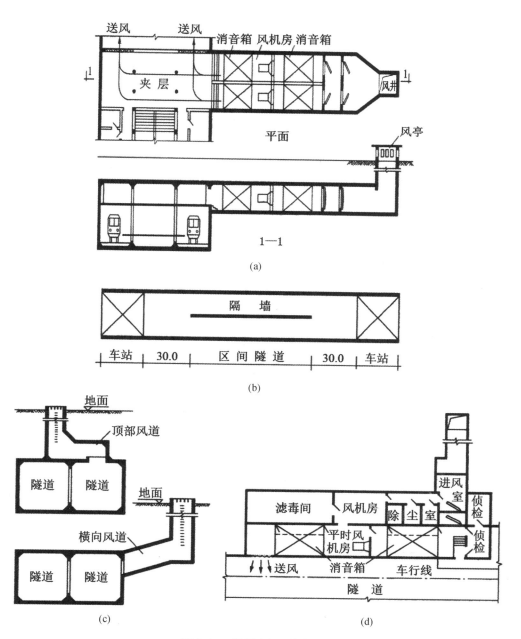

图5.95 通风布置(单位:m)

(a)车站风机房及风亭;(b)车与区间隧道间的隔墙布置;

(c)自然通风的风道及风口示意图;(d)通风系统的平行式布置

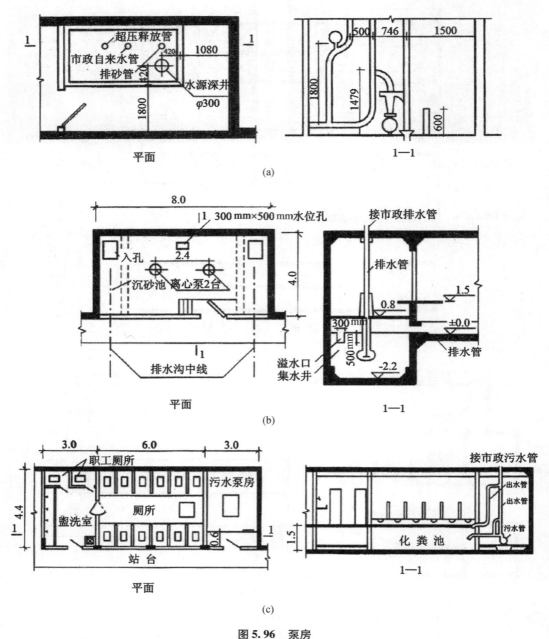

图 5.96　泵房

（a）深井泵房布置举例，单位：mm；（b）排水泵房，单位：m；（c）污水泵房，单位：m

5.6　地铁防灾

地铁防灾主要指预防火灾、水灾、风灾、冰雪、地震、雷击和停车事故及其他自然灾害等。为了有效地防止或减轻灾害对地铁所造成的损失,在地铁设计中必须采取多种防灾措施,它包含在建筑布局、材料、设备各专业的设计中。

5.6.1　建筑防火

地下建筑火灾具有空间封闭、着火后烟气大、温度高;疏散困难;扑救困难;人员伤亡及财产损失大等特点。

由于地铁封闭与人流密集的特点,一旦发生火灾,其后果不堪设想,因此地铁出入口、通风亭的耐火等级定为一级。一级防火等级要求主要设备及办公用房应采用耐火极限不低于 3 h 的隔墙、2 h 的楼板。车站的站台、站厅、出入口楼梯、疏散通道、封闭楼梯间等乘客集散部位,各设备、管理用房,其墙、地、顶面的装修材料,广告灯箱、座椅、电话亭和售、检票厅等所用材料,应采用不燃材料,同时装修材料不得采用石棉、玻璃纤维制品及塑料类制品。

1. 防火与防烟分区

防火分区是与人员疏散有关的规定,是防火设计中的重要概念,地铁车站防火分区使用面积除站台厅和站厅外定为 1 500 m²。两个防火分区之间采用耐火极限 4h 的防火墙和甲级防火门分隔。在防火墙设有观察窗时,采用 C 级甲级防火玻璃。有水的房间如淋浴、盥洗、水泵等房间可不计入防火分区之内,上下层有开口部位应视为同一个防火分区。防烟分区建筑面积不应大于 750 m²,且不可跨越防火分区,防烟分区的顶棚用突出不小于0.5 m 的梁、挡烟垂壁、隔墙来划分。

2. 防火门、窗及卷帘

防火门、窗应划分为甲(1.20 h)、乙(0.90 h)、丙(0.60 h)三级,防火分区之间的防火墙当需开设门窗时,应设置能手动关闭的甲级防火门、窗,如防火墙用卷帘代替,则必须达到相当的耐火极限(3 h),且防火卷帘加水喷淋或复合防火卷帘才能达到防火要求。

3. 安全出口及疏散

防火要求规定每个防火分区安全出口的数量不应少于两个,两个防火分区相连的防火门可作为第二个安全出口,竖井爬梯出口不得作为安全出口。安全出口楼梯和疏散通道的宽度,应保证远期高峰小时客流量在发生火灾的情况下,6 min 内将乘客及候车人员和工作人员疏散完毕。安全出口、门、楼梯、疏散通道最小净宽应符合表 5.30 中的规定。

表 5.30　安全出口、楼梯、疏散通道最小净宽　　　　　　　　单位:m

名称	安全出口、门、楼梯宽度	疏散通道	
		单面布置房间	双面布置房间
地铁车站设备、管理区	1.00	1.20	1.50
地下商场等公共场所	1.50	1.50	1.80

　　附设在地铁内的地下商场等公共场所的安全出口、门、楼梯和疏散通道,其宽度应按其通过人数每100人不小于1 m净宽计算,商场等公共场所的房间门至最近安全出口的距离不得超过35 m。袋形走道尽端的房间,其最大距离不应大于17.5 m。

　　4.地铁火灾的救援系统

　　地铁火灾救援系统首先要确定一个应急救援预案,用应急救援预案指导应急准备、训练和演习,指导救援小组采取迅速高效的应急救援行动,并保证与城市的应急救援系统协调作战。要完善救援队伍组织,从结构上可分为司机、车站工作人员和专门救援人员3个层次。因前两个组织层次最先发现火灾,所以应加大他们处理突发事件的能力,以保证将火情控制在初期阶段。另外,120医疗救援小组也不可缺少,他们担负着主要的医疗救护工作,可大大减少人员死亡,提高救援质量。

　　5.设备及其他要求

　　地铁隧道区间及车站等处的消火栓及用水量设置应符合表5.31中的规定。

表5.31　消火栓最大间距、最小用水量及水枪最小充实水柱

地点	最大间距/m	最小用水量/(L·s⁻¹)	水枪最小充实水柱/m
车站	50	20	10
折返线	50	10	10
区间(单洞)	100	10	10

　　与地铁车站同时修建的地下商场、可燃物品仓库和Ⅰ、Ⅱ、Ⅲ类地下汽车车库应设自动喷水灭火装置,地下变电所的重要设备间、车站通信站、信号机房、车站、控制室、控制中心的重要设备间和发电机房宜设气体灭火装置。地铁车站及隧道必须设置事故机械通风系统,疏散指示与救援防护系统,防灾报警与监控系统等。地铁火灾监控与报警系统按两级监控方式设置。第一级为中央控制室级,对全线报警系统实行集中监控管理,随时掌握全线动态情况;第二级为车站调度室级,分别设置于地铁各车站,是独立的报警子系统,在其所管辖的范围内对火灾状况进行监控、报警,并能够实施有关的消防联动控制操作。车辆运营及控制中心、站厅、站台厅、折返线和停车线、车辆段等都应设自动报警装置。两个控制中心监控全线防灾设备的运行,如火灾、水灾、地震时发布指令和命令、控制设备运行状况等。

5.6.2　防水淹技术要求

　　为防止暴雨出现后倒灌车站,出入口处及通风亭门洞下沿应比室外地坪高150~450 mm,必要时设置防水淹门。位于水域下的隧道的排水应设排水泵房,每座泵房所担负的隧道长度单线不宜超过3 km,双线长度不宜超过1.5 km,主要排除渗漏、事故、凝结、生产、冲洗和消防水。

5.6.3　地铁防水

　　地铁防水是以防为主,防排结合,综合治理的原则进行隧道防水设计。我国《地下工程防水技术规范》中规定的地下工程防水等级标准见表5.32。

表5.32 地下工程等级标准

防水等级	渗漏标准
一级	不允许渗漏水,围护结构无湿渍
二级	不允许渗漏水,围护结构允许有少量湿渍
三级	有少量漏水点,不得有线流和泥沙,实际渗漏量小于 $0.5 \, L/(m^2 \cdot d)$
四级	有漏水点,不得有线流和泥沙,实际渗漏量小于 $2 \, L/(m^2 \cdot d)$

我国对地铁车站及机电设备集中地段的防水等级定为一级,区间及一般附属结构工程的防水等级定为三级。上海地铁新村站实验段渗漏量为 $0.02 \, L/(m^2 \cdot d)$;北京地铁一期工程苹果园至北京站全长 47.17 km,渗漏量估计小于 $0.02 \, L/(m^2 \cdot d)$。要达到这样的标准,要求防水混凝土的抗渗标号不得小于 0.8 MPa。采用沥青类卷材不宜少于两层,橡胶、塑料类卷材宜为一层,厚度不小于 1.5 mm。必要时根据需要增设防水措施或刚柔结合的办法防渗。变形缝及施工缝可加设止水板或设置遇水膨胀的橡胶止水条。

第6章　地下综合体设计

6.1　地下综合体概述

6.1.1　地下综合体的概念

伴随着城市集约化程度的不断提高,地下空间由单一或组团的建设逐渐向城市多功能的综合方向转变与发展,这一发展的初级形态就是近半个世纪前后出现的地下综合体。地下综合体(underground complex)是将交通、商业及其他公共服务设施等多种地下空间功能设施有机结合所形成的具有大型综合功能的地下建筑,是城市现代化和集约化发展需求下的大型公共设施建设的重要建筑形式。

地下综合体聚集与整合多种城市功能,它是地下城市的雏形,如果进一步发展由多个地下综合体组合即可形成未来的地下城。当今的地下综合体主要以便捷的地下公共交通为依托,与其他多种城市功能组合在一起,通常联系着地面公共建筑、空中廊道、地面街道、城市广场以及地下商业街、地下停车库、地下综合交通枢纽等其他地下空间设施(图6.1)。

图6.1　地下综合体示意图

6.1.2　地下综合体的发展

20世纪50年代前后发达国家历经了两次世界大战的创伤,在战后旧城改造及新城建设的进程中,由地铁及其他地下空间设施的带动便催生了城市地下综合体。美国、加拿大、英国、法国、德国、日本等国较早地开发建设了地下综合体。

1.日本的地下综合体

日本将地下综合体称为"地下街",因为在发展初期,其主要是在地铁车站中的人行通道两侧开设商店,经过逐步变迁,从内容到形式都有了较大的发展和变化,实际上已成为地下综合体。日本地下街主要由公共通道、商店、停车库和机房等辅助设施组成,并经集散大厅或地下公共人行通道与地铁车站相连,形成地下综合体(图6.2)。日本地下综合体具有功能明确、布置简单、使用方便、重视安全等特点。不追求过大的建筑规模,目前单个综合体面积最大的不超过8万平方米,一些新建的综合体面积多在3万~4万平方米。

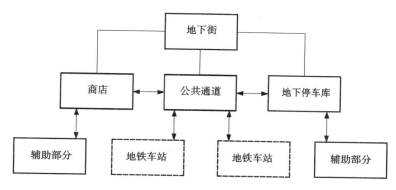

图6.2 日本地下街组成

东京八重洲于1963~1969年规划建设了"T"字形地下综合体,连通东京站,每天经过这里的人流高达45万人次,主体多为地下3层,总建筑面积达7.4万平方米,包含车站建筑、商业、地下人行通道、地下停车库、地下高速路、综合管廊、高压变配电室等(图6.3)。

2. 欧洲的地下综合体

欧洲在战后大力发展了高速道路系统和快速轨道交通系统,许多城市结合交通换乘枢纽建设了多种类型的地下综合体,其主要特点是保护城市历史原貌及环境、各类设施系统及功能内容齐全、建设规模较大,并且形成了比地面城市更加环保的地下空间系统。

列·阿莱地区(Les Halles)位于巴黎旧城的最核心部位,为了保护具有历史意义的巴黎古城,结合巴黎古城外的废弃区域建设了集交通、商业、文娱、体育等多种功能于一体的地下综合体,是目前世界上最复杂的地下综合体之一。该地下综合体为地下4层,建设规模大于20万平方米,其内部包含规模庞大的公共人行系统、地铁、高速公路、各类地下停车库及交错的隧道,有5条地铁线路及15条公交线路经过。列·阿莱地下综合体的建成,使通过市中心区的多种交通都转入地下,并在其内部实现换乘(表6.1)。

表6.1 巴黎市列·阿莱地下综合体组成情况

内容	面积/m²	所在层位(地下)	备注
汽车、火车、地铁的线路与车站	52 000	二、三、四	高速地铁2号线在地下二层,市郊高速铁路在地下四层
高速公路和人行通道	31 000	二、三	其中人行通道约16 000 m²
地下停车库	80 000	一、二、三、四	每区一个,总容量3 000台
商场、餐饮	43 000	二、三、四	多在地下二、三层
文娱、体育设施	12 000	一	
下沉广场	6 000	三	下沉广场贯通3层

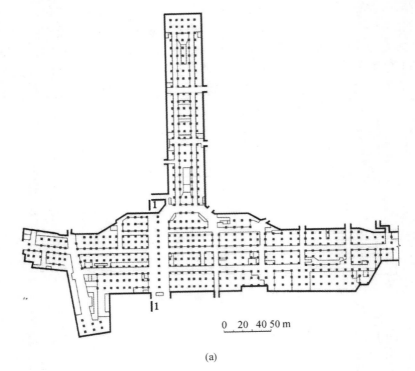

(a)

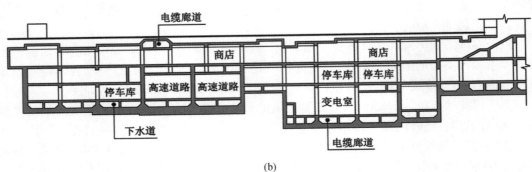

(b)

图 6.3　日本八重洲地下综合体

(a)地下一层平面图；(b)1—1 剖面图

3. 北美的地下综合体

美国和加拿大的地下综合体,多由高层建筑群的地下室扩展而成,其功能和组合方式多与相关地面建筑的功能和内容相协调。

位于纽约曼哈顿中路的洛克菲勒中心是一个由 19 栋商业大楼组成的建筑群,通过地下公共人行系统及地下商业街将这些建筑相互连接形成一个地下综合体。洛克菲勒中心地下综合体内容丰富,有商业、办公、旅馆、影剧院、滑冰场、舞厅、休息厅、地下公共人行通道及停车库等功能空间(图 6.4)。

4. 我国的地下综合体

20 世纪 80 年代中期开始我国经济迅速发展,城市规模不断扩展,原有建设的人防工程都进行了相应的"平战结合"论证并加以改造利用,与城市中心区立体化再开发相结合的地

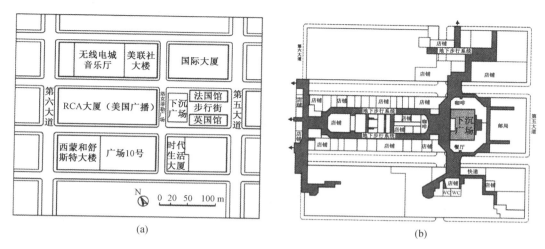

(a)　　　　　　　　　　　　　　　　(b)

图6.4　纽约洛克菲勒中心地下综合体

(a)总平面图;(b)地下一层平面图

下空间项目不断增加,规模不断扩大,各种类型的地下综合体相继出现并不断发展。1990年建成的沈阳北站综合体,地下建筑面积超过4万平方米,结合了火车站地下室、人行通道、地下商业街、停车库以及人防等功能。

上海先后在人民广场、静安寺、徐家汇、五角场、真如等地区开发建设了大型地下综合体。静安寺地区于20世纪90年代中期开始制定了全面的立体化再开发规划(图6.5),周边规划建设有地铁2号线、7号线和14号线。地下综合体的建设把地面空间难以容纳的城市功能引入地下,使城市功能更完备,城市空间更丰富。

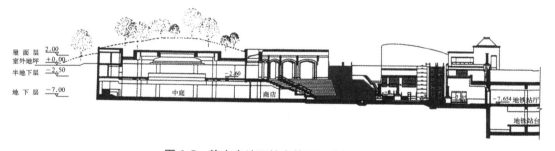

图6.5　静安寺地下综合体下沉广场剖面图

6.1.3　地下综合体的功能与特点

1.地下综合体的功能

地下综合体的主要功能有地铁车站、地下道路、停车等公共交通集散功能,商业、文体、会展等公共服务功能和人防功能,以及与之相配套的服务、设备、管理等附属功能,此外地下综合体还可与高速公路、市政、仓储等相结合,根据设置地段及功能类型的不同,地下综合体各功能的主次关系也不尽相同。

(1)交通集散功能

交通集散功能是地下综合体重要的功能之一,其主要作用是引导与分配人流的活动分布,从而更好地发挥其综合效益,因此交通集散功能是实现地下综合体其他功能的重要保障。地下综合体中具有交通集散功能的设施主要包括:人行通道、集散广场、连接通道、垂直交通设施等。

（2）步行商业功能

步行商业功能是地下综合体最初始的功能,也是城市中心型地下综合体中普遍存在的基本功能,它包括公共人行通道、商业购物、餐饮、休闲娱乐等众多商业服务功能。这种商业功能空间具有便捷易达、人流量大的特点,常与其他地下商业设施、地铁车站及地下停车库等连通。

（3）文体会展功能

文体会展功能是地下综合体根据土地使用性质、区域环境及上位规划要求而设置的,包括体育场馆、音乐厅、美术馆、博物馆、会展中心等。包含文体会展功能的地下综合体较早出现在北美、北欧等一些发达国家,由于这些国家冬季天气寒冷且地质条件较为优越,适合将此类大型公共设施与地下综合体结合建设。除此之外,许多地下综合体内也建有游泳馆、娱乐场、电影院、展览馆等功能设施。

（4）停车功能

交通拥堵、停车难等问题是现代城市存在的突出矛盾,所以地下综合体把解决区域内的停车问题作为建设的必要条件之一。我国大多城市要求在城市中心区开发地下空间都必须配套建设地下停车库,如四川省南充市、福建省福州市等地已将地下道路、地下停车库与商业等其他设施结合起来进行建设,有的甚至能容纳上千辆汽车,极大地缓解了城市中心地区交通与停车难问题,不仅提高了土地利用率,也改善了城市地面绿化环境。

（5）人防功能

由于地下建筑具有良好的防灾性能,特别是在战争中具有突出的防护能力,地下综合体根据需要按照平战结合的原则进行规划设计,在战时可为大量人员提供避难掩蔽和战备物资储存空间,可起到重要的人防作用。

2.地下综合体的特点

（1）分阶段与统一建设

地下综合体根据城市的阶段性发展会出现统一规划与分阶段建设,如果将各功能区域统一规划、同步进行配套建设,可避免地下建筑各自孤立或零星开发造成的地下空间资源浪费及开发效益低下等弊端,从而能够充分发挥地下综合体功能集聚的优越性。

（2）综合城市功能

功能的综合性是地下综合体的基本特征之一,将不同的使用功能根据需要综合布置在地下建筑空间中,为人们提供一站式全方位的服务,方便人们的出行和使用需求,形成多种城市功能兼容配套的综合性建筑,具备地下城市的功能雏形。

（3）土地与资源的高效利用

地下综合体的高效性体现在土地利用高效和内部空间利用高效两方面。规模化开发的地下综合体将众多城市功能设置于地下,极大地增加了城市空间的容量,缓解地面用地不足,有效提高城市中心区域的土地使用效率。地下综合体内部空间通过合理组织多种功能布局,达到运作高效,从而提高整体使用价值。

（4）交通分流

地下综合体对城市交通的分流作用主要体现在步行交通分流和公共交通分流两方面。

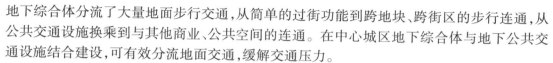

地下综合体分流了大量地面步行交通,从简单的过街功能到跨地块、跨街区的步行连通,从公共交通设施换乘到与其他商业、公共空间的连通。在中心城区地下综合体与地下公共交通设施结合建设,可有效分流地面交通,缓解交通压力。

（5）优化环境

地下综合体的开发可以更多地把地面提供给绿化和行人,形成绿色的开放空间,从而改善地面环境,有利于城市的节能减排,减少地面环境的压力。

6.1.4　地下综合体的分类与类型

地下综合体的功能众多、形态结构多样,分类方法难以全面概括,本书中地下综合体主要考虑以功能定位及位置形态来进行分类。

1. 按功能定位分类

（1）交通枢纽型地下综合体

交通枢纽型地下综合体常建设在城市繁华区交通枢纽地段,整合多种交通模式如民航、铁路、客运站等对外交通,以及地铁、轻轨、公交等城市公共交通,其主要特征是以衔接城市交通、换乘服务为主导功能展开,利用城市日常交通的客流量作为基础数据支撑,考虑新增客流量及车流量等因素带来的新变化,拓展相应的城市配套服务。

交通枢纽型地下综合体常结合旧城改造与新区开发进行建设,通常把地下交通设施与地面交通枢纽进行结合,全方位、立体化、优化布局各建筑功能关系。"以人为本"是人流组织与规划的基本原则,力求改变交通枢纽区域侧重车行服务而忽视人行流畅的现象。因此,"零换乘"和"无缝衔接"是人流组织的重要目标,通过合理的人流组织与优化,把城市地上、地下交通枢纽整合打造成安全高效、集散流畅、立体化的交通中心,达到城市公共效益最大化。深圳火车站、日本的东京站、上海南站及虹桥枢纽、北京南站等均为交通枢纽型大型综合体。

上海虹桥枢纽是我国非常成功的综合体建设项目之一,枢纽核心体总建筑面积约100万平方米,其中地下空间面积超过50万平方米,集高速铁路、城际铁路、高速公路客运、城市轨道交通、磁悬浮、公共交通、民用航空于一体,并结合商业、餐饮、娱乐、停车及综合管廊等多种功能的超大型交通枢纽型地下综合体。由西向东依次为西交通中心、高铁车站、磁悬浮车站、东交通中心以及航站楼,规划有5条轨道交通线路进入。地下空间共设3层,地下一层为商业、餐饮、娱乐以及换乘通道等公共活动空间,地下二层及以下除地铁站台区域外,以停车及设备空间为主(图6.6)。

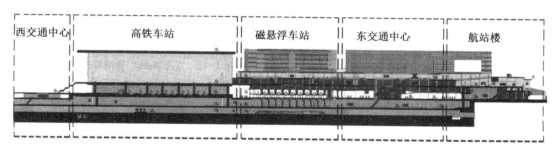

| 西交通中心 | 高铁车站 | 磁悬浮车站 | 东交通中心 | 航站楼 |

图6.6　上海虹桥枢纽剖面图

（2）城市中心型地下综合体

城市中心区具有多种类型，如繁华的商业区、CBD、行政、文化、体育、旅游等不同功能的核心区，一般都具有人流集中、高楼林立、交通繁忙、地价高昂等现象。这类依托于城市中心、副中心地区更新或改造并与地铁车站相结合而形成的地下综合体，归纳为城市中心型地下综合体，主要形成以商业、文体等为主导功能，以公共交通、市政等为配套功能的大型综合性地下公共服务设施。如法国巴黎中心区列·阿莱地下综合体、上海人民广场地下综合体、徐家汇地下综合体、北京西单地下综合体等。

上海人民广场是由过去的人民公园经过城市建设与改造而形成的，所在区域已成为城市繁华的商业中心，广场的东北与西北侧有地铁 1 号、2 号线及 8 号线在此通过并设有地铁换乘枢纽站。广场的东南部建有地下综合体，总面积达到 50 000 m²，地下一层主要为地下商业街，地下二层为公共停车库，通过地下人行通道及上海 1930 风情街与地铁 1 号线、2 号线、8 号线换乘枢纽站相连通。该项目的建设充分利用人民广场的场地条件，保证了大面积城市绿化空间，充分开发地下空间分流地面人行交通，缓解了地面原本人车混杂、拥挤的局面，发挥了土地利用的经济价值，同时也解决了应急状态下的防灾问题（图 6.7）。

图 6.7　上海人民广场地下综合体

2. 按位置形态分类

（1）广场型地下综合体

利用城市广场、绿地、文体会展、城市综合体等开发建设的点状或面状的地下综合体，有拆迁问题少、对交通影响小、易于地下空间开发等优势。可最大限度地保留地面开敞空间与景观环境，为人们提供休闲活动的绿化广场（图6.8）。

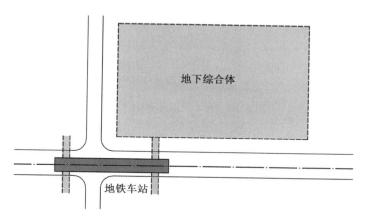

图6.8 广场型地下综合体示意图

济南泉城广场位于城市中心区商业繁华地带，趵突泉公园东侧，人流量巨大，环境景观优美。广场地下建有 47 000 m² 的地下综合体，通过地上与地下空间巧妙融合，提高了城市的形象，泉城广场地上、地下空间整合建设的成功使其于 2002 年 8 月被联合国教科文组织授予"联合国国际艺术广场"称号。

（2）街道型地下综合体

街道型地下综合体是指沿街道和道路走向，开发建设的线形地下综合体，以日本地下街最为常见。其受城市道路、市政、两侧建筑及地下设施等影响较大，在减少地面人流、实现人车分流、缓解交通拥堵等方面可起到较大作用，并可有效地缩短地下交通设施与建筑物间的步行距离（图6.9）。

图6.9 街道型地下综合体示意图

日本大阪的彩虹地下街位于城市主干路下方，长 800 m，道路上方是城市高架快速路。地下一、二层为商业街，地下三层布置城市地下快速轨道交通（图6.10）。

（3）高层建筑群连接型地下综合体

该类型是利用城市中心区高层建筑群的地下空间建设的地下综合体。伴随着城市的

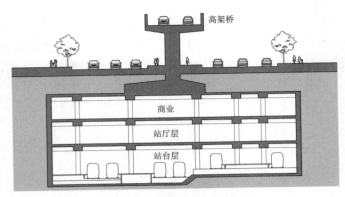

图 6.10　日本大阪彩虹地下街

快速发展,城市轨道交通的建设进一步扩展和加速了城市发展的进程。大量带有成片或多层地下空间的高层建筑密集地建设,这些地下空间相互连通,通过下沉广场、地下人行通道、地下停车库、地铁车站等交通设施连接各个建筑内部空间。注重城市公共空间和建筑空间的相互渗透,引导城市交通功能深入建筑内部。这种把高层建筑地下室与周围地下空间进行整体成片连接而成的地下综合体对提升城市中心运转效率,增加商业价值,加强防灾减灾,创造宜人的城市环境具有积极的作用。如美国洛克菲勒中心地下综合体、上海陆家嘴区域地下综合体等。

上海陆家嘴区域是上海主要的金融中心区之一,区域内高层建筑林立,但各个高层建筑地下空间之间相互独立。通过地下公共人行通道,将上海中心、环球金融中心、金茂大厦、国金中心等建筑的地下空间与 14 号线地铁车站、2 号线陆家嘴地铁车站以及综合管廊进行系统地连通整合与改造,使其便捷互连,大大改善了该区域内的人流交通组织,提高了城市中心的运转效率(图 6.11)。

(4)网络型地下综合体

当城市中的若干个地下综合体通过地铁或地下公共人行系统连接在一起时,就形成网络型的地下综合体群(图 6.12),其特点是规模庞大、辐射范围广,不仅局限于城市的某个节点或某个街区,而是全面结合城市的交通和市政基础设施建设进行的开发改造,如加拿大蒙特利尔、多伦多、美国达拉斯等城市,也称为地下城。

地下综合体多与地铁车站、地下道路、地下停车库等公共交通设施相结合,公共交通的融入可为其带来人流、增添活力,更好地突出地下综合体集约和高效的优势,促进地下综合体与城市的融合。

6.2　地下综合体的建筑设计

6.2.1　总体设计

1. 地下综合体应根据城市现状需求与城市发展规划进行建设,应符合城市总体规划、地下空间专项规划等上位规划,应结合轨道交通、城市交通、环境保护与城市景观等要求,

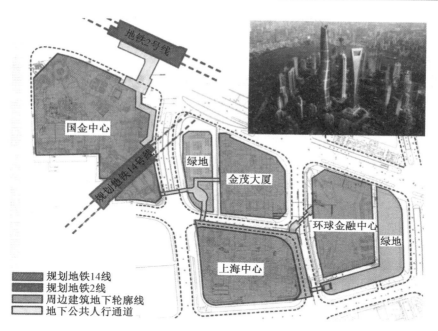

图 6.11　上海陆家嘴区域地下综合体平面图

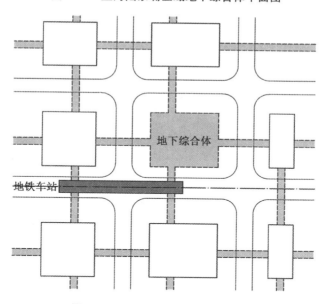

图 6.12　网络型地下综合体示意图

并科学论证建设的必要性与可行性。地下综合体通常具有以下三种建设情况,其一是原有城市中心区,其二是新城或新开发区,其三是其他特殊区域如科研实验、交通枢纽及防护中心等。根据以上三种不同情况,地下综合体的总体设计也有很大的区别,其中,在老城区建设约束条件较大;在新城区建设的约束条件相较于老城区低,利于不同功能设施的协同整合;特殊区域可能会有高科技、建设实施及涉密等约束条件。

　　2. 地下综合体应根据规划条件与建设地段现状,对总体布局、内外交通流线、轨道交通整合、下沉广场或出入口设置、竖向布置、景观绿化及市政工程管线等进行总体设计。设计上应与地面空间紧密衔接,考虑地下、地上空间的功能联系及空间整合布局,把地上空间视为地下功能的重要组成部分。

3. 地下综合体通常为多层空间,应合理布局各类使用功能如商业、停车、地铁车站、综合管廊等,使各功能关系清晰明确、经济适用,如人流活动密集的功能空间应设置在地下首层。地下综合体的主体功能应与公共交通设施妥善衔接,为方便客流的集散,应组织好地上与地下以及地下内部的交通流线,使其更好地融入城市空间。

4. 集约利用建筑用地,留有发展余地。统筹结构、施工等各个因素,地下综合体的空间布局和形态、外轮廓线应尽量简洁规整。综合体内部空间应有清晰的标志与防灾系统,空间环境舒适美观并尽可能引入自然要素。

6.2.2 功能空间

地下综合体的功能空间具有城市功能的特征,可拓展并优化城市功能空间,其未来进一步发展即为地下城市。

地下综合体的功能空间具有综合性和集聚性。综合性表现有交通、商业娱乐、文体会展、停车、人防等多种功能。集聚性表现在这些多种功能被布局在一个地下建筑中,如地铁车站与地下商业街布局在一起等。不同区域和类型的地下综合体其功能组成不尽相同,所以主体功能的建筑空间应根据使用性质、功能、工艺要求等进行合理布局,有序地组织公共活动、公共交通、公共服务等功能空间,做到功能分区明确、流线便捷、疏散安全。

1. 功能空间要素

地下综合体是以公共交通空间为依托,以公共活动空间为基础,以各项服务空间为辅助,构成的一个高效运转的完整体系,并根据地下综合体的定位,合理确定各功能空间要素的组成比例。

(1)公共交通空间

交通枢纽型地下综合体主要包含铁路、地铁、长途客运、市域公交、出租车及社会停车等公共交通空间。城市中心型地下综合体主要包括地铁、停车库、地下道路等公共交通空间。各个公共交通要素通过便捷的换乘空间及地下人行通道进行连通,与地下综合体内的其他要素做到既相互联系又相互独立。

(2)公共活动空间

商业购物、休闲娱乐、文化展示、餐饮食品、体育健身等不同的活动空间是地下综合体的重要组成部分,也是其充满活力的重要体现,也是最能体现多元化、多样化与活力的功能空间载体。

(3)服务及其他空间

设备服务空间可保障主体功能的正常运行,主要包括通风、给排水、电气、网络与通信以及防护设备等空间。另外,部分地下综合体还可能包含市政设施、仓储、防灾设施等空间。

2. 功能空间组合

地下综合体建设范围可以在某一个地块、路段或公园广场内开发,也可以跨越多条道路或街区进行建设,从而将被城市道路分割的外部空间重新被地下室内空间连通起来,使空间资源更加高密度、多元化整合。

地下综合体的空间组合通过对公共交通空间、公共活动空间、服务空间这三个基本构成要素的合理组织,保证各个功能空间的有序衔接,满足使用需求。其中公共交通是地下综合体人流的主要源点,也是其空间构成分布的重要影响因素,因此考虑以公共交通所在位置为空间组合的基准面,其他功能空间构成要素按照与其之间关联性的强弱进行平面及竖向的分布排列(表6.2)。

表 6.2 功能组合常见组合方式

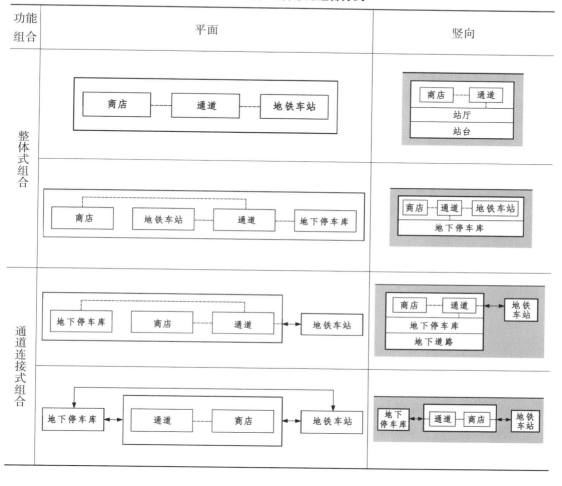

（1）功能空间平面组合

地下综合体功能空间平面组合可分为整体式和通道连接式两种方式。

a. 整体式组合

当公共交通空间与公共活动空间、服务空间等在地块内同步规划、设计、实施时,可采用整体式组合来进行空间的平面组织(图6.13)。公共交通空间位于公共活动空间之中或与之紧邻,使两大功能空间在平面上直接相连,方便人员的流动和活动。

b. 通道连接式组合

指利用地下人行通道将各相对独立的功能空间连接起来形成一个整体,即为通道连接式组合。与整体式相比,通道连接式的公共交通空间与公共活动空间位置相对灵活,受限较少。如上海人民广场地下综合体、陆家嘴区域地下综合体等均为以地下人行通道来连接

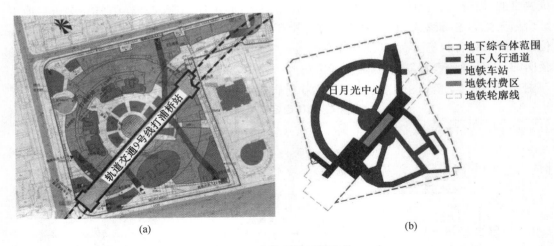

图 6.13　上海某地下综合体

（a）总平面图；（b）地下人行空间组织

商业和地铁车站的组合形式。

（2）空间竖向组合

通过将各功能空间竖向叠加于地下综合体中进行立体式组合，形成高效集约、功能复合的空间体系。通常下层为公共交通空间，以主要保障公共交通的通达性和换乘的便利性，由深到浅，空间要素的公共活动性逐步加强，具有较高的使用价值。

6.2.3　交通组织

合理的交通组织是整个地下综合体的运转核心，其中人行交通流线体系和不同公共交通之间的人行换乘是交通组织的重点。

1. 交通流线

（1）内部交通流线

地下综合体的内部交通流线主要分为人流、车流和货流三类。三种交通流线的组织必须满足各自的要求，人流应满足集散、换乘、防火以及便捷到达各个目标空间的要求。车流满足快捷、进出方便以及不与人流混行等的要求。货流应满足独立无干扰、运行高效以及相应运输车辆运行等要求。所以首先要满足使用功能以及相关规范要求的前提下，合理组织各类交通流线，以通达、安全和以人为本为基本原则，保证内外联系以及各功能空间之间的便捷（图 6.14）。

（2）外部交通流线

地下综合体需组织好与外部交通的衔接，使各类交通流线出入便捷、互不干扰，并且降低对外部交通的影响。

地下综合体应合理规划和安排对外联系的人流与车流，包括人员出入口及车辆出入口，以利于吸引和疏散人流，保障车流交通的顺畅。人行出入口设置应与主要客流方向一致，或邻近公共交通车站，促进以步行、公共交通为主的绿色出行模式。车行流线满足方便进出，与外部交通组织相协调，货物流线以降低交通干扰为主。

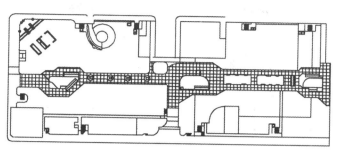

图 6.14　多伦多伊顿中心地下一层内部交通空间

对于交通枢纽型地下综合体,交通流线组织的要求更高,其通行能力及交通集散空间的容纳量应满足预测的远期换乘客流量的需求。

2．交通换乘

地下综合体的建设对缓解城市交通压力具有很大影响,因此交通换乘设计十分重要,地下综合体的价值也正是由地下公共交通工具带来的巨大人流所产生。交通换乘主要分为交通枢纽型换乘和城市轨道交通换乘。

（1）交通枢纽型换乘

交通枢纽型地下综合体中的交通换乘设计,通常包含了多种交通方式之间的换乘组织（图6.15）,这里主要为铁路、公路、地铁、公交及出租车之间的换乘,因此换乘设计需综合考虑人流的分配与导向、步行空间的距离与便捷、流线组织的合理与通达等,保证在大量人流集中出现时做到换乘导向明确、距离适宜合理、时间快速便捷、空间交汇无阻的换乘方式,并且有效地把地面公共交通、商业服务等设施组织在一起。交通枢纽型换乘缩短了乘客的换乘时间,方便了乘客的流动,有助于合理地组织城市交通,同时也促进了地下商业空间的开发。

图 6.15　柏林地下火车站换乘示意图

（2）城市轨道交通换乘

随着城市轨道交通的建设越来越密集,双线换乘或多线换乘的地铁换乘站将越来越多地出现(图6.16)。对于与地铁换乘站结合建设的城市中心型地下综合体,应满足换乘客流量的需要,最大限度地方便乘客。换乘方式包括同站换乘、通道换乘等多种形式,设计应尽量缩短乘客的行走距离,减少人流交叉。

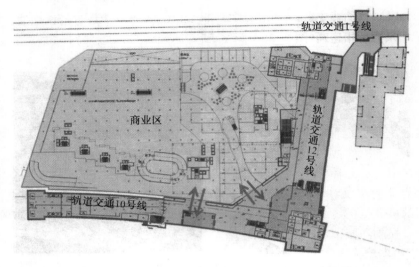

图6.16　上海某地下综合体地下一层平面图(三站换乘)

3. 交通引导

在地下综合体的交通组织中,人行通道给出了通达的交通路径,交通导引与标志系统设计是人流辨别清晰方向感的关键,也是保障人员流动合理快速的必要条件。

交通空间导引给出人员流动的组织方向,可以利用清晰的空间形态、统一的空间尺度、协调的空间风格等手法,使行进者可以明确地判断出自己的方位与方向。

导向标志系统是指为人流的有序疏散、合理移动而指示方位和方向的各种设施,包括指示标志和指示灯等。建立一套有效的视觉导向标识系统,可以帮助人们在地下空间中定位定向,应遵循位置适当、连续性、标准化、安全性及准确性等原则进行设计。

6.3　地下综合体公共空间设计

地下公共空间的设计要素体系与凯文·林奇的城市设计五要素相似,即通道、标志、节点、区域和边界,通过对这些要素的精心设计,形成完整的公共空间体系。

地下综合体的公共空间设计对于其他地下公共建筑具有重要的参考价值。功能高度聚集的地下综合体,更突出以下两个原则。

(1)公共空间体系化

确保地下综合体开发效益的重要方法与目标是形成完善的公共空间体系。地下公共空间体系的建设涉及各类不同性质的用地,既有开发出让的地块,也包含城市道路、广场、绿地等公共用地。通过地下公共空间的连通,可最大限度地发挥地下综合体的社会效应和聚集效应(图6.17)。

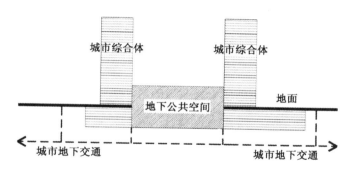

图6.17 城市公共空间体系

（2）地下空间地面化

地下空间地面化是指通过空间尺度的打造以及自然元素的引入,使地下公共空间与地面空间在物理环境及主观心理感受上的差别越来越小,降低人们对地下空间的消极印象,达到满足使用者对舒适度的需求。地下空间地面化具体落实在地下综合体的出入口、空间开放度及室内环境等方面。

6.3.1 公共空间布局

在地下综合体中应尽量创造出开敞、通透、具有流动性的公共空间体系。

1. 步道式

利用步道串联各功能单元,布局形式有走道式、穿套式和串联式,步道可在单侧、双侧或中间布置,各功能单元位于步道两侧或单侧。其主要特点是有很强的导向性,路径直达明确,利于人流组织,步道式布局是街道型地下综合体的常用的方法(图6.18)。

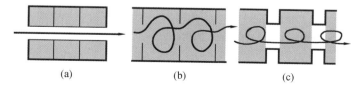

图6.18 步道式布局示意图
（a）走道式组合；（b）穿套式组合；（c）串联式组合

2. 厅式

厅式布局是将各功能单元划分组团,围绕集中大厅进行布局,并在集中大厅周围形成放射状步道。厅式的空间组合类型丰富,不突出明确的导向性和方向感,空间宽敞明亮(图6.19)。

3. 混合式

将步道式与厅式进行组合形成混合式的布局方式。设计中公共空间的布局通常根据场地条件、经营方式、营业性质等确定。例如位于广场或公园等地块的地下综合体某层既可为厅式或也可为步道式(图6.20)。

 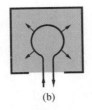 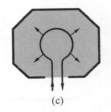

(a)　　　　　　　　　　(b)　　　　　　　　　　(c)

图 6.19　大厅式布局示意图

(a)圆形;(b)矩形;(c)不规则形

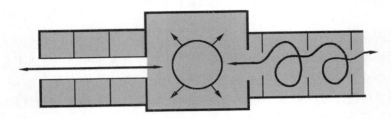

图 6.20　混合式布局示意图

6.3.2　出入口空间

出入口空间是地下与地上的过渡空间,具有门厅的作用。地下综合体的主要出入口与主要的人流方向一致,通常造型突出并且体量较大,常采用棚架式或下沉广场式出入口(图6.21)。这种大体量的出入口一般设置在公园、广场或景观带等宽敞地段,并与周围景观协同设计。其他不同用途的出入口可以设计成不同类型以满足人流需要及疏散使用。

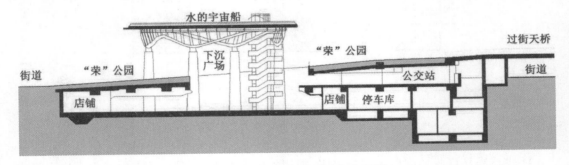

图 6.21　名古屋"荣"下沉广场剖面图

地下综合体的出入口设计应满足人流的使用要求以及外观形象需求,设计中需结合现场的条件确定出入口的类型,与地面各功能流线组织有序。地下综合体出入口的显著形象,便于人们对地下空间的认知,更具有吸引力。不同类型的出入口具有不同的功能作用并带给人不同的心理感受。

1.下沉广场式

通过下沉广场与地下出入口结合,形成扩大的广场性出入口空间,为地下建筑提供水平侧向交通、人员集散、空间衔接以及通风采光,其自身成为地下建筑外观的重要部分,在满足外部形象及出入口过渡功能的同时,还能够丰富空间层次,为人员提供向外的视野。设计应注重景观塑造,并与外部周围环境相呼应(图6.22)。

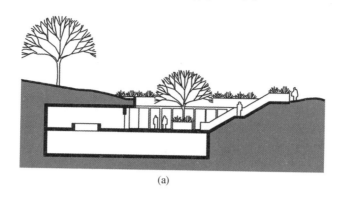

(a)

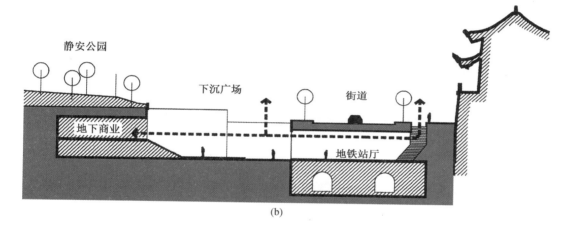

(b)

图6.22　下沉广场式出入口

(a)下沉广场式出入口剖面示意图;(b)上海静安寺下沉广场

2. 开敞式

开敞式出入口即口部上方无遮风挡雨设施,并对周围环境无视线上的遮挡。通常设置在地段狭窄、地面空间紧凑或不宜在地面上设计体量过大出入口的地方,有利于保护地面景观空间原貌(图6.23)。

3. 棚架式

棚架式出入口能够提供不受天气影响的建筑围合空间,具有直观的入口门厅形象,能够传递其地下建筑的功能信息,并且也可将一些服务性设施隐藏或综合进门厅中,如无障碍电梯、售票处、小型零售点、通风换气设备等(图6.24)。

4. 与地上建筑结合式

当地下公共建筑与地上公共建筑毗邻,或本身具有地上建筑时,就可以通过相邻建筑或自身地上建筑出入。出入口通过与地上建筑结合,形成一个更易于辨识的体系(图6.25)。

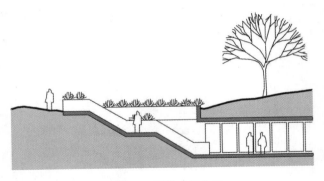

图 6.23　开敞式出入口

(a)　　　　　　　　　　　　　　　(b)

图 6.24　棚架式出入口

(a)棚架式出入口剖面示意图;(b)伦敦金丝雀码头地下空间出入口

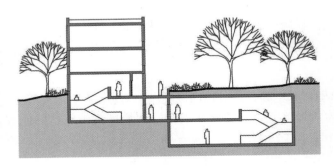

图 6.25　与地上建筑结合式出入口

6.3.3　公共步行空间

地下综合体中公共步行空间,主要考虑通过其本身的空间属性和空间形态进行分类。

1.线性步行空间

线性步行空间是指通过直线、曲线或折线等多种形式实现点到点的通行路径,是地下综合体立体交通体系中最常见的形式,主要为人行通道形式。根据功能属性和行为目的的不同,大致包括疏散分流、目标通路、商业行为等几个类型。

（1）疏散分流在地下建筑中十分重要,是安全疏散的逃生路径,有些与其他功能的通道共用,有些较为隐蔽,只在紧急情况下使用。

（2）目标通路是线性步行空间的主要内容,是目的性交通行为的必要通道,地下综合体中的步行交通体系是以目标通路所形成的结构框架为基础的。换乘路径也是一种重要的目标通路。设计上需以简洁、清晰、舒适为原则,使人员便捷地到达目的地。

（3）商业功能增加了地下空间的使用价值和吸引力,引发了商业行为路径,可与目标通路结合设置,大量的商业人流对地下空间的疏散要求较高,需增设相应的疏散分流交通(图6.26)。

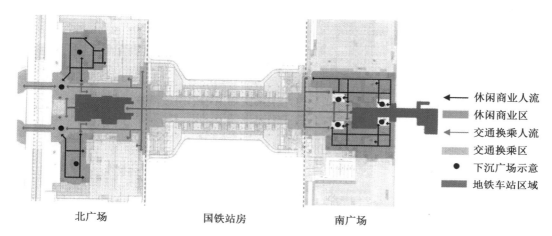

图6.26　兰州西站综合交通枢纽地下二层步行流线

2. 公共节点空间

公共节点空间是一种点状的空间形态,常常是线性步行交通中的局部扩大,可以设置在线性交通的交点、尽端或地下出入口门厅等处(图6.27),在日本的地下综合体设计中采用较多。这类公共节点空间具有很强的吸引力,不仅可以向人们提供休闲、社交、集散、餐饮娱乐等功能,还能丰富空间层次,利于行人进行空间定位、交通联系以及路径转换等,是地下综合体中不可缺少的重要组成部分。

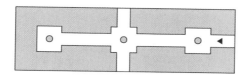

图6.27　公共节点空间示意图

6.3.4　广场空间

如果说节点空间是地下综合体步行空间中的休闲站,那么广场空间就是地下综合体的公共大厅。它是具有高价值的功能空间,并具有核心的景观形象。

1. 集散大厅

集散大厅主要以满足人流集散功能为主,是起到空间转换与过渡作用的缓冲空间(图

6.28）。常与主要出入口、换乘中心结合设计。

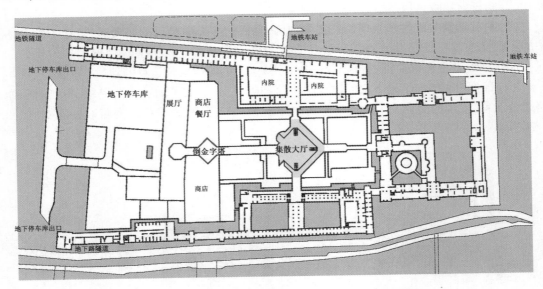

图 6.28　卢浮宫博物馆改扩建工程地下夹层平面图

2. 地下中庭

地下中庭是地下建筑中竖向贯穿多层地下空间的共享空间，一般设置在地下综合体的中心地段，常与喷泉、绿化、艺术小品等景观元素相结合，形成标志性的景观形象，为地下空间提供延展的景观、方向感、自然采光和公共活动空间，可进行休闲娱乐、展示、演出等活动，是地下综合体中公共空间的重要设计内容（图 6.29）。

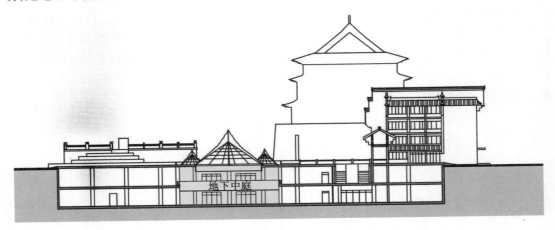

图 6.29　西安钟鼓楼金花购物广场横剖面图

3. 下沉庭院（广场）

下沉庭院（广场）是地下综合体中较多采用的公共空间类型，它多设在地面公园、绿地、广场等处，是地面到地下的过渡空间和出入口。它可以提高地下空间的方位感、地面感和舒适度。设计宜人的庭院（广场）尺度及景观环境，可形成令人愉悦、充满活力的、下沉式的公共空间（图 6.30）。

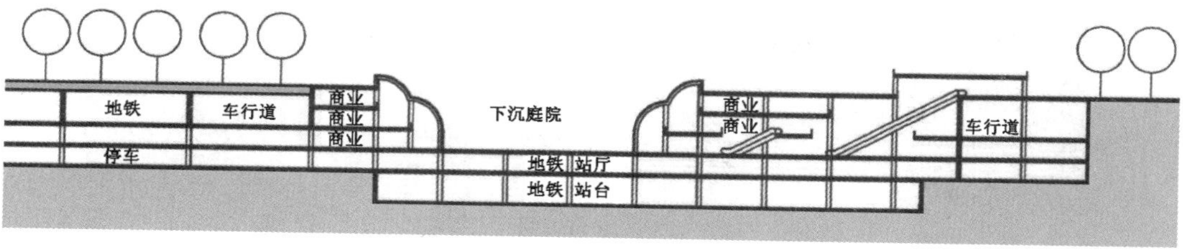

图 6.30 巴黎列·阿莱地下综合体下沉空间示意图

6.3.5 地下空间环境

地下空间环境主要包括心理环境和物理环境两方面,心理环境通常指由感官带来的感受,诸如空间环境给人带来的心理暗示和信息导向;物理环境包括声环境、光环境、热湿环境及空气环境等方面,物理环境与心理环境是相互联系的,地下空间的室内外环境品质将直接影响其使用效果。

地下建筑的空间环境应保证下述原则:第一,清晰地辨识度,包括顺畅的步道、完善的标志引导系统、空间的秩序性等;第二,舒适、安全与人性化,如和谐的色调、宜人的绿化景观、完善的无障碍设施、自动人行道及配套服务等;第三,人文艺术的体现,通过室内装修风格或地区文化宣传展示,体现具有文化特质空间环境。

6.4 地下综合体的整合设计

地下综合体的建设有不同的模式,大多都是在旧城改造和发展过程中不断完善的。具有明显的分阶段实施的特征,不同阶段有不同的影响因素,如土地权属、周边环境、地下设施等,因此地下综合体与城市其他功能要素整合也是至关重要的。

6.4.1 与周边地下空间的连通整合

地下综合体与周边地下空间通过水平或竖向上的连通整合,保持地下公共人行系统的连续性,使两个地下空间顺畅衔接形成一个整体。多个地下综合体之间也可以通过相互连通,组成网络型地下综合体(图 6.31)。

地下综合体宜与相邻的地下商业街、地下人行过街通道、地铁车站、地下停车库等地下公共建筑设施之间相互连通;宜与周边地面公共建筑物的首层或地下室,如商业、停车、人防等设施连通。连通整合的技术要求包括以下方面:

(1)地下综合体与地下人行过街通道、地铁车站及综合交通枢纽连通整合时,连通的宽度应按相应交通单元的客流量确定,同时应设置夜间停运时的隔离措施。

(2)地下综合体与其他地下空间设施相连接时应按照相关防火规范进行防火设计,并采用独立的防火系统。

(3)商业、观演、体育等人流密集的功能单元在火灾情况下,不得利用连通公共交通或综合交通枢纽的通道及出入口通道作为人员疏散的出口。

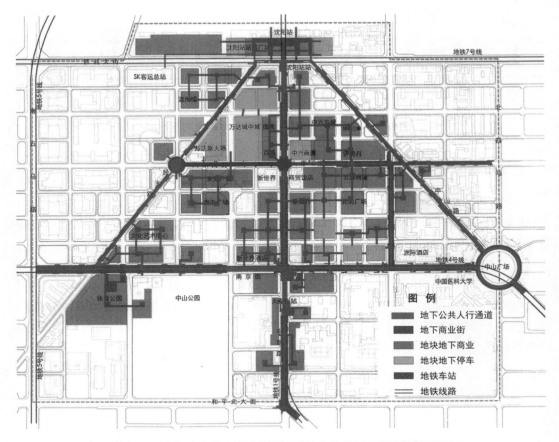

图 6.31 沈阳站站前区域网络型地下综合体（地下城）规划布局图

6.4.2 与地上空间的一体化整合

地下空间作为城市发展的重要组成部分，无论是旧城改造还是新城建设开发的地下空间都应与地面空间紧密结合起来，作为一个统一体系进行设计。同时也要考虑地下空间的后续发展，把未来不同时期可能开发的地下空间统一规划并合理预留，逐步发展形成完整统一的地下城市。

1. 地下综合体与广场的整合

位于城市公园、绿地及广场下方的地下综合体，可以与地面开放空间和自然环境结合，通过下沉广场、中庭空间、天窗等形式，把阳光、绿化、水体等引入地下空间，优化地下综合体的环境品质（图 6.32）。

2. 地下综合体与地上建筑的整合

地面高层建筑都带有多层地下空间，地下综合体可以与高层建筑的地下空间相结合，形成一体化的地下空间体系，并通过适当的方式把阳光和地面自然景观引入到地下（图6.33）。

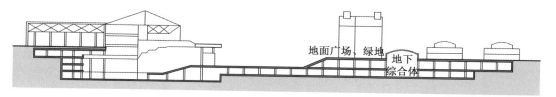

图 6.32　地下综合体与城市广场、绿地整合示意图

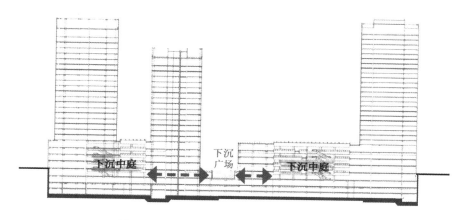

图 6.33　地下综合体与地上建筑整合示意图

第7章　地下人民防空建筑设计

7.1　人民防空建筑概述

7.1.1　人民防空工程

人民防空工程是为战时保障国家人民生命财产安全而修建的地下防护工程,简称人防工程,又称民防工程。本文中以下均简称人防工程。

人防工程是我国国防工程的重要组成部分,而国防工程是国家为防御外来武装侵略,平时在国土(主权国家管辖下的陆域、海域、空域的总称)上构筑的永久性军事工程,如在边防线上和纵深预定战场上构筑的永备阵地工程、通信枢纽工程、军港和军用机场工程、导弹基地工程、军事交通工程及后方工程、大型指挥所、大型后方仓库等。《中华人民共和国人民防空法》第二条规定:"人民防空是国防的组成部分",第六条规定:"国务院、中央军事委员会领导全国的人民防空工作"。中共中央、国务院、中央军委《关于加强人民防空工作的决定》(中发〔2001〕9号)第二十五条规定:"人民防空工程建设项目(包括配套设施及附属工程)属于国防工程和社会公益性建设项目,按照国家相关规定享受优惠政策。"人防工程是由人民防空主管部门负责建设与管理的国防工程,是战时保护国家和人民生命财产安全的重要途径,它直接关系到国家的安全和安定,是国防工程的组成部分。

人防工程的建设是一项长期的历史任务,并非在战争前的危急时刻才进行建设,所以这个庞大的防护体系是经过和平时期不断地积累及结合其他建设项目而完成的,因此平战结合是人防工程的重要建设原则。

进入21世纪,我国地下空间开发已成为土木建筑工程的重要组成部分,这一发展趋势也对人防工程建设带来了极大的发展机遇,如我国大规模的城市建设、轨道交通工程、综合管廊工程、城市地下道路工程及未来发展的地下快速道路交通网等。我国的人防建设方针就是与城市和地铁建设相结合,把防护的观念带入城市建设之中,体现了我国城市建设中积极贯彻城市防灾的理念,在危急时刻可最大限度地保护人民的生命财产和物资的安全。

7.1.2　人防工程的分类

1. 按战时使用功能分类

根据战时不同的功能要求,人防工程划分为五类:指挥工程、医疗救护工程、人员掩蔽工程、防空专业队工程和配套工程(表7.1)。

表7.1 人防工程按战时使用功能分类

战时使用功能	单体工程	分项名称
医疗救护工程	中心医院	
	急救医院	
	救护站	
人员掩蔽工程	一等人员掩蔽所	
	二等人员掩蔽所	
防空专业队工程	专业队掩蔽所	专业队队员掩蔽部
		专业队装备掩蔽部
配套工程	核生化监测中心	
	食品站	
	生产车间	
	区域电站	
	区域供水站	
	物资库	
	汽车库	
	警报站	

（1）指挥工程

此类建筑系指各级人防指挥所。人防指挥所是保障人防指挥机关在战时能够不间断工作的人防工程。

（2）医疗救护工程

按照医疗分级和任务的不同,医疗救护工程可分为中心医院、急救医院和救护站。

（3）人员掩蔽工程

根据战时掩蔽人员的作用,人员掩蔽工程分为两类:一等人员掩蔽所系指供战时坚持工作的政府机关、城市生活重要保障部门(电信、供电、供气、供水、食品等)、重要厂矿企业和其他战时有人员进出要求的人员掩蔽工程;二等人员掩蔽所系指战时留城的普通居民掩蔽所。

（4）防空专业队工程

防空专业队是按专业组成担负防空勤务的组织。他们在战时担负减少或消除空袭后果的任务。由于担负的战时任务不同,防空专业队分为抢险抢修、医疗救护、消防、防化、通信、运输和治安等专业队。

（5）配套工程

配套工程主要包括:区域电站、区域供水站、核生化监测中心、物资库、警报站、食品站、生产车间和汽车库等。

2. 按工程构筑方式分类

人防工程按构筑方式分为明挖工程和暗挖工程,明挖工程又分为单建式和附建式两种,暗挖工程又分为坑道式和地道式两种,具体如表7.2和图7.1所示。

表 7.2　人防工程按构筑方式分类

构筑方式		定义
明挖工程	单建式	采用明挖法施工,其上部无坚固性地面建筑物的工程
	附建式	采用明挖法施工,其上部有坚固性地面建筑物的工程,也称为防空地下室
暗挖工程	坑道式	大部分主体地面高于最低出入口的暗挖工程
	地道式	大部分主体地面低于最低出入口的暗挖工程

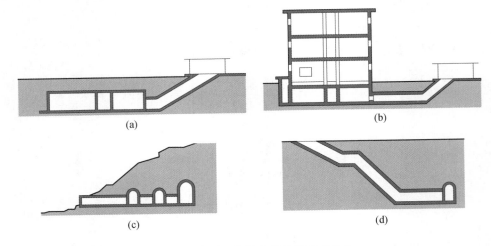

图 7.1　人防工程按工程构筑方式分类

(a)单建式;(b)附建式(防空地下室);(c)坑道式;(d)地道式

3. 按防护特性分类

　　人防工程按防护要求分为甲类及乙类工程,甲类人防工程要求抵御核武器、常规武器、生化武器和次生灾害,而乙类人防工程只考虑常规武器、生化武器和次生灾害。在工程设计特点中甲类人防工程一般为全埋式地下工程,而乙类人防工程可以按半地下室考虑等,具体如表 7.3 所示。

表 7.3　人防工程按防护特性分类

防护特性分类	抵御武器类型	设计的主要特点
甲类人防工程	核武器、常规武器、生化武器和次生灾害	①为全埋式人防工程; ②考虑早期核辐射墙体的厚度验算; ③要考虑建筑物倒塌范围及出入口的防护措施(设防倒塌棚架)
乙类人防工程	常规武器、生化武器和次生灾害	①可以是半地下室; ②不考虑建筑物的倒塌影响

7.1.3　人防工程的分级

　　人防工程对各种杀伤武器的防护作用是其重要的特点之一,该特点明确表达了人防工程与可能发生的战争灾害有关,为了有效针对不同防护对象的防护作用,我国把人防工程划分为不同的防护等级,该等级反映了国家各个地区、城市及区域可能受战争打击的概率及程度。从战争角度来看一个国家的首都与小城市应该有所不同,重要的桥梁隧道、指挥所、前沿阵地、导弹阵地等与一般的居民区和商业中心应该有所不同,城市中心与市郊区及乡村的居民区应该有所不同,还有工程使用性质的巨大差别,如指挥所及军事基地等与掩蔽所应有很大的差别,这些差别决定了工程的防护等级,所以人防工程设计需遵循国家颁布的相关人防工程设计规范,其防护等级需经过国家和地方人防管理部门审批获准。

（1）防常规武器抗力级别

人防工程防常规武器的抗力根据打击方式分为直接命中和非直接命中两类。直接命中的抗力级别按常规武器战斗部侵彻与爆炸破坏效应分为若干等级;非直接命中的抗力级别按等级划分,不考虑战斗部对介质的侵彻作用。

（2）防核武器抗力级别

人防工程的抗力等级主要用以反映人防建筑能够抵御敌人核袭击能力的强弱,是一种国家设防能力的体现。抗力等级是按照防核爆炸冲击波地面超压大小划分。在人防建筑的设计中,其对应的防冲击波地面超压值的大小和相应的防护要求,应根据国家制定的《人防工程战术技术要求》的规定确定。

（3）防化级别

人防工程对军用毒剂、生物战剂和放射性气溶胶的防护（简称防化）,是根据工程的功能需要和技术与装备条件进行。防化等级也反映了对生物武器和放射性沾染等相应武器（或其他杀伤破坏因素）的防护能力。防化等级是依据人防工程的使用功能确定,与其抗力等级没有直接关系。

7.1.4 防护措施

人防工程的主要作用是防化学生物武器、核武器、常规武器三种武器的打击,并具备相应的防护措施（表7.4）。

表7.4 人防工程的主要防护措施

武器及次生灾害			主体	口部	
				出入口	通风口
化学武器			围护结构密闭一定室内空间	密闭门防毒通道洗消间	密闭阀门滤毒除尘装置
生物武器					
核武器		放射性沾染	结构厚度顶板上方覆土	通道拐弯通道长度	密闭阀门
		早期核辐射			
		热（光）辐射			
		城市火灾			
	冲击波	空气冲击波	岩土防护层结构抗力	防护密闭门	防爆波活门扩散室
		土中压缩波			
		房屋倒塌			
常规武器			岩土防护层、主体结构、防护单元和抗爆单元	出入口数量防倒塌棚架	防塌通风口防堵箅子

人防工程对化学生物武器有防毒要求,这反映在工程设计中的墙体及各种口部应具有严格的密闭,口部一般指出入口、设备管线等穿墙口及通风口等,如出入口设置的密闭门,进风口的除尘滤毒措施等。核武器是指原子弹、氢弹等杀伤武器,这种武器主要的杀伤作用有放射性沾染、热辐射(光辐射)、早期核辐射(贯穿辐射)、冲击波(空气冲击波、土中压缩波)等。在人防设计中对核武器的防护通过结构主体及出入口防护门、通风口防爆波活门、扩散室等措施来抵抗核爆冲击波或土中压缩波的压力,该压力一般达到或超过规定的压力值,在不同的地段及环境条件下,按照工程的性质不同该值会有较大的变化并划分为不同的等级,这在相应的规范中都给出了较为详细的分析计算方法。常规武器主要指炮炸弹、航弹、炸药等,常规武器的防护具有相应的要求和标准。

7.1.5 现代战争的启示

全球近几十年来局部战争不断出现,强权政治、经济利益、意识形态等领域的分歧都是导致战争的根源。人们对现代战争中高技术武器的出现倍感震惊,其精确的轰炸,陆、海、空一体全天候、全纵深的连续打击方式,综合运用多种高技术武器协同作战的手段,给世界人民带来极大的启示,战争的威胁并没有远离人们,一个国家没有强大的国防力量,其稳定和发展就没有保障。

据不完全统计,20世纪70~80年代发生了十七八次的战争与动乱,平均每1~2年就会发生一次战争。比较近的有20世纪90年代(1990年~1991年)爆发的海湾战争,90年代末的"科索沃"战争(1998年~1999年),2003年的伊拉克战争以及2011年持续至今的叙利亚内战,等等。在这些军事行动中,以海、空、陆、天、电子一体化的态势,投入以隐身武器、电子战武器、中远程精确打击武器为代表的各类高技术武器装备。

上述战争说明战争离我们并不遥远,20世纪90年代以来发生的现代战争无论打击方式、性质、武器技术、侦察手段等与过去传统常规战争相比都有很大的改变,同时也说明战争从来就没有停止过,相对和平的国家也有潜在的战争危险。

7.2 人民防空工程规划

人民防空工程规划(以下简称"人防工程规划")是根据战时城市防护要求,对各类人民防空工程的防护等级、建设规模与数量、服务范围与平时利用等技术要求进行综合布局的专项规划。一般需同城市总体规划、地下空间规划、轨道交通规划及城市综合防灾规划相结合。

7.2.1 规划的原则与建设目标

1. 人防工程规划的原则
(1)结合城市战略地位的原则
城市的战略地位是国家防护等级确定的重要依据,包括城市在战争中可能遭受的打击程度、城市在平时及战争中的重要性程度等,如工业型城市、资源型城市、政治及经济中心城市等,需根据其重要性程度确定城市防护规划的原则。人防的重点区域包括城市、重要民用及军事目标等,国家依据城市的战略地位不同将其划分为不同的防护类型或等级。

（2）平时与战时相结合的原则

在相对和平时期坚持"平战结合"原则，做到既能在和平时期的生产和生活以增强经济效益，又能在战争时期起到有效防御的目的。"平战结合"应针对大量建造的工业与民用、市政、交通等所有地下空间建筑。

（3）结合城市地貌、地质等技术条件的原则

充分利用城市的地形地貌和地质状况可减少人防工程的建造费用，如在山区，岩石地质条件决定建筑规划的埋深并增加暗挖可能性，地形条件有利于伪装，整体防护及防御效果较好（图7.2）。

图7.2　某山区防御系统规划方案

（4）结合城市经济发展的原则

每个城市的经济条件不同，可根据现有经济发展水平进行人防工程规划。人防工程建设需付出巨大的财力与物力，当条件不具备时规划应留有余地，按近、中、远期分阶段进行，充分利用原有的人防设施并进行切实可行的有效开发，将已建、新建和远期建造结合起来。

（5）防护体系完善的原则

人防工程规划应具备良性的循环系统，如交通、生活、生产、指挥、医疗、动力、储存、抢救、攻击等所有系统的有机组合，这些系统平时可直接为社会服务，战时则担负起防护职能。

（6）防护等级合理的原则

城市乃至城市分区、街道、企事业单位应确立合理的设防标准，根据其在战时的重要性程度来制定相应的防护等级，并根据防护等级进行建设。如发电厂、电视宣传等设施重要性程度高，可能是敌人重点打击的对象，而乡镇、农村遭到袭击的概率可能较低。

（7）结合现代高技术战争特点的原则

现代战争的特点主要是战争的目的与打击方式的改变，使攻击性及准确性大大提高。在近几年的战争中，激光精确制导炸弹、钻地武器、联合制导攻击武器、钻地核武器等现代高精端武器已成为主要的攻击性武器，增大了对地下人防设施的摧毁力度，因此在人防工程规划中必须考虑现代战争的特点。

2. 建设目标

根据城市总体规划所确定的城市规模以及城市建设的实际情况，合理预测城市规划期内对人防工程的需求量和建设人防工程的能力，制定切实可行的规划目标。

具体的建设目标可以表达为人防工程的建设规模、城市人均拥有的人防工程面积，以

及人防工程体系的完整程度等。地下人防工程规划应落实不同功能人防工程的选址和规模,提出各类人防工程的配建标准及建设要求,明确地下空间兼顾人防的要求及建设地下人防工程平战结合的重点项目等。通过功能整合,地下人防工程形成系统,更利于战时发挥防护效益,平时取得经济效益。

7.2.2 规划的主要内容

1. 规划编制内容

(1)规划区的现状研究

充分研究城市的总体定位与性质、城市的规划布局、地理位置、自然与气候状况、地形地貌、水文地质与地震灾害情况、行政区划、人口及社会经济发展等各个方面,特别是城市人防的发展情况,通过对现有人防工程的调研分析,决定旧有的工程是否报废、保留、变更功能或把其纳入新建工程体系等。

(2)确定城市的战略防护原则

根据城市人民防空的设防要求及城市在战争中的重要作用与地位,分析城市受打击的形式,提出城市防护的原则性要求、任务与指导思想。

(3)城市被空袭或打击的灾害背景研究

在未来局部战争中,研究城市空袭灾害背景、预测空袭结果、可能遭受打击的战备设施、重要目标的毁伤、次生灾害带来的毁伤、有毒物质的泄露及污染等各方面的影响,合理安排人员的掩蔽与疏散。

(4)城市总体防护规划

规划包括防护的任务手段、人口及重要目标的防护等。城市的新城建设和旧城改造应纳入城市总体防护规划体系中,规划城市中心人口疏散比例(表7.5)及疏散路线,解决留城人员的防护比例及措施。城市的生命线系统应在满足平时生产生活需要的前提下,充分考虑防空、防灾的要求。

表 7.5　部分城市的疏散比例

城市名称	宁波	芜湖	蚌埠	杭州	合肥	上海	沈阳	南京	杭州
防护类别	Ⅱ类	Ⅱ类	Ⅱ类	Ⅱ类	Ⅰ类	Ⅰ类	Ⅰ类	Ⅰ类	Ⅰ类
疏散比例/%	65	70	60	68	60	60	60	76	60

(5)城市防护体系

城市防护体系包括人口防护及重要目标的防护,主要指民用建筑的防护。人口防护主要体现在疏散与掩蔽相结合,重要目标的防护主要采用防护技术、伪装与掩蔽及规划管理相结合等措施。在城市中建设平战结合的地下室、有防护等级的地下交通设施、地下停车库及地下商业街等,战时可作为防护工程。

(6)人防工程控制体系

规划确定各类人防工程的建设目标、需求量预测、建设比例(表7.6)、防护标准、面积指标等内容。

表7.6 某重点设防城市的人防设施比例

类别	指挥通信	医疗救护	专业车库	后勤保障	居民掩蔽	专业队掩蔽	地下通道	其他	合计
面积比/%	2.9	5.2	4.3	8.5	48.2	6.6	22	2.3	100

（7）防护区片的划分

根据城市的战略地位及特点对规划区进行防护区片的划分，一般根据原有城市的老城区、新城区、开发区等进行划分，每个区划范围内再进行分片，划定片区名称、地域及规模等。

（8）重要目标的防护

防护体系规划一般都涉及国家或地区重要性目标的防护，重要目标是对国计民生、战争潜力、维持城市基本运转和经济恢复有重大影响的目标，包括政府及指挥机构、重要工业（图7.3）、广播电视、物资储存、生命线系统、科研基地、能源动力、交通及通信枢纽等重要设施。一般把重要目标按重要性程度划分为不同的类别进行相应的防护处理。

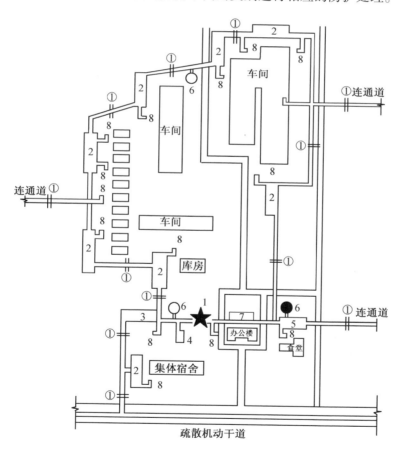

1—指挥所；2—人员掩蔽工事；3—专业队掩蔽工事；4—电站；
5—粮库、厨房；6—水井；7—救护站；8—出入口；①防护密闭门

图7.3 某工厂防卫区人防工事平面布局示意图

2.规划建设内容

充分利用现有的人防工程及地下空间规划体系,将城市人防工程规划作为一个整体的系统工程进行分析研究,并使各子系统之间相互协调匹配。根据规划期内总的规划规模和防护体系的要求,需要确定各类人防工程的规划规模及防护布局,还有相应的配套系统规划。不同规模的城市,其人防工程规划的内容可能有所区别,一般包含以下的一些主要系统。

(1)各级人民防空指挥系统

完善高效的人防指挥系统包括一体化的指挥、严密的预警系统、多手段的警报报知系统、灵敏可靠的通信系统、情报网以及完善的防空袭方案等系统,应按省级、市级、区级、街道级等分层次组成,平时可用于管理或防灾指挥中心进行正常运营,战时即转变为指挥系统。指挥系统是实施安全、稳定、有效指挥的重要场所,在人防工程中占据核心位置。人防指挥工程防护等级与标准要求高,在选址、建筑布局、防护和通信系统建设等方面难度较大,工程造价也很高,因此必须把人防指挥系统当作城市人防工程建设的重点来抓。

(2)交通运输疏散系统

规划应充分利用地铁、地下道路、地下人行通道等形成疏散干道系统,要求系统间相互贯通并各自有独立的防护体系,平时可用于交通运输。疏散干道工程应划分为主干道、支干道等,并与城市的主要交通相联系(图7.4)。

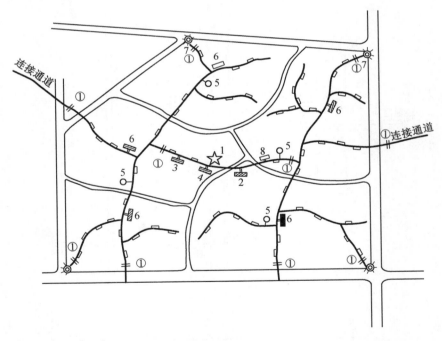

1—指挥所;2—救护站;3—粮库、生活物资储存库;4—厨房;5—水井或水库;
6—厕所;7—战斗观察工事;8—电站;①防护密闭门

图7.4 某居民防护区人防工程疏散机动干道平面布局示意图

（3）医疗救护系统

战时伤亡是不可免除的因素，建立强大的医疗救护系统可减少人员伤亡，包括地下医院、救护站（所）等，设防要求较高，平时可作为医院使用。

（4）动力与信息系统

动力系统包括电力、水暖、通风及燃气等，是战时各系统运行的保障，没有了动力也就等于降低了战斗力。信息网络是战时的耳目，充分利用已有网络组成的系统才能使指挥得以实现。

（5）人员及防空专业队掩蔽系统

人防工程的重要任务是保障战时防护区域内人员的掩蔽与疏散，规划建设掩蔽工程是确保战时人民生命财产安全的设施。这里主要有人员掩蔽工程及防空专业队掩蔽工程。人员掩蔽工程分为一等人员掩蔽所和二等人员掩蔽所。防空专业队包括抢险抢修、医疗救护、消防、防化、通信、运输、治安七种专业队，分为专业队队员掩蔽部和专业队装备掩蔽部，对消除空袭后果具有十分重要的作用。掩蔽系统的规划是按市级、区级、街道等按区分片进行，考虑按留城比例、防护标准、重点布局并结合其他地面与地下空间设施进行规划。

（6）物资储备与补给系统

物资是人们得以生活和工作的保障，丰富的物资补给将增强战斗力，可使保卫战争得以坚持。各类为战时储备物资的仓库、车库等是保障战时各级人民政府统一组织物资供应的专用工程。

（7）生产、生活及对敌作战的运行系统

该系统包括工作、学习、办公、出行、生活、掩蔽及对敌进行攻击等内容。战时该系统应仍能正常运行，使正常的生产、生活持续进行，这也是赢得战争的必要条件。

除前述的各个防护系统之外还有更多的其他具体内容，如具体覆盖区域、伪装程度等，考虑的因素很多，是一个十分庞杂的系统，这里仅介绍其主要方面。

7.2.3 各类人防工程规划布局

人防工程规划按照所在城市的防护类别确定相应完善的防护体系，要满足各类工程的战术技术要求，包括选址和布局、规模和标准、数量和等级、时间和周期等。主要类别有指挥通信、医疗救护、防空专业队、疏散与掩蔽等，根据工程性质不同，相应的规划布局要求也不同。

指挥通信工程防护等级与掩蔽要求高、建设数量少、可靠度高，应从全城防护的角度进行整体布局，应远离重要的政治目标、经济目标等可能遭严重打击的区域。医疗救护工程应根据人口的分布进行布局，可与城市医疗卫生设施统筹规划建设。防空专业队主要在战时担负抢险救灾的任务，宜在保障目标和保障区域附近布局。人员掩蔽工程和物资库工程分布密度应与区域城市居民分布密度相一致。人员掩蔽工程应布置在人员居住、工作的适中位置，其服务半径不宜大于200 m。物资库工程应充分利用广场、绿地、公园进行建设。人口疏散是根据留城人口比例考虑疏散人口规模和时间，一般分为早期疏散（7天）、临战前疏散（2天）和紧急疏散（当天）。

7.2.4 人防工程规划与其他规划的整合

1．人防工程规划与防灾规划相结合

人防工程在城市防灾中具有突出的作用，因此我国也把人防作为城市防灾减灾的重要组成部分。人防工作由单一的防空职能向平时防灾救灾、战时实施防空的双重职能转变，使其在和平时期能够担负起处理自然灾害和重大事故的能力。城市战时人防与平时防灾应在规划、建设、管理等方面实行统一，形成防空防灾一体化的综合防灾体系（图7.5）。

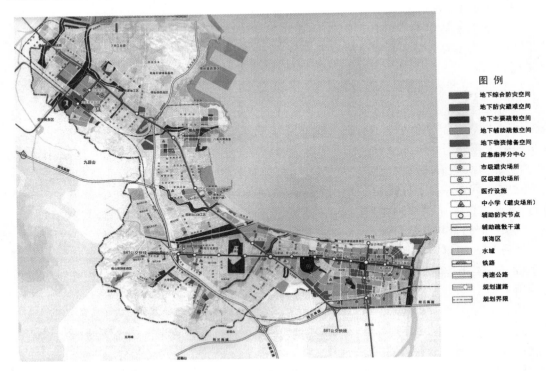

图7.5　某市综合防灾规划图

人防工程灾时利用规划要点如下：

（1）人防工程口部设计应考虑与周围建筑物的安全距离，防止因战争、台风、地震等灾害造成人防工程出入口的堵塞与毁坏；

（2）各类人防工程内部设施尽量做到平时到位，减少平灾功能转换的工程量；

（3）加大人防连通道的建设，使人防疏散通道在发生灾害时，尤其是地震及火灾时充分发挥作用；

（4）人防战时物资储备工程兼作灾时物资储备使用；

（5）战时急救医院兼作灾时的急救医院；

（6）人防指挥通信工程兼作灾时指挥中心；

（7）战时配套工程，如供水站、区域电站等，兼作灾时的保障工程。

2. 人防工程与地下空间规划相结合

人民防空工程建设应纳入城市总体建设规划，与地下空间规划相结合，与城市建设相结合。市政公用设施和房屋建筑等工程的规划和建设，要注重开发利用城市地下空间，兼顾人民防空要求，城市地下交通干线以及其他地下工程的建设，应当兼顾人民防空需要，修建人防配套工程，逐步形成由城市地下交通干线、地下商业娱乐设施、地下停车库、地下人行通道、综合管廊等组成的城市地下防护体系。

作为兼顾人民防空的地下空间，是城市地下防护空间体系的一部分，城市地下空间开发应与人防工程建设相结合(图7.6),尽量考虑战时人防的需求,在工程布局上符合城市人防防护体系的要求。专供城市平时使用的地下空间应根据防空要求,制定战时使用方案和应急加固改造措施,符合人防工程战术技术要求的规定。

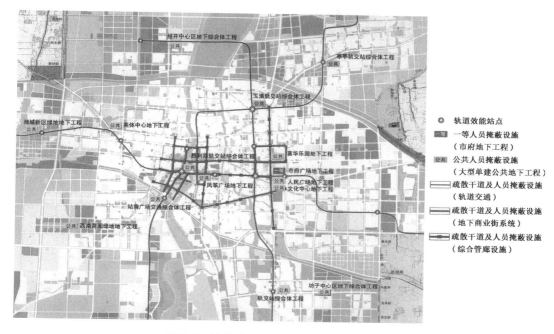

图7.6 某市地下空间兼顾人防规划引导图

(1)地下空间平战结合

城市地下公共空间应与附近重要的人防工程和人防地下通道合理连通,并纳入人民防空工程体系统一规划,合理布局,兼顾人民防空需求,平战转换便捷。充分利用城市广场、绿地、商业娱乐等设施的地下空间建设公共人防工程。对于民用建筑地下室应根据规划要求制定人防工程战时利用方案和平战转换措施,对于新建的地下空间应把人防建设作为重要指导原则来进行规划及设计。把已有的及新建的、待建及规划的地下空间与人防体系进行整合并统一纳入平战结合体系,形成一个具有突出防护、防灾及综合效益的立体化城市。

(2)人防工程平时利用规划引导

人员掩蔽工程可与地下商业、地下综合体、地下文体、地下停车库等功能结合建设;疏散干道工程可与地铁、地下道路、地下人行通道、综合管廊等功能结合建设;专业队工程可与地下停车库、地下连接通道、地下商业、地下医疗等功能结合建设;综合物资及生活保障设施可与地下粮库、地下冷库、地下商业、地下停车库等设施结合建设;战时医疗救护应与平时医疗救护功能设施结合建设。

(3)地下空间平战转换

地下空间的平战功能转换措施应符合人民防空工程战术技术的规定,使平时使用的地下空间在临战时能顺利转为战时使用,在短时间内完成使用功能、防护措施和管理体制的转换。

7.3　主体防护设计

　　人防建筑设计属于地下空间建筑设计的范畴,地下空间建筑很多都有人防设计要求,如地铁车站、隧道与区间设备段、地下民用与工业建筑、地下公共建筑等,也有某些地下建筑没有人防要求,如地下隧道、越江隧道等。地下空间建筑如果可以纳入人防要求就力争按照人防要求进行设计,但并不是所有地下建筑都必须按照人防要求设计。

　　人防工程建筑设计与无人防地下建筑设计的主要区别是工程的防护问题。人防地下建筑设计要考虑对核武器、常规武器及生物化学武器的防护,这一点是与无防护要求的地下空间建筑设计最主要的区别。具有防护要求的人防工程设计其口部、设备、结构体系等都与非防护的地下建筑有较大的差别。学习和掌握这种差别也就了解了其各自的设计特点。

　　人防工程一般具有平时与战时的双重使用功能,工程的平时使用功能反映到主体设计中,在平面布局、功能组织、交通联系等方面的指标与设计原理基本同地面建筑相类似,因此本节主要从地下人防工程的战时功能方面进行重点阐述。

　　1. 人防与非人防工程建筑设计的主要区别

　　(1)防护等级的区别

　　人防建筑设计有防护等级的要求,这个等级是由国家有关部门颁布,并且通常按由低到高的等级来划分,具体采用什么等级需要经过国家相关部门的审批来确定。该防护等级是指该工程项目在战争中具体的防护能力,主要体现在抗核爆炸或常规武器及生物化学武器的能力,一般甲类人防工程按照抗核武器、常规武器及生物化学武器的要求设计,乙类人防工程按照抗常规武器及生物化学武器的要求设计。无防护要求的地下空间建筑则无此类要求,因而也就不考虑对武器的防护作用。

　　(2)结构荷载不同

　　由于人防工程建筑考虑爆炸荷载作用,所以结构体系与非防护结构具有较大差别,该差别还体现在结构上不同的安全可靠度。结构荷载的不同,会使结构的造价、材料的标准都有较大差别。

　　(3)审批程序不同

　　工程管理及项目审批尽管大多都经过建设、规划、人防、卫生等各个管理部门进行审批,但是人防工程的建设、管理、审批主要归属人防管理部门,而非人防工程审批主要归属建设规划部门。

　　(4)使用功能的不同

　　人防工程由于考虑了平时与战时的两种功能设计,这在一定程度上影响了功能布局及设计要求,人防建筑设计有防护分区及平战结合要求,这是人防工程建筑设计的主要特点。如地下人防商业街在平时使用功能为商业,在战时将工程移交给政府作为人防功能使用,作为人员掩蔽所、物资库等,因此平战功能转换比较重要,这种工程称为平战结合工程。

　　(5)工程要求不同

　　人防工程具有防护、密闭、防毒等要求,而非人防工程没有此要求。这一点是人防工程建筑设计与非人防工程建筑设计最大的不同。这种不同还会带来建筑构造、改造与加固、结构、设备、防护设计等方面的差别。

通过以上分析可以看出,初步掌握了人防工程建筑防护的设计基础,就可以通过进一步的学习与实践,初步掌握人防建筑设计的基本原理与特征。

人防工程按照防护等级被划分为若干密级,高等级的人防工程主要体现在工程结构抗力高,口部布置要求高,设备要求及功能复杂等方面。如大城市与小城市,大型厂矿企业、桥梁隧道、电视广播与政府等重要部门,以及普通城市居民等,其防护要求一般有很大的不同。现代战争的特点一般不是以平民为主要打击对象,通常是以摧毁主要民用及军事设施、打击对方的经济命脉、重要防护设施、指挥通信及管理机构等为主要战争手段。人防工程是我国人民在战争灾害中保障自身安全的可靠手段,也是大多数国家主要的、耗资巨大的人防准备活动。

2. 工程相关规模与指标

人防工程防护通常分为主体防护和口部防护。主体防护是指人防工程中能满足战时防护和主要功能要求的部分,是满足人员、物资、装备等战时所需要的防护和生存要求的部分。

人防工程根据其等级或类型,有不同的规模及各项指标要求,面积计算方法也有相关的规定。人防工程有效面积是指能供人员、设备使用的面积,其值为人防工程建筑面积与结构面积之差。

人防工程掩蔽面积是指供掩蔽人员、物资、车辆使用的有效面积,其值为与防护密闭门(和防爆波活门)相连接的临空墙、外墙外边缘形成的建筑面积扣除结构面积和下列各部分面积后的面积:

(1)口部房间、防毒通道、密闭通道面积;
(2)通风、给排水、供电、防化、通信等专业设备房间面积;
(3)厕所、盥洗室面积。

表7.7为规范中各类人防工程规模确定的参照表。

表7.7 各类人防工程的有效面积、掩蔽面积

工程类型	工程等级或用途		单位	有效面积	掩蔽面积
医疗救护工程	一等(中心医院)		m²/个	2 500 ~ 3 300	
	二等(急救医院)		m²/个	1 700 ~ 2 000	
	三等(救护站)		m²/个	900 ~ 950	
防空专业队工程	专业队人员掩蔽工程		m²/人		3
人员掩蔽工程	一等、二等		m²/人		1
配套工程	柴油发电站	<200 kW 电站	m²/kW	1.18 ~ 1.68	
		200 ~ 1 000 kW 电站	m²/kW	1.26 ~ 1.50	
		>1 000 kW 电站	m²/kW	0.67 ~ 1.26	
	车辆掩蔽工程	小型车	m²/台		30 ~ 40
		中型车	m²/台		50 ~ 80

注:一等、二等医疗救护工程的有效面积,含电站面积。

3. 防护单元与抗爆单元

防护单元是指人防工程中防护设施和内部设备均能自成体系的使用空间。抗爆单元是指在防护单元中用抗爆隔墙分隔成的空间。

常5级及以下的地下人防工程主要通过设置防护单元,将工程划分为若干个独立自成体系、具有完备防护密闭特征的单元,以缩小战时炸弹破坏的范围,提高工程的抗打击及抗破坏能力。

防护单元、抗爆单元的面积指标是划分防护分区最重要的依据。若面积指标设定的太小,同等条件下就会增加多个防护单元,也就增加了出入口的数量、防护设备设施等。不仅影响工程平时使用功能,增加工程造价,而且由于常规武器的内爆炸效应,其威力可能破坏多个防护单元或抗爆单元,反而影响工程的生存概率。若面积指标设定得太大,划分防护单元和抗爆单元的意义就会大打折扣。因此人防工程应按照相应规范要求划分防护单元及抗爆单元。每个防护单元内的防护设施和内部设备均能自成体系。工程在每个防护单元中按照一定的要求设置抗爆挡墙,划分若干个抗爆单元。设置抗爆单元的目的在于防护单元一旦遭到炸弹击中时,尽可能减少人员或物资受到伤害的数量,以提高掩蔽人员与储备物资的安全概率。设计中只考虑在遭袭击时减少人员的伤亡,而在遭袭击后该防护单元即已丧失防护功能,因此不要求抗爆单元的防护设备或内部设备自成体系。单层掘开式工程的防护单元和抗爆单元的建筑面积应符合表7.8的规定。

表7.8　防护单元和抗爆单元建筑面积　　　　　　　　　　　　单位:m²

工程类型	防空专业队工程		人员掩蔽工程	配套工程
	人员掩蔽部	装备掩蔽部		
防护单元	≤1 000	≤4 000	≤2 000	≤4 000
抗爆单元	≤500	≤2 000	≤500	≤2000

掘开式人防工程为两层及以上时,防护单元的设置应符合下列要求:

(1)当采用共享空间连通时,防护单元建筑面积应为相连通的各层面积之和,并应符合表7.8的要求。

(2)防核武器和常规武器抗力级别为5级及以下的人防工程,地下二层及以下各层,可不划分防护单元和抗爆单元。

4. 防护单元隔墙

相邻防护单元之间应设置防护密闭隔墙,亦称防护单元隔墙,相邻防护单元之间的隔墙应为整体浇筑的钢筋混凝土防护密闭墙。一般情况下为单墙,当相邻防护单元之间设有伸缩缝或沉降缝时,单元隔墙应采用双墙,防护单元隔墙厚度应通过结构计算和有关构造来确定,表7.9为防护单元隔墙的厚度要求。

表 7.9 防护单元隔墙厚度要求

工程类型	厚度要求
甲类防空地下室	应按照相应的抗力要求计算得出,并不小于 250 mm
乙类防空地下室	常 5 级不得小于 250 mm;常 6 级不得小于 200 mm

为保证战时维护管理以及疏散人员方便,两相邻防护单元之间应至少设置一个连通口。在防护单元隔墙上开设连通口时,应在其两侧各设一道防护密闭门,以保障工程的防护及防毒密闭性能。当相邻防护单元的抗力级别不同时,高抗力的防护密闭门应设置在低抗力防护单元一侧,低抗力的防护密闭门应设置在高抗力防护单元的一侧(图 7.7)。为保证两道门均能同时关闭,墙两侧设有防护密闭门的门框墙厚度不宜小于 500 mm。

当两相邻防护单元间设有伸缩缝或沉降缝,且需设连通口时,在两道防护密闭隔墙上应分别设置防护密闭门,连通口设计如图 7.8 所示,且防护密闭门至变形缝的距离应满足防护密闭门门扇开启要求。

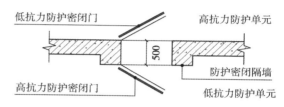

图 7.7 防护单元隔墙连通口

5. 抗爆隔墙

相邻抗爆单元之间应设置抗爆隔墙。两相邻抗爆单元之间应至少设置一个连通口。在连通口处抗爆隔墙的一侧应设置抗爆挡墙(图 7.9)。抗爆单元之间抗爆挡隔墙的作用是阻挡炸弹气浪及碎片,防止相邻抗爆单元内的人员受到伤害,因此设计中对抗爆挡隔墙的材质、强度、做法和尺寸等都有一定的要求。抗爆挡墙的材料和厚度应与抗爆隔墙相同。抗爆隔墙宜符合表 7.10 的规定。

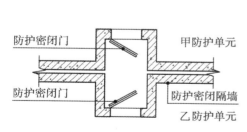

图 7.8 有变形缝两侧防护密闭门设置方式

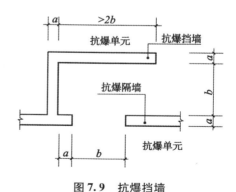

图 7.9 抗爆挡墙

a—抗爆挡隔墙厚度;b—门洞宽度

表 7.10 抗爆隔墙设置要求

隔墙类型	设置要求
不影响平时使用的抗爆挡墙、抗爆隔墙	宜在平时采用厚度不小于 120 mm 厚的钢筋混凝土或厚度不小于 250 mm 的混凝土整体浇筑
不利于平时使用的抗爆挡墙、抗爆隔墙	可在临战时构筑,其墙体的材料与厚度应符合以下要求: 1. 采用预制钢筋混凝土构件组合墙时,其厚度不应小于 120 mm,并应与主体结构连接牢固; 2. 采用沙袋堆垒时,墙体断面宜采用梯形,其高度不宜小于 1.8 m,最小处厚度不宜小于 500 mm。运用沙袋堆垒抗爆挡墙时,由于其截面为梯形,因此应保证挡墙与隔墙之间的距离满足人员或物资通过的要求

7.4　口部防护设计

口部是指人防工程主体与地表面或其他地下建筑的连接部分。如对于有防毒要求的人防工程,口部一般包括竖井、扩散室、缓冲通道、防毒通道、密闭通道、洗消间或简易洗消间、预滤室、滤毒室和出入口最外一道防护门或防护密闭门以外的通道等。

口部防护设计是人防工程战时防护的关键环节,也是设计中的重点和难点,是使战时地下空间与地面或地面建筑保持必要联系的保障,如人员、设备的进出,工程通风换气,给排水及内外联系所必须设置的各种管线孔口等。

7.4.1　出入口的设置

人防工程出入口是人员、设备的进出口,是工程口部的重要组成部分。出入口的类型、形式以及数量都是直接影响工程防护特性的主要因素。

1. 出入口的分类

(1)按战时功能分为主要出入口、次要出入口、备用出入口

主要出入口是指战时人员或车辆进出有保障,且使用方便的出入口。要求每个防护单元应至少设一个主要出入口,与其他出入口应有距离,掩蔽且不易被堵塞,即便在战时室外染毒状态下应能保证人员、车辆方便进入,该出入口常与排风口结合并设置洗消设施,其结构应满足战时抗力要求。

次要出入口是指战时主要供空袭前使用,当空袭使地面建筑遭到破坏后可以不再使用的出入口。

备用出入口是指战时一般情况下不使用,当其他出入口遭破坏或堵塞时应急使用的出入口。备用出入口应在空袭条件下不易被破坏和堵塞。备用出入口可采用垂直式,并宜与通风竖井合并设置(图 7.10)。竖井的平面净尺寸不宜小于 1.0 m × 1.0 m。当井口出地面部分在地面建筑倒塌范围以内时,其高出地面部分应采取防倒塌措施。

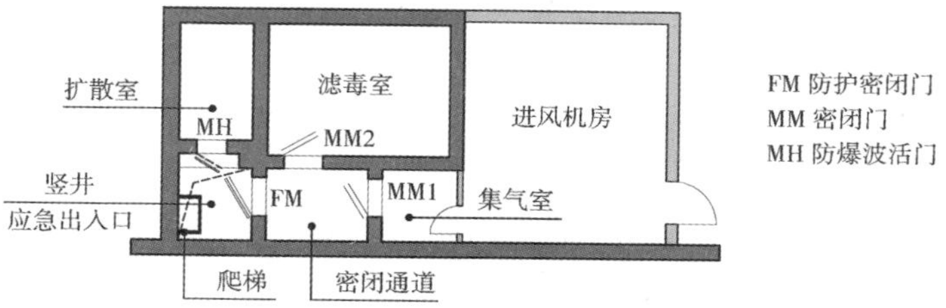

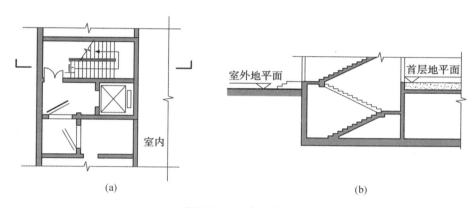

图 7.10　与工程主体进风口结合设计的应急出入口

（2）按位置分为室内出入口、室外出入口、连通口

室内出入口（图7.11），是指通道的出地面段（无防护顶盖段）位于人防工程上部建筑投影范围以内的出入口，通常位于上部建筑的楼梯间。战时空袭后由于建筑物的倒塌，室内出入口容易被堵塞，故室内出入口战时只能用作次要出入口。

（a）	（b）

图 7.11　室内出入口
（a）平面图；（b）剖面图

室外出入口（图7.12），是指通道的出地面段（无防护顶盖段）位于人防工程上部建筑投影范围以外的出入口。由于其出地面段位于上部建筑范围以外，空袭后倒塌物堵塞的可能性较小，所以室外出入口一般用作工程战时主要出入口。出入口位于地面建筑倒塌范围以内时，为了防止地面砌体建筑倒塌堵塞出入口，该出入口还应设置防地面建筑倒塌的棚架。在人防相关规范中对于不同防护等级及地面结构对此有不同的要求。

连通口是指人防工程（包括防空地下室）之间在地下相互连通的出入口。人防工程中防护单元之间为满足平时使用，在防护单元隔墙上开设的供平时通行、战时封堵的孔口称为单元间平时通行口。

2. 出入口的形式

出入口形式是指其防护门（防护密闭门）以外通道的形式。供人员及设备使用的出入口，主要形式有直通式、单向式、穿廊式、竖井式、楼梯式等几种，不同的形式其冲击波压力可能不同，平面与剖面设计也不同，详见图7.13。

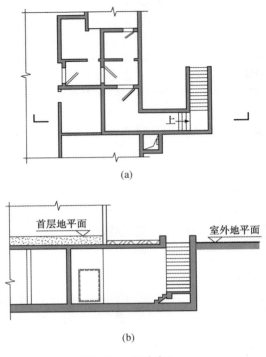

(a)

(b)

图 7.12　室外出入口

(a)平面图;(b)剖面图

(1)直通式出入口是指口部通道在水平方向上没有转折直通至地面的出入口。此种出入口虽然形式简单,出入方便,造价较低,但其敞开段正对防护密闭门,对防炸弹射入和防早期核辐射均不利。特别是遭核袭击后,大量的抛掷物可能会从地面进入通道内,并直接堆积在防护密闭门以外,从而影响防护密闭门的开启,故一般不采用此种出入口(图 7.13(a))。

(2)单向式出入口是指口部通道在水平方向上经转折,并从一侧通至地面的出入口。此种出入口出入也较方便,同时可避免直通式出入口的诸多缺点,只是造价略高于直通式,防空地下室一般常采用此种出入口(图 7.13(b))。

(3)穿廊式出入口是指口部通道出入端从两个方向通至地面的出入口。此种出入口的有利方面是进出较方便,可避免炸弹射入,并对防早期核辐射、防热辐射均有利;但占地面积较大,造价较高。指挥工程采用较多,其他工程较少采用(图 7.13(c))。

(4)竖井式出入口是指口部通道出入端从竖井通至地面的出入口。此种出入口占地面积小,造价低,防早期核辐射、防热辐射性能好,但进出十分不便。此种出入口一般与通风竖井结合作为备用出入口(图 7.13(d))。

(5)楼梯式出入口是指口部通道出入端从楼梯通至地面的出入口(图 7.13(e))。

3.出入口的数量

出入口的数量对工程的使用、防护性能以及造价影响较大。确定出入口数量时,应考虑工程的使用性质、规模及容量。

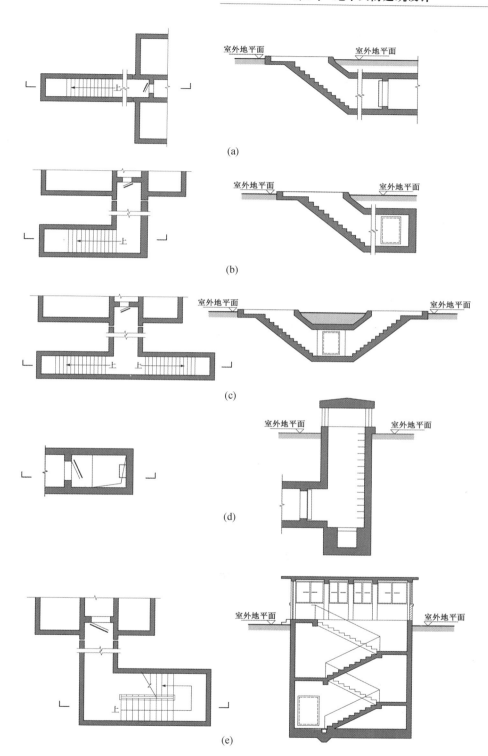

图 7.13　出入口形式

（a）直通式；（b）单向式；（c）穿廊式；

（d）竖井式；（e）楼梯式

（1）一般要求

根据现行规范要求,当防护单元面积大于1 000 m²时,应设置不少于2个出入口(不包括防护单元之间的连通口或竖井式出入口),其中至少有1个直通室外出入口。各口之间的距离不宜小于15 m,并应设置不同的朝向;当防护单元面积不大于1 000 m²时,可设置一个战时直通室外地面的主要出入口及一个通向相邻防护单元的连通口。

（2）特殊工程要求

城市遭空袭后为确保战时某些特殊工程使用的可靠性,要求消防专业队装备掩蔽部(消防车库)的室外车辆出入口不应少于2个;中心医院、急救医院和大型物资库(建筑面积大于6 000 m²的物资库)等地下人防工程的室外出入口不宜少于2个。同时为了尽量避免两个出入口同时被破坏,要求设置的两个室外出入口宜朝向不同方向,且宜保持最大距离。

（3）相邻两防护单元共用出入口的情况

当地面环境不允许工程设置多个出入口时,符合下列条件之一的两个相邻防护单元可在防护密闭门外共设1个室外出入口,抗力级别不同时,共设的室外出入口应按高抗力级别设计,且其共用段的宽度应与两防护密闭门宽度总和相适应。

①当相邻防护单元均为人员掩蔽工程时或其中一侧为人员掩蔽工程另一侧为物资库;

②当两相邻防护单元均为物资库时,且其建筑面积之和不大于6 000 m²。

7.4.2　出入口的防护设施

1. 人防门

人防门主要有防护门、防护密闭门、密闭门三种。防护门是指能阻挡冲击波,但不能阻挡毒剂进入的门;防护密闭门是指既能阻挡冲击波,又能阻挡毒剂进入的门;密闭门是指能阻挡毒剂,但不能阻挡冲击波进入的门。这些门主要由专业的生产厂家配套生产,门的开启方式有平开门、推拉门等多种类型,可适用于普通工业与民用等多种不同功能的地下防护建筑。

防护密闭门和密闭门是人防工程重要的防护设备。防护密闭门应向外开启,密闭门宜向内开启。人防工程人员出入口应设置由外到内的防护及密闭门,第1道门为防护门或防护密闭门,第2道门为密闭门,第3道门如果设置一般也是密闭门,当然对于有些高防护等级的人防工程也可设置两道防护密闭门及两道密闭门。

防护门及密闭门有平开门(图7.14)、拱形门和推垃门等。门的尺寸有多种规格,这些门都有相关的可供选用的标准图集,并由被批准的生产厂家来生产。防护密闭门和密闭门的设置数量根据工程的防护等级有所不同,设置的数量见表7.11。

防护门及密闭门按门洞尺寸计算,人防门及活门的类型编号是由其材质、类型、属性、门洞宽度和高度以及所属工程的抗力级别共同组成(图7.15)。我国编制出版的国家人防行业标准图集中给出了人员、车辆等出入口各种门的选用表。为了抵抗冲击波的压力,在门的四周设有门框墙。防护密闭门及密闭门的设置要注意铰页边、闭锁边以及门前通道的尺寸要求。铰页侧门框尺寸≥400 mm,闭锁侧≥250 mm,门槛高度≥130 mm(图7.16)。

2. 密闭通道与防毒通道

密闭通道及防毒通道是出入口两道门之间的一个空间,该空间都为了防毒而设置,但仍有可能被染毒。为了区分进风口与排风口的这两个防毒通道,则分别称为密闭通道和防毒通道,设置要求见表7.12。

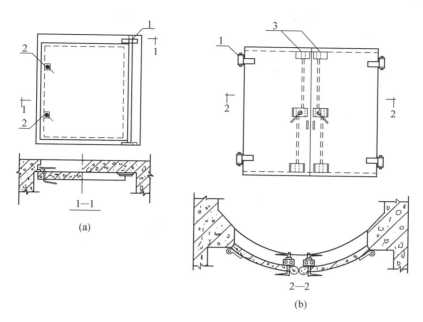

1—铰页;2—闭锁;3—联动插销闭锁

图7.14 平开防护门简图

（a）平板门;（b）模型门

表7.11 出入口人防门设置数量

人防门	工程类型			
	医疗救护工程、专业队队员掩蔽部、一等人员掩蔽所、生产车间、食品站		二等人员掩蔽所、电站控制室、物资库、区域供水站	专业队装备掩蔽部、汽车库、电站发电机房
	主要口	次要口	主要口、其他口	
防护密闭门	1	1	1	1
密闭门	2	1	1	0

注:1."其他口"包括战时的次要出入口、备用出入口以及与人防地下建筑的连通口等。

2.本表参考现行国家标准。

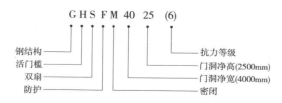

图7.15 人防门具体编号示意图

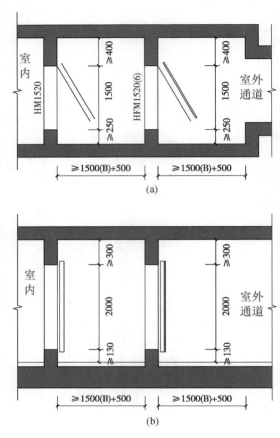

图 7.16　防护门设置示意图（单位：mm）

（a）平面图；（b）剖面图

表 7.12　密闭通道和防毒通道设置要求

设施名称	设置要求
密闭通道	1. 当防护密闭门和密闭门均向外开启时,其通道的内部尺寸应满足密闭门的启闭和安装需要; 2. 当防护密闭门向外开启,而密闭门向内开启时,两道门之间的内部尺寸不宜小于均向外开启时的密闭通道内部尺寸
防毒通道	1. 防毒通道宜设置在排风口附近,并应设有通风换气设施; 2. 防毒通道的大小应满足滤毒通风条件下换气次数要求; 3. 防毒通道的大小应满足使用需求; 4. 当两道人防门均向外开启时,在密闭门扇开启范围之外应设有人员(担架)停留区,人员通过的防毒通道,其停留区的大小不应小于两个人站立的需要; 5. 当外侧人防门向外开启,内侧人防门向外开启时,两门框之间距离不宜小于人防门的门扇宽度,并应满足人员(担架)停留区的要求

　　密闭通道是指出入口相邻的防护密闭门与密闭门或相邻的两道密闭门之间,靠密闭来阻挡毒剂等侵入工程内部的通道。该通道在工程外染毒情况下,不允许人员出入。工作原理:当室外染毒时,密闭通道的防护密闭门和密闭门始终是关闭的,不允许有人员出入。密闭通道一般和人防工程的进风口、次要出入口和连通口结合设计(图7.17)。

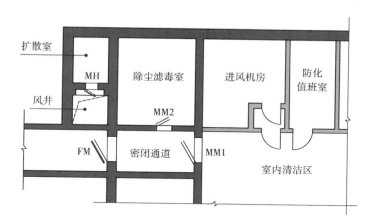

图 7.17　密闭通道

FM—防护密闭门;MM—密闭门;MH—防爆波活门

　　防毒通道是指出入口相邻的防护密闭门或相邻的两道密闭门之间,靠通风超压阻挡毒剂等侵入工程内部的通道。该通道在工程外染毒情况下,允许人员出入。工作原理:当外界染毒时,先打开防护密闭门,人员进入防毒通道;然后关闭防护密闭门,利用防毒通道内的换气设备将染毒空气排出室外,使防毒通道内毒剂浓度迅速下降到安全程度,再开启密闭门进入室内。防毒通道常与有人员出入的排风口相结合设置(图7.18)。

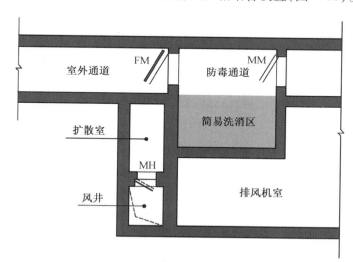

图 7.18　防毒通道

FM—防护密闭门;MM—密闭门;MH—防爆波活门

3.洗消间及简易洗消设施

洗消间是战时受沾染人员通过和消除全身有害物的房间。对于战时有人员出入的口部应设洗消间或简易洗消间,该人员出入口也被认为是战时主要出入口。

设置洗消间的出入口通常为战时主要出入口,适用于医疗救护工程、专业队员掩蔽工程和一等人员掩蔽工程等。洗消间通常由脱衣室、淋浴室、检查穿衣室三个房间组成。洗消间内设有相应的淋浴及检测等设施。洗消间均由第一防毒通道通过普通门进入脱衣间,由脱衣间通过密闭门进入洗消间,通过两道普通门分别进入穿衣间及第二防毒通道,然后由第二防毒通道通过第二道密闭门进入工程主体(图7.19)。

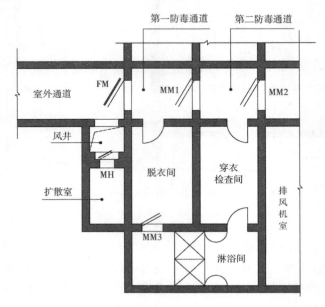

FM—防护密闭门;MM—密闭门;MH—防爆波活门

图 7.19　设置洗消间的战时主要出入口

简易洗消间是指战时供受沾染人员清除局部皮肤上有害物的房间。简易洗消间是将脱、洗、穿合并在一个房间内,防毒通道与简易洗消间之间可以设普通门,入口设防护密闭门和密闭门各一道,两道门之间的房间为防毒通道。进风竖井、防爆波活门及扩散室应按防护要求设置。二等人员掩蔽工程设置简易洗消设施,宜与防毒通道合并设置;当带简易洗消的防毒通道不能满足规定的换气次数要求时,可单独设置简易洗消间(图7.20)。

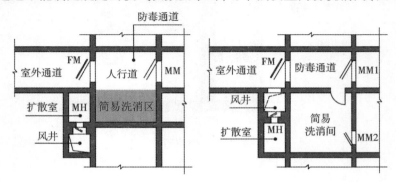

FM—防护密闭门;MM—密闭门;MH—防爆波活门

图 7.20　设置简易洗消设施的战时主要出入口

洗消间内淋浴器数量及其面积应满足使用要求(表7.13)。

表7.13　洗消间淋浴器数量及洗消间面积

工程名称		淋浴器数量/个	洗消间面积/m²
医疗救护工程		2	12
专业队队员掩蔽部 (防护单元建筑面积A)	(A≤400 m²)	2	12～24
	(400 m²<A≤600 m²)	3	
	(600 m²<A)	4	
一等人员掩蔽所 (防护单元建筑面积A)	(A≤500 m²)	1	6～18
	(500 m²<A≤1 000 m²)	2	
	(1 000 m²<A)	3	
食品站、生产车间		1～2	6～12
简易洗消间		1	6

洗消间和简易洗消设施的设置要求如表7.14所示。

表7.14　洗消间和简易洗消设施设置要求

设施名称	设置要求
洗消间	1. 洗消间应设置在防毒通道一侧,和人防工程排风口结合设计; 2. 脱衣间的入口应设置在第一道防毒通道内,淋浴间的入口应设置一道密闭门,穿衣检查间的出口应设置在第二道防毒通道内; 3. 淋浴间内淋浴器的布置应避免洗消前后人员足迹交叉; 4. 医疗救护工程的脱衣间、淋浴间和检查穿衣间的使用面积宜按每一淋浴器6 m²计算。其他人防工程的脱衣间、淋浴间和检查穿衣间的使用面积宜按每一淋浴器3 m²计算
简易洗消设施	1. 带简易洗消的防毒通道应由防护密闭门与密闭门之间的人行道和简易洗消区组成,人行道的宽度不宜小于1.3 m;简易洗消区的面积不宜小于2.0 m²,且宽度不宜小于0.6 m; 2. 单独设置的简易洗消间应设置在防毒通道一侧,其使用面积不宜小于5 m²。简易洗消间与防毒通道之间设置一道普通门,简易洗消间与清洁区之间应设置一道密闭门。

出入口人防门、密闭通道、防毒通道及洗消设施的设置数量可按表7.15中的规定。

表 7.15　战时出入口人防门、密闭通道、防毒通道和洗消设施的设置数量

工程类别	医疗救护工程、专业队队员掩蔽部、一等人员掩蔽所、加工车间、食品站		二等人员掩蔽所电站控制室		物资库区域供水站
	主要出入口	其他口	主要出入口	其他口	各出入口
防护密闭门	1	1	1	1	1
密闭门	2	1	1	1	1
密闭通道	—	1	—	1	1
防毒通道	2	—	1	—	—
洗消间	1	—	—	—	—
简易洗消间	—	—	1	—	—

注:表中的"其他口"包括战时次要出入口、备用出入口和非防护地下建筑的连通口。

7.4.3　通风口及其他孔口的设置及防护

1. 通风口的设置

通风口包括进风口、排风口、内部电站的排烟口(表 7.16)。

表 7.16　通风口的设置

通风口的类型	数量	位置	要求
战时进风口	1~2 个	考虑防护的工程,结合除尘室、滤毒室设计	室外通风口一般位于上部建筑投影范围之外,并与其具有一定距离。进风口与排风口之间的水平距离不宜小于 10 m
战时排风口	1 个	对于有防毒通道、洗消间或简易洗消间(区)的工程,排风口与战时主要出入口相结合设置	

2. 通风口的防护

战时通风口的工作状态与出入口有所不同。空袭警报之后,直到解除警报,为了室内的安全,出入口的人防门一直处于关闭状态。但是为使室内有足够的新鲜空气,通风不能间断,故在空袭警报后通风口仍应处于开启状态;若核爆冲击波到来,通风口又必须及时地关闭,而在冲击波过后又需自动开启,以便继续通风,因此战时通风口采用的方法必须适应这一特殊要求,目前工程中采用的方法是阻挡与扩散相结合,即采用设置以防爆波活门为主的消波系统的办法,达到削弱冲击波压力的目的(表 7.17)。

表7.17 通风口的防护

工程类型	通风要求	防护措施
医疗救护工程、专业队队员掩蔽部、人员掩蔽工程以及食品站、生产车间、电站控制室	战时要求不间断通风	防爆波活门 + 扩散室(或扩散箱)
物资库	战时要求防毒,但不设置滤毒通风,且空袭时可暂停通风	防护密闭门 + 密闭通道 + 密闭门
专业队装备掩蔽部 人防专用汽车库	战时允许染毒	防护密闭门 + 集气室 + 普通门

3. 其他孔口防护

其他孔口有对水管、排烟、电站、管沟、穿墙管等部位的防护,也必须满足相应要求。

(1)给水及排水孔口防护

给水孔口的防护是通过在管道上设置防爆波阀门,该口可从出入口或墙体引入。排水孔口根据排水方式及防护等级,通过闸板阀、防毒消波槽或防爆水封井解决防护问题,自流排出管采用消波槽或防爆水封井(图7.21)。排污水是通过设置防爆波化粪池解决防护密闭问题(图7.22)。

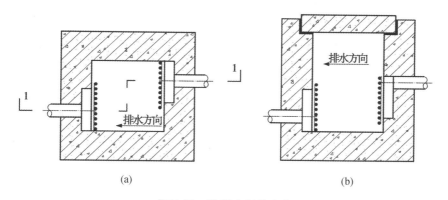

图7.21 防爆水封检查井

(a)平面图;(b)1-1剖面图

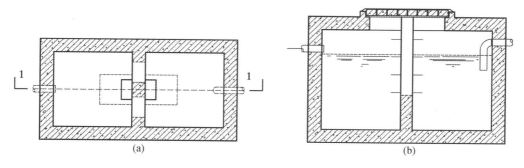

图7.22 防爆波化粪池

(a)平面图;(b)1-1剖面图

柴油发电机房在战时染毒状况下的维修可采用水封井解决密闭问题,其尺寸可满足1人进出,中间的墙要深入水中以保证防毒,池中的水为自来水。

(2)电气孔口防护

电气电缆应由防爆波井引入人防工程,在穿越墙体的部位预埋防护密闭穿墙管,电气电缆在这个穿墙管中通过,图7.23为电缆穿越墙体的穿墙管构造。

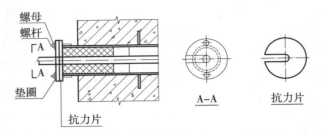

图7.23 电缆穿越防护密闭墙做法示意图

7.4.4 口部防护设施的综合布局及通风形式

1. 出入口的防护布局

出入口的防护要求包括:阻止冲击波进入主体(防护门);阻止毒气进入主体(密闭门);设置通风口降超压要求(防爆波活门与扩散室等)。根据出入口的防护要求,必须设置一些房间以满足其防护密闭的功能要求(表7.18)。

表7.18 口部综合防护措施

类型	分类	房间组成
与排风口结合设计的战时主要出入口	出入口设置易洗消间	排风口或排风竖井、扩散室、第一防毒通道、脱衣间、淋浴间、检查穿衣间、第二防毒通道和排风机室
	出入口设置简易洗消设施	排风口或排风竖井、扩散室、防毒通道、简易洗消间或简易洗消区和排风机室
与进风口结合设计的战时次要出入口或应急口	战时次要出入口	进风口或进风竖井、扩散室、密闭通道、滤毒室和进风机室
	应急出入口	通风竖井(设置人行爬梯)、扩散室、密闭通道、滤毒室和进风机室

2. 人防工程的通风形式

人防工程的战时通风方式有三种:清洁式通风、滤毒式通风和隔绝式通风。

清洁式通风是指室外空气未受毒剂等物污染时的通风,是可以不经过除尘滤毒设备。

滤毒式通风是指室外空气受毒剂等物污染,需经特殊处理时的通风。该通风的主要特点是通风需要经过除尘滤毒设备。

隔绝式通风是指室内外停止空气交换,由通风机使室内空气实施内循环的通风。该通风的特点是关闭通风系统中进、排风口所有阀门及出入口的防护与密闭门,使工程内部形成一个密闭空间,并要求空气在室内循环流通。为了防止在隔绝防护时间中由于氧气消耗对人造成的影响,要求根据防护设施类型设置隔绝防护时间的长短(表7.19)。

人防工程的通风与空调系统设计在战时应按防护单元设置独立系统,平时宜结合防火分区布置。

表7.19　战时隔绝防护时间及 CO_2 容许体积浓度、O_2 体积浓度

防空地下室用途	隔绝防护 时间/h	CO_2 容许体 积浓度/(%)	O_2 体积 浓度/(%)
医疗救护工程、专业队队员掩蔽部、一级人 员掩蔽所、食品站、生产车间、区域供水站	≥6	≤2.0	≥18.5
二等人员掩蔽所、电站控制室	≥3	≤2.5	≥18.0
物资库等其他配套工程	≥2	≤3.0	—

战时为医疗救护工程、防空专业队队员掩蔽部、人员掩蔽工程、食品站、生产车间和电站控制室、区域供水站的防空地下室,应设置清洁、滤毒、隔绝三种通风方式;人防物资库工程一般只设清洁式通风与隔绝式通风两种通风方式,只有在战时染毒情况下有人员出入时才设滤毒式通风系统。

在规范中对平时通风和战时通风都有风量的要求,防空地下室平时空气调节时新风量为 30 $m^3/($人·h$)$;平时空气调节新风量宜按表7.20取值,过渡季节采用全新风时不应小于 30 $m^3/($人·h$)$。战时人员新风量标准见表7.21。

表7.20　平时使用时人员空调新风量标准　　　　　　单位:$m^3/($人·h$)$

房间功能	空调新风量
旅店客房、会议室、医院病房、美容美发室、游艺厅、舞厅、办公室	≥30
餐厅、阅览室、图书馆、影剧院、商场(店)	≥20
酒吧、茶座、咖啡厅	≥10

表7.21　室内人员战时新风量　　　　　　单位:$m^3/($人·h$)$

防空地下室类别	清洁通风	滤毒通风
医疗救护工程	≥12	≥5
防空专业队队员掩蔽部、生产车间	≥10	≥5
一等人员掩蔽所、食品站、区域供水站、电站控制室	≥10	≥3
二等人员掩蔽工程	≥5	≥2
其他配套工程	≥3	—

同时房间还有换气次数的要求,平时使用的防空地下室,空调送风房间的换气次数每小时不宜小于 5 次。部分房间的换气次数宜按表7.22确定。

单位:h^{-1}

表 7.22　平时使用时部分房间的最小换气次数

房间名称	换气次数	房间名称	换气次数
水泵房、封闭蓄电池室	2	汽车库	4
污水泵间	8	吸烟室	10
盥洗室、浴室	3	发电机房储油间	5
水冲厕所	10	物资库	1

滤毒通风设计中对防毒通道的换气次数要求较高,甲级防化级别工程最小换气次数为 60～80 次/h,乙级防化级别工程为 50～60 次/h,丙级防化级别工程为 40～50 次/h。

3. 战时主要出入口防护布局与通风形式

战时主要出入口包括防护密闭门及密闭门、防毒通道、洗消间、排风竖井、防爆波活门及扩散室。

人防工程在战时的主要出入口应与排风口结合设计,洗消间或简易洗消间也设在该出入口。因为考虑在战时工程外界空气染毒时,在保证工程主体安全的前提下仍允许有部分人员进出,这就借助于排风系统的防毒通道和洗消间设施来完成,通过超压排风,形成洗消间或简易洗消间和防毒通道的通风换气,阻止工程外的染毒空气由此侵入。排风机房应设在清洁区。

图 7.24 为人防工程战时主要出入口的排风系统平面布置图,设有清洁、滤毒、隔绝三种防护通风方式时,排风系统可根据洗消间的设置方式不同,分别按图 7.24(a)、(b)、(c)进行设计,其排风系统操控方式见表 7.23。当然对于不同防护等级及使用性质的人防工程其防护及消波系统存在区别,主要区别是防护等级的高低决定消波系统、洗消及防护密闭系统的配置,可详见有关规范。

表 7.23　排风系统操作控制表

洗消设施设置方式	通风方式		阀门		排风机	
		开	关		开	关
(a) 简易洗消间设施置于防毒通道内的排风系统	清洁通风	3a、3c	3b、2		4	
	隔绝通风		3a、3b、3c、2			4
	滤毒通风	2、3b、3c	3a			4
(b) 设简易洗消间的排风系统	清洁通风	3a、3c	3b、2		5	
	隔绝通风		3a、3b、3c、2			5
	滤毒通风	2、3b	3a、3c			5
(c) 设洗消间的排风系统	清洁通风	3a、3b	3c、3d、3e、2		5	
	隔绝通风		3a、3b、3c、3d、3e、2			5
	滤毒通风　全工程超压	3e、3c、2、3d	3a、3b			5
	滤毒通风　口部局部超压	3a、3c、2、3d	3e、3b			5

滤毒通风时主要出入口防毒通道的排风,宜采用全工程超压或局部超压排风。图 7.24(c) 为设置洗消间的排风系统平面布置图。此种布局可实现全工程超压和口部局部超压两种超压方式,三种通风方式控制见表 7.23 中的(c)。

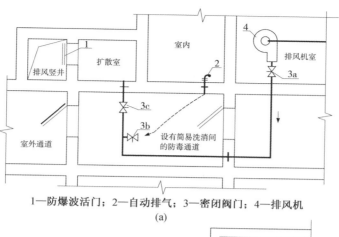

1—防爆波活门；2—自动排气；3—密闭阀门；4—排风机
(a)

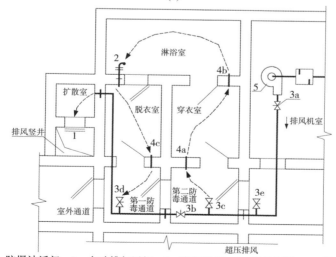

1—防爆波活门；2—自动排气活门；3—密闭阀门；4—通风短管；5—排风机
(b)

1—防爆波活门；2—自动排气活门；3—密闭阀门；4—通风短管；5—排风机
(c)

图 7－24 排风系统平面布置图

(a)简易洗消间设施置于防毒通道内的排风系统；(b)设简易洗消间的排风系统；(c)设洗消间的排风系统

图 7.25 为全工程超压排风带有洗消间的排风系统平面布置图,其三种通风方式控制表见表 7.24。

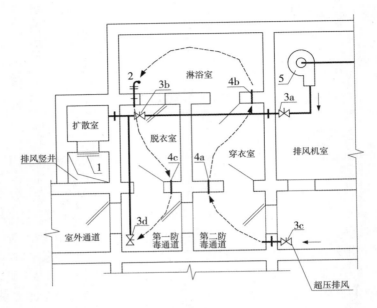

1—防爆波活门;2—自动排气活门;3—密闭阀门;4—通风短管;5—排风机

图 7.25　设置洗消间的排风系统平面布置图(全工程超压)

表 7.24　设洗消间的排风系统操作控制表(只设全工程超压)

通风方式	阀门		排风机	
	开	关	开	关
清洁通风	3a、3b	3c、3d、2	5	
隔绝通风		3a、3b、3c、3d、2		5
滤毒通风	3c、2、3d	3a、3b		5

4.战时次要出入口的防护布局与通风形式

人员出入口与进风系统组合作为战时次要出入口,该出入口与进风口形成一个完整的通风系统,该配置满足进风工艺要求,主要有进风竖井、进风防爆波活门、扩散室、密闭通道1 个或多个、除尘室、滤毒室、进风机房等。

图 7.26 是人防工程进风系统三种通风方式的基本原理图。设有清洁、滤毒、隔绝三种防护通风方式,并且清洁进风、滤毒进风合用进风机时,进风系统原理见图 7.26(a),其平面布置见图 7.27;设有清洁、滤毒、隔绝三种防护通风方式,并且清洁进风、滤毒进风分别设置进风机时,进风系统原理见图 7.26(b);设有清洁、隔绝两种防护通风方式,进风系统原理见图 7.26(c)。进风系统的三种通风方式操作控制见表 7.25。

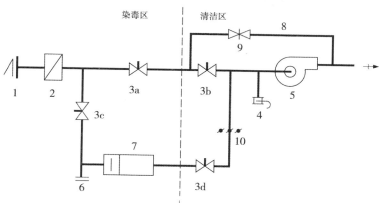

1—消波设施；2—粗过滤器；3—密闭阀门；4—插板阀；5—通风机；
6—换气堵头；7—过滤吸收器；8—增压管(DN25热镀锌钢管)；9—球阀；10—风量调节阀

(a)

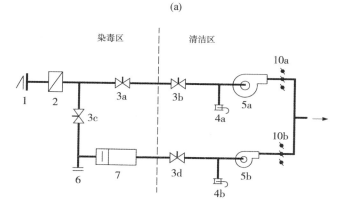

1—消波设施；2—粗过滤器；3—密闭阀门；4—插板阀；5—通风机；
6—换气堵头；7—过滤吸收器；10—风量调节阀

(b)

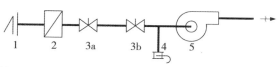

1—消波设施；2—粗过滤器；3a、3b—密闭阀门；4—插板阀；5—通风机；

(c)

图7.26 三种通风方式进风系统原理图

(a)清洁通风与滤毒通风合用通风机的进风系统；

(b)清洁通风与滤毒通风分别设置通风机的进风系统；

(c)只设清洁通风的进风系统

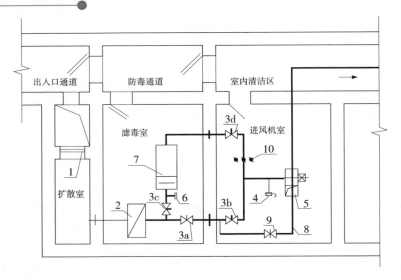

1—消波设施;2—粗过滤器;3—密闭阀门;4—插板阀;5—通风机;6—换气堵头;
7—过滤吸收器;8—增压管(DN25 热镀锌钢管);9—球阀;10—风量调节阀

图 7.27　清洁通风与滤毒通风合用通风机时三种通风方式的进风系统平面图

表 7.25　三种通风方式阀门风机操作控制表

通风方式		阀门		风机		空气流程
		开	关	开	关	
清洁通风与滤毒通风合用通风机的进风系统	清洁通风	3a、3b	3c、3d、9	5		工程外→1→2→3a→5→工程内
	隔绝通风	4	3a、3b、3c、3d、9	5		工程内→4→5→工程内 实现工程内空气的内循环,关风机房应有回风通道
	滤毒通风	3c、3d、9 调节 4、10	3a、3b	5		工程外→1→2→3c→7→3d→10→5→工程内 调节 10、4,控制通过过滤吸收器 7 的风量小于其额定风量
清洁通风与滤毒通风分别设置通风机的进风系统	清洁通风	3a、3b、10a	3c、3d、4a、4b、10b	5a	5b	工程外→1→2→3a→3b→5a→10a→工程内
	隔绝通风	4a、10a	3a、3b、3c、3d、4b、10b	5a	5b	工程内→4a→5a→10a→工程内 实现工程内空气的内循环,关风机房应有回风通道
	滤毒通风	3c、3d 调节 4b、10b	3a、3b、4a、10a	5b	5a	工程外→1→2→3c→7→3d→5b→10a→工程内 调节 10b、4b,控制通过过滤吸收器 7 的风量小于其额定风量

表 7.25(续)

通风方式		阀门		风机		空气流程
		开	关	开	关	
只设清洁通风的进风系统	清洁通风	3a、3b	4	5		工程外→1→2→3a→3b→5→工程内
	隔绝通风	4	3a、3b	5		工程内→4→5→工程内 实现工程内空气的内循环

　　一个完整的人防工程系统根据防护等级的要求会有较大的设备配置差别,如果防护等级较高就必须配备较高、完备的防护等级的体系,如需要设置自备发电机房、自备地下水源等,这些都增加了通风系统的复杂性。自备电站需要独立的进排风和排烟系统,同时电站中的机房又是染毒区域,当机房在染毒期间出现问题需要维修时,人员就会在水封通道处进入。

7.4.5 人防工程的防护设施

1. 通风系统的防冲击波设施

　　防护通风中应设置与相应等级相配套的消波系统,该消波系统的作用是削弱核爆炸冲击波的强度,消波系统有多种,最常用的有活门加扩散室系统。

　　(1)防爆波活门

　　防爆波活门是设置于通风口的外侧、在冲击波来到时能迅速关闭的防冲击波设备,后面连接扩散室,为了扩散室内部能够保证人员出入以便清洗内部,常将活门安装在防护门上,称为门式活门。

　　防爆波活门是通风口消波系统的第一道消波设备,而且是起着关键性作用的防护设备,主要有悬板式防爆波活门、胶管式防爆波活门及压扳式防爆波活门等。

　　防空地下室通常采用的是悬板式防爆波活门(图 7.28)。活门挡板下设 8 个可达到 1 800 m³/h 的风孔,其面积之和与直径 300 mm 的风管截面积相同,平时最大通风量为 11 520 m³/h。悬板式活门工作可靠,构造简单,消波率较高。

　　胶管式防爆波活门(图 7.29)是人防工程进、排风系统中一种高效的防爆波活门。胶管活门是采用以柔软而富有弹性的橡胶材料制成的,胶管为消波主体,用卡箍固定在钢体门扇上,组成具有通风消波性能的活门,具有胶管质轻,弹性变形大,在冲击波动载作用下容易失稳变形,闭合快,密闭性能好,消波率高等特点。

　　图 7.30 所示为压扳式防爆波活门。悬板式防爆波活门、胶管式防爆波活门的特征参数可查阅有关资料。

　　(2)扩散室和扩散箱

　　①扩散室

　　扩散室与活门共同组成对核爆冲击波的消波系统,活门安装在扩散室前墙上,当冲击波通过活门缝隙进入具有一定体积的扩大空间时,会使冲击波的密度下降,压力降低,而达到进一步削弱冲击波压力的目的。活门前的冲击波压力称为超压,其在传递过程中会发生反射、扰流等复杂的物理过程而使压力提高,活门抗力选择应不低于主体设防等级,通常把活门消波后进入扩散室的压力称为余压。这种消波系统构造简单,工作可靠,具体有活门

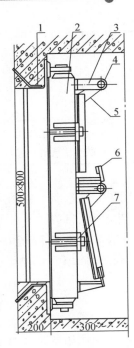
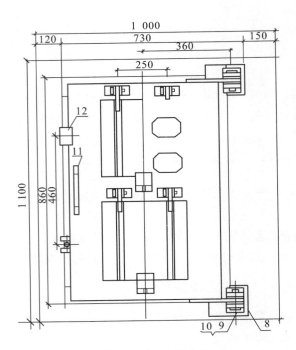

1—钢门框;2—门扇;3—悬板铰座;4—销轴;5—悬板;6—限位座;

7—垫块;8—门扇铰耳;9—门扇铰轴

图7.28　悬板式防爆波活门

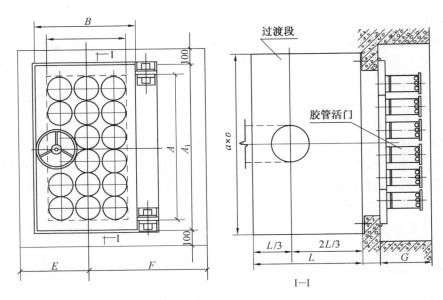

图7.29　胶管式防爆波活门示意图

+活门室,活门+扩散室等组合,把活门安装在防护门上称为门式活门。

采用"防爆波活门+扩散室"的通风消波设施时,活门与扩散室出风管的位置参见图7.31。扩散室应该采用钢筋混凝土整体浇筑,并应符合下列要求。

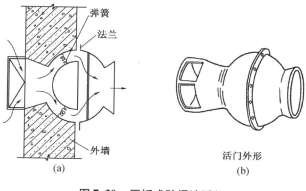

图 7.30 压扳式防爆波活门

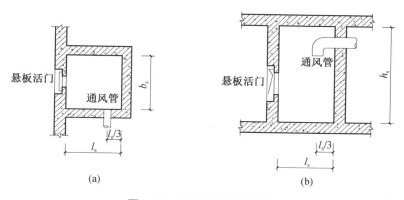

图 7.31 扩散室通风管的位置

（a）通风管设在侧墙上（平面图）；（b）通风管设在后墙上（剖面图）

a. 乙类人防工程扩散室的内部空间尺寸可根据施工要求确定,甲类人防工程扩散室的内部空间尺寸应符合下列规定:第一扩散室室内横截面净面积(净宽 b_s 与净高 h_s 之积)不宜小于 9 倍悬板活门的通风面积。当有困难时横截面净面积不得小于 7 倍悬板活门的通风面积;第二扩散室内净宽与净高之比 b_s/h_s 不宜小于 0.4,且不宜大于 2.5;第三扩散室室内净长 l_s 宜满足 $0.5 \leqslant l_s/(b_s \cdot h_s)^{0.5} \leqslant 4.0$,式中 l_s、b_s、h_s 分别为扩散室室内净长、净宽、净高。

b. 若通风管与扩散室的连接口设在扩散室侧墙,连接口应设在距后墙面 1/3 扩散室的净长 $l_s/3$ 处。

c. 扩散室内应设人孔以便于清洗,并应设地漏或集水坑。

②扩散箱(图 7.32)

扩散箱的消波原理与扩散室相同。扩散箱用厚度不小于 3 mm 的钢板制作而成,与悬板活门配合组成消波系统。其特点是节省空间,方便施工,降低造价,平时可不安装,临战转换时再行安装,且安装速度快。可以用于乙类人防工程和最低等级甲类人防工程替代扩散室(图 7.32)。

2.进风防尘设备

进风防尘设备主要是除尘器,它的作用是对空气进行除尘处理或消除放射性沾染等。空气中含尘浓度过大而影响工程内的空气环境和危害人员的身体健康,需要在进风系统中

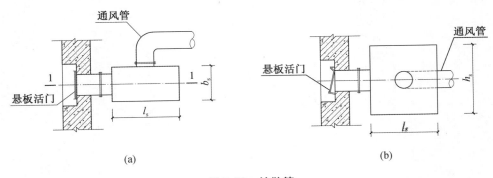

图 7.32　扩散箱

(a)平面图;(b)1-1剖面图

进行除尘处理就要安装除尘设备。

人防工程中的除尘器目前主要是 LWP 型除尘器(也叫油网过滤器),通常安装在清洁式通风与滤毒式通风合用的管路上,作为预滤除尘器。该滤尘器战时能过滤粗颗粒的爆炸残余物,平时能过滤空气中较大颗粒的灰尘(图 7.33)。

3.进风滤毒设备

过滤吸收器是防护通风系统上使用的滤毒设备,它是由精滤器和滤毒器两部分组成。其原因是毒剂也呈现两种状态:①蒸汽态,即毒剂施放后很快蒸发成蒸气,成为一种气体;②气溶胶,即毒剂在空气中形成液体的微滴或固体的微粒悬浮在空气中,此种微滴或微粒与空气的混合物称之为气溶胶。

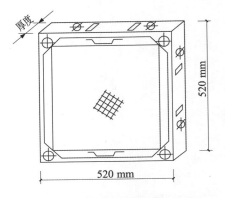

图 7.33　LWP 型除尘器结构图

在过滤吸收器中,能够过滤有害气溶胶的称为滤烟层(精滤器),大多数采用纤维性滤纸;能够吸附有毒蒸气的称为滤毒层(滤毒器,也称吸收器),一般采用活性炭作为催化剂(图 7.34)。依据它们的过滤、吸收作用,可将室外空气的染毒浓度降到容许浓度以下,以便在室外染毒情况下为室内人员提供新鲜空气。

4.通风密闭阀门

密闭阀门是通风系统密闭防毒的专用阀门,密闭阀门是通风系统中保证管道密闭和转换通风方式不可缺少的通风控制设备,安装在通风管道上,能够灵活启闭。根据阀门的驱动方式分为手动和手电动两用式密闭阀门(图 7.35、图 7.36)。开启时能保障正常的通风,关闭时能够做到密闭隔绝。

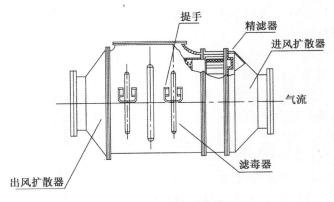

图 7.34　过滤吸收器

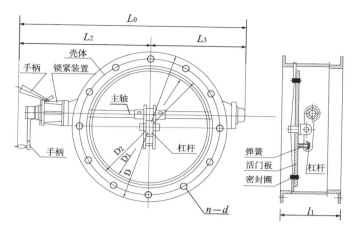

图 7.35 手动密闭阀门结构图

密闭阀门的用途如下：

（1）隔绝毒剂 用它可以使人防工程的通风系统与室外处于隔绝状态。

（2）改变通风方式 人员掩蔽工程的战时通风系统要求设置清洁通风、隔绝通风和滤毒通风三种通风方式。战时通风方式的改变，就是通过运用系统中设置在不同位置的密闭阀门的启闭来实现。

5. 自动排气活门、防爆自动排气活门

（1）自动排气活门

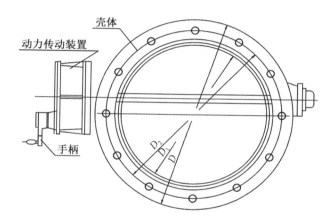

图 7.36 手电动两用式密闭阀门结构图

自动排气活门是超压自动排气活门的简称，是靠活门两侧空气压差作用自动启闭的具有抗冲击波余压功能的排气活门。超压自动排气活门是保证人防工程超压排风的重要通风设备。战时各人防门均处于关闭状态，工程内部成为一个密闭空间，当其进风系统为机械进风时，室内会形成通风超压，设置在排风系统中的自动排气活门在一定的通风超压的作用下自动排风；当室内超压较小或为零时，排气活动自动关闭，可以避免室外毒剂的侵入，其工作原理如图 7.37 所示。

（2）防爆自动排气活门

能直接抗冲击波作用压力的自动排气活门，称为防爆自动排气活门，与自动排气活门的作用原理相同，区别在于防爆自动排气活门能直接承受冲击波的压力作用，因此可安装在低抗力人防工程的临空墙上，代替了排风时的防爆波活门，既可以保障战时的超压排风，又具有防爆波的能力，从而可不另设消波系统。

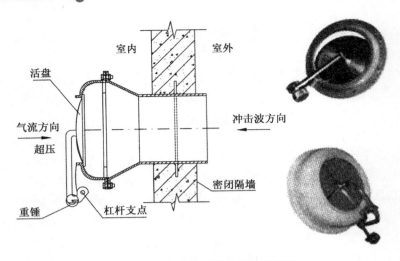

图 7.37　自动排气活门工作原理图

7.4.6　口部综合布置方案

出入口综合布置应根据工程的防护等级要求,力求简单适用、经济又能满足防护标准。

图 7.38 ~ 图 7.45 为单建式、附建式、岩石中几种不同形式布局的出入口综合布置方案。

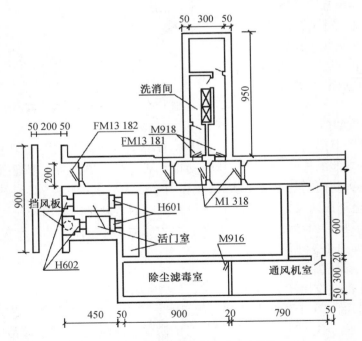

图 7.38　口部防护设备配置方案一(单位:cm)

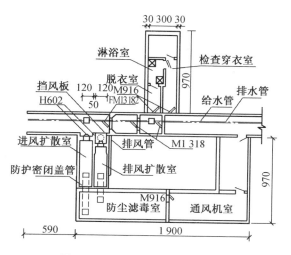

图7.39 口部防护设备配置方案二
（单位:cm）

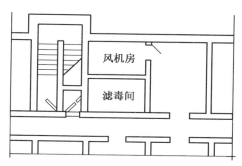

图7.40 用楼梯间作为出入口
兼进风口布置方案

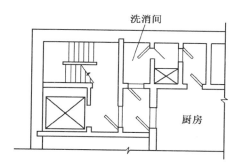

图7.41 某地下食堂楼梯间
电梯间综合布置

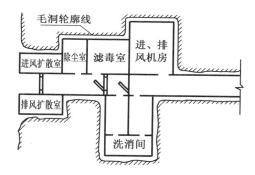

图7.42 过于复杂的口部布置举例

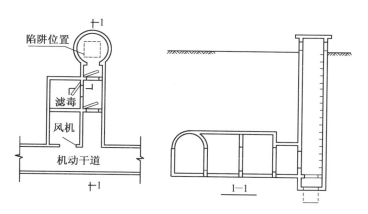

图7.43 安全出入口兼进风口布置方案

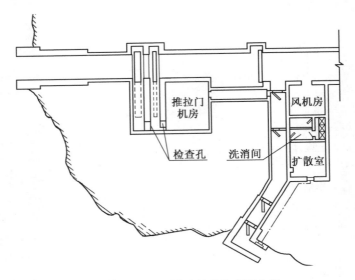

图 7.44   排风系统防护设施布置方案

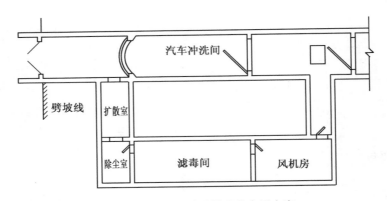

图 7.45   进风系统防护设施布置方案

7.5   平战功能转换措施

人防工程设计需要考虑平时使用和战时的防护功能,这就必然会出现平时和战时使用相互矛盾的问题。常采用两个方面来解决这一矛盾:一是考虑将战前短期内很难改变的设施,如结构抗爆体系等在设计中直接解决;另一个是将临战前短时间内即可进行转换的设施,如平时暂不考虑或作出具备转换条件的采取设计预留、临战前加固等措施。"临战前加固"是指在战前的一段时间对已有的人防工程进行改造或加固。这种既考虑平时又考虑战时的设计理念与标准简称为"平战结合",因此"平战功能转换"技术是人防工程平战结合的重要保障。平战功能转换技术涉及地下建筑、人防、结构、设备等多个专业领域,我国从 20 世纪 60 年代始就已出现平战结合的理念,经过几十年的发展,在该领域已取得很大进步,国家及各地区都颁布了相应的法律、法规、措施及规范,并有了统一的设计执行标准。

7.5.1 人防工程平战功能转换的意义及原则

人防工程平战结合的最大意义体现在几个方面:一是在战时能够担负起保护人民生命、财产安全的作用,二是在平时能够承担起为经济建设服务的任务,三是在平时自然灾害中具有应急救灾的能力。这最大限度地发挥了人防工程的作用,使建设资源自始至终都在为国家、社会和公众发挥作用。

平战结合有力地促进了人防工程的发展,促进了社会、环境、经济、战备效益的统一,在当前已成为加快人防建设步伐的主要途径。

人防工程平战功能转换应遵循以下原则:

(1)平战功能相近的原则,如平时和战时都可以是车库、粮库、医院等;

(2)平时建筑功能对战时功能布局影响不大的原则,如地下商业街平时是商业,而战时则变为掩蔽工程或物资库等;

(3)平战功能转换量最小的原则,考虑到经费、人力、物力、速度与时间、施工及改造加固的程度等,平时使用的工程一旦到战时会在极短时间内达到人防的全部作用。

(4)长期准备、分步实施的原则,人防工程建设是一个长期的任务,一般会分期完成,逐渐形成完整的、配套的人防体系。

(5)工业化装配化的原则,这不但有利于人防工程的建设,也有利于临战前的加固与改造,使人防工程建设达到工厂化、机械化、产品化和装配化,这也是地下工程未来的一个很重要的发展方向。

7.5.2 平战功能转换措施要求

根据规范要求,本书中平战功能转换措施适用范围为抗力级别为较低等级的新建、扩建平战结合的人防工程。人防工程平战转换措施应能满足战时的各项要求,并在规定的时间内完成,主要包括以下要求:

(1)早期转换要求30 d内完成物资、器材筹措、构件加工和安装;

(2)临战转换应在15 d内完成加固、安装及各类口部的封堵等措施;

(3)紧急转换应在3 d内完成防护单元连通口的转换以及综合调试等工作;

(4)平战转换应考虑在复杂的情况下完成任务,如在设计阶段预先考虑在不使用机械、不需要熟练工人、不考虑现浇混凝土等这些不利条件下完成平战转换。

7.5.3 工程出入口转换措施

人防工程平战功能转换,一般包括使用功能的平战转换、防护功能的平战转换以及内部设备系统的平战转换。其中防护功能的转换是工程防护的关键点,直接关系到工程的防护能力,因此技术更为复杂,转换工作量大。防护功能转换的内容主要包括出入口、通风口及其他孔口的防护功能转换。为了实现较为理想的平战结合,进一步提高工程平时的经济效益和社会效益,同时满足临战时快速转换的要求,平战结合的地下工程一般采用如下战时功能转换措施。

1.出入口临战封堵转换措施

出入口是人员或设备进出工程的重要衔接处,宜按平战结合的要求设置,当受到条件限制时,可设置专供平时使用的出入口。同时出入口也是工程防护的薄弱环节,出入口的平战功能转换措施一定要保证工程防护及密闭的各种特性要求。

专供平时使用的出入口在临战阶段进行封堵,启用预先设置的战时出入口,并设置防护密闭门和密闭门,构成密闭通道或防毒通道;某些宽度较小的特殊人防门,应设置活门槛或降落式的防护密闭门。

专供平时使用的出入口,垂直封堵方式主要有钢筋混凝土预制构件封堵、型钢构件封堵、一道钢筋混凝土防护密闭门封堵、两道人防门封堵等。

（1）构件封堵方式

当采用钢筋混凝土预制构件或型钢构件封堵平时使用的出入口时,平战转换设计的内容主要包括:平时预留、预埋设计以及临战封堵的构造措施。为保证工程的防护密闭特性,一般预制构件封堵方式在一个防护单元内不超过2个;当出入口宽度较小时,均可采用一道已安装的防护密闭门或两道人防门的封堵方式。

图7.46为钢筋混凝土预制构件临战封堵平面与剖面示意图。平时使用出入口临战封堵的转换设计要求如下。

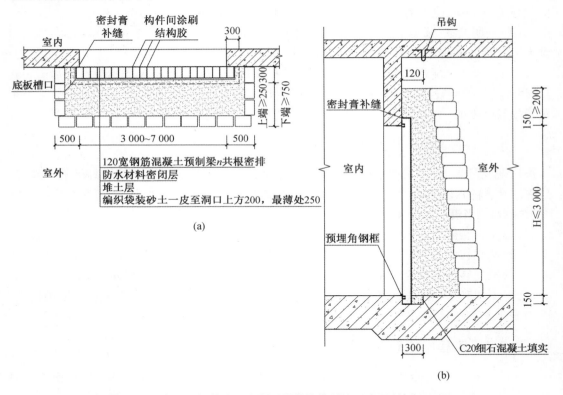

(a)

(b)

图7.46 出入口钢筋混凝土预制构件临战封堵示意图（单位:mm）

(a)平面图;(b)剖面图

①在工程底板上按所选封堵类型预留一定宽度的凹槽,但不能削弱其结构自身的抗力要求（图7.46(b)）,为了不削弱结构抗力,在开槽的底板处局部下沉;

②按照洞口的宽度与高度设置预埋的顶板吊钩、侧墙及门楣钢板,外露的金属表面应注意防止锈蚀与破坏;

③考虑到出入口封堵需要一定的厚度,因此要求封堵的平时出入口前方一定范围内不

能设置任何设施,其范围按照不同的封堵方式确定,一般为 1.2～1.5 m。

采用钢筋混凝土预制构件临战封堵操作工序如下:

①用细石混凝土把预制构件的下端固定在门前的地槽中,预制构件的上端直接与门楣的预埋钢板焊接;

②在预制构件的上端和外侧用建筑胶粘贴镀锌薄钢板,在镀锌薄钢板的外侧按防水层的做法设置密闭层;

③密闭层外为土袋堆垒层,堆垒层的高度应至少高于门洞且不小于 200 mm,土袋层上端厚度一般不小于 250 mm,下端厚度一般不小于 750 mm。自室内到室外的构造防护层依次为预制构件、建筑胶粘贴镀锌薄钢板、密闭层和土袋堆垒层等。

型钢构件临战封堵操作工序与钢筋混凝土预制构件基本一致,具体操作工序如下:

①用细石混凝土把型钢构件的下端固定在门前的地槽中,型钢构件的上端直接与门楣处的预埋钢板焊接(型钢构件上端的空隙部分需用厚度不小于 3 mm 的钢板经焊接将端头封堵);

②在型钢构件的上端和外侧用建筑胶粘贴镀锌薄钢板,在镀锌薄钢板外侧做好密闭层;

③密闭层外为堆土加土袋堆垒层,高度应至少高于门洞 200 mm,堆土加土袋层的上端最小厚度一般不小于 500 mm,下端厚度一般不小于 1 000 mm。自室内到室外的构造防护层依次为型钢构件、镀锌薄钢板、密闭层和土袋堆垒层等。

(2)一道防护密闭门封堵方式

防护功能平战转换宜优先选用转换速度快、转换工作量小的标准定型防护密闭门转换方式。特别当平时专用出入口洞口尺寸较小时,可直接选用单扇防护密闭门封堵。当防护单元中预制构件封堵的数量超过规范规定的限定数量时,宜采用防护密闭门封堵。

根据材料对早期核辐射衰减的作用原理,防护密闭门封堵宜采用钢筋混凝土防护密闭门封堵方式,当没有定型规模的钢筋混凝土防护密闭门时,也可以选用钢结构防护密闭门封堵方式。

图 7.47 为一道钢筋混凝土防护密闭门封堵的平面与剖面示意图。自室内到室外依次为一道钢筋混凝土防护密闭门、密闭层和土袋堆垒层。其土袋上端最小厚度一般不小于 250 mm,下端最小厚度一般不小于 500 mm;当采用钢结构防护密闭门封堵方法时,其堆土加土袋层合计的上端最小厚度一般不小于 500 mm,下端一般不小于 1 000 mm。图 7.48 为钢结构防护密闭门封堵的平面与剖面示意图。

(3)两道人防门封堵方式

采用防护密闭门及密闭门的出入口封堵方式,没有转换工作量,一般要求设置在防护密闭性能要求较高的部位,以及预制构件封堵数量超过限定量时。

①当采用两道钢筋混凝土人防门封堵时,应在门框墙内侧设置钢筋混凝土密闭门,在门框墙外侧设置钢筋混凝土防护密闭门。此时的门框墙厚度一般不小于 500 mm。

②当采用两道钢结构人防门封堵时,应在门框墙内侧设钢结构密闭门,在门框墙外侧设钢结构防护密闭门,并应在钢结构防护密闭门外侧设置堆土加土袋堆垒层。堆土加土袋层合计的上端最小厚度一般不小于 500 mm,下端厚度一般不小于 1 000 mm,门框墙厚度应不小于 500 mm(图 7.49)。

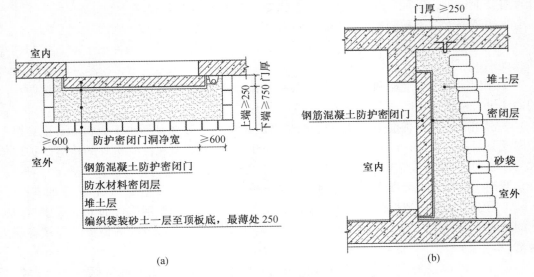

图 7.47　一道钢筋混凝土防护密闭门封堵方式（单位：mm）

（a）平面图；（b）剖面图

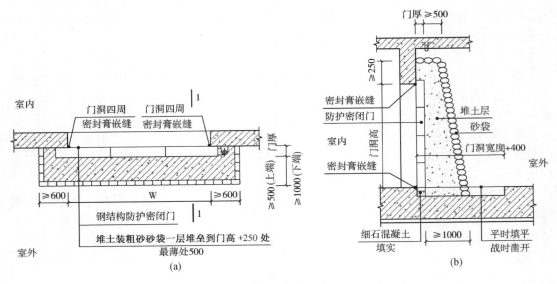

图 7.48　钢结构人防门临战封堵示意图（单位：mm）

（a）钢结构防护密闭门临战封堵平面图；（b）1-1 剖面图

2. 通风口及其他孔口平战功能转换措施

除了人员设备出入口外，平战结合的人防工程口部转换措施还包括平时专用通风口与平战结合通风口的转换措施、通风采光窗的临战封堵措施以及单元预留口的临战封堵措施等。

平战结合的地下工程，平时使用的通风量与战时通风量差别较大，同时内部通风系统及平面布局也有较大差别，因此可设置部分平时专用通风口，战时需要一定的临战封堵措施。另外一部分通风口平时战时结合使用，战时需要一定的平战转换技术措施。

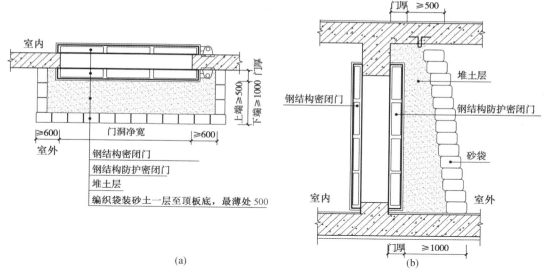

图7.49 两道钢结构人防门封堵方式(单位:mm)

(a)平面图;(b)剖面图

（1）专供平时使用的通风口平战转换措施

为利于平时使用,设计中允许设置专供平时使用的进风口、排风口和排烟口等。此类为平时服务而不在战时使用的通风口,其特点是风道截面积较大,在临战时必须对其进行可靠的封堵,才能保证战时抗力、密闭、防早期核辐射等防护要求。工程中常采用以下三种封堵方法:

①通风竖井上部水平封堵 在通风竖井上部邻近地面位置处设置预埋件和必要的槽口,临战时加盖钢筋混凝土封堵板,并采用密封膏(胶)、水泥砂浆以及防水卷材进行密封,然后填土(图7.50)。

此种临战封堵方法需将竖井的地面部分拆除,施工烦琐,井壁结构还应按防护密闭的特性要求设计,可靠性一般。

②通风口垂直封堵 当平时使用的风管是直接设置在竖井壁上时,按照规范要求必须采用预埋的设有密闭肋的短管,用钢板及橡胶皮垫与预埋短管用螺栓连接作为密闭层,并在口外用钢筋混凝土封堵板封堵(图7.51)。

此种方法施工预埋要求严格,封堵工序较为烦琐。

③采用人防门封堵 针对上述两种封堵措施的优缺点,可以采用设置集气室以及人防门的方式来优化此类型通风口的使用功能和转换措施(图7.52)。在通风机房中将一定的小空间用砖墙体设置集气室,通风管可较容易地直接设置在集气室墙壁任意部位;在邻近工程外侧的防护密闭墙上开设门洞,并安装防护密闭门和密闭门,平时开启,通风系统正常工作;临战时关闭防护密闭门和密闭门,直接完成通风口的封堵工作。

此种方法平时通风效果好,风管设置简单,维护检修便利,而且封堵速度快,防护可靠性强,但需占用一定的建筑面积,造价相对较高。

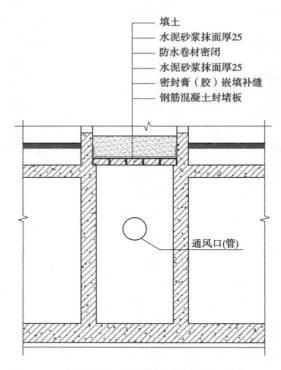

填土
水泥砂浆抹面厚25
防水卷材密闭
水泥砂浆抹面厚25
密封膏（胶）嵌填补缝
钢筋混凝土封堵板

通风口(管)

图 7.50　通风竖井上部水平封堵示意图（单位：mm）

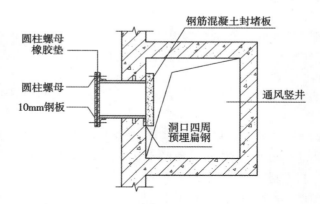

钢筋混凝土封堵板

圆柱螺母
橡胶垫

圆柱螺母

10mm钢板

通风竖井

洞口四周
预埋扁钢

图 7.51　通风口垂直封堵示意图

（2）平战结合的通风口平战转换措施

平战两用通风口，优点是平战系统结合紧密，占地面积小，而战时使用的消波设施，如门式防爆波活门的通风量通常满足不了平时进风的需求，应采用平战功能转换措施。该类型的通风口设计通常采用以下两种方法：

①主体要求防毒的工程，通风口的防护做法可采用"（防爆波门＋防护密闭门）＋防护密闭门＋密闭门"的防护做法（图 7.53）。

平时通风时打开两道防护密闭门和密闭门，以满足较大的通风量；战时通风时关闭两道防护密闭门和密闭门，将两道防护密闭门之间的通道作为通风口的扩散室，通过第一道防护密闭门上方的防爆波活门进行战时通风。这种措施转换方便,防护可靠,但人防门设置数量较多,建筑平面布局对内部使用空间影响较大。

②针对上述问题可采用第二种通风口设计方法(图7.54),将平时和战时两套通风系统以通风竖井为界限,设置在两侧。平时通风由防护密闭门和密闭门形成的密闭通道直接接入到集气室中;战时只需将防护密闭门和密闭门关闭,通风由另一侧的"防爆波活门+扩散室"系统完成。这种平战通风系统分布明确合理,维护检修方便,防护可靠,可直接作为工程的应急或备用出入口,而且无论战时通风量有多大或有多悬殊,均可满足相应的使用及防护要求。

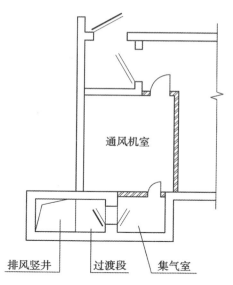

图7.52　采用人防门封堵通风口示意图

(3)通风采光窗平战功能转换措施

人防工程通风采光窗应在临战转换期限内,采用防护密闭盖板或预制构件封堵,并应在封堵构件外侧覆土或在内侧砌砖墙填塞。采光窗开口尺寸及数量要符合防护设计规范的要求。

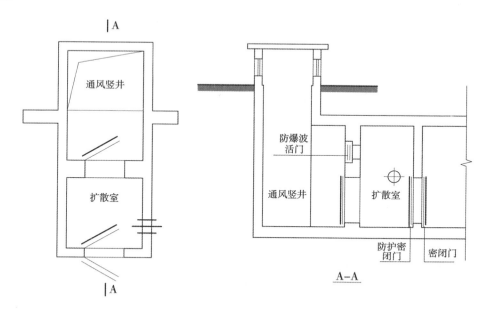

图7.53　通过"(防爆波门+防护密闭门)+防护密闭门+密闭门"的转换方式

7.5.4　工程主体平战功能转换措施

临战时地下人防工程除了需对口部进行平战转换外,工程主体也需进行功能转换。其转换措施包括结构、使用功能及空间的转换。

（1）主体结构转换措施

战时荷载设计的防护结构厚度与配筋远远大于平时荷载设计的相应厚度与配筋,因此在设计中可以按照不同的使用需求对结构分别处理。比较容易实现平战转换的措施之一就是改变结构跨度,战时适当增加支点,即平时为大跨度、小荷载,战时转换为小跨度、大荷载。被加固部位的构件在设计中应满足临战前、后两种不同受力状态的各项要求。后加柱可采用型钢柱、钢管柱、钢筋混凝土柱等支撑构件,并与主体结构的顶、底板(梁)应有可靠的连接,连接件应在施工设计时按设计要求预埋。

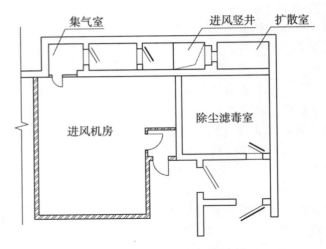

图 7.54　平战两用通风口设计示意图

（2）使用功能及空间转换措施

临战时对人防工程主体内部还应通过砌筑各类战时用房、抗爆挡隔墙、封堵防护单元预留口,以及内部设备转换与安装等技术措施,使工程在空间使用等方面达到工程战时预定的使用功能。图 7.55 为二等人员掩蔽所战时平面示意图。涉及的主体使用功能及空间转换的内容主要有以下方面:

①工程功能空间

工程功能空间的转换主要体现在防护单元预留口封堵以及抗爆单元砌筑等方面。图 7.55 所示的地下人防工程只占整个地下工程的一部分,因此采用出入口封堵的方式将其防护区与非防护区隔开。

抗爆单元隔墙主要是防止航爆弹破片和飞散物对人员和物资的损害。抗爆单元隔墙可以平时预先构筑,也可在临战转换时限内构筑,在临战转换时限内构筑的抗爆单元隔墙,要满足快速安装的要求,并应在设计施工时,预先设置预留、预埋件等。

防护单元隔墙应采用现浇钢筋混凝土结构,其浇筑、养护时间长,难以满足平战转换简便快速的要求,因此防护单元隔墙应与主体结构同时施工。为平时使用便利,防护单元隔墙上可留供平时通行的连通口和通风孔,但应综合考虑其防航爆弹、防核武器、防生化武器、结构刚度以及封堵构件重量的要求,应按相关规范对防护单元隔墙上孔洞的大小、数量加以限制。

②通风用房及设备

某些战时专用设备在平时长期闲置不用,既不经济,又难以维护,因此专供战时使用的防护通风等设备,平时可以预留位置,临战时再行安装。为保证临战时能及时安装投入使用,在施工图设计中必须一次性完成全部设计,并对预留做法加以具体交代。如图 7.55 所示,工程通风口采用的是平战结合的方式,通风机房均已砌筑完成。工程的防化值班室及配电室需临战砌筑并在其内增添战时内部控制设施。

③蓄水池设置

生活饮用水池(箱)可以兼作平时的消防水池(箱),但应设有临战时充满的措施,且其水质应符合生活饮用的要求。

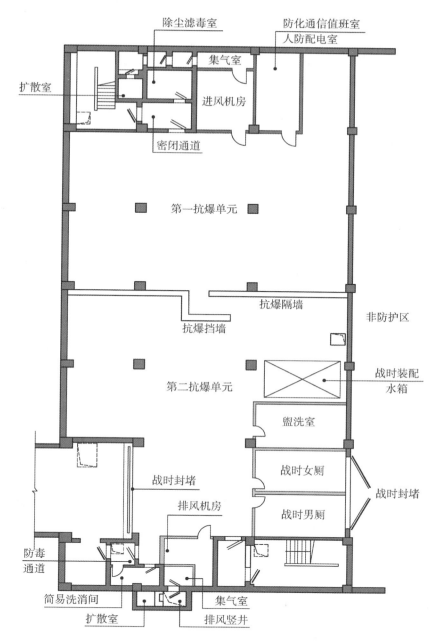

图7.55 某二等人员掩蔽所战时平面示意图

注:工程通风口采用平战结合的方式,通风机房在平战时均已砌筑完成,并在其内增添战时内部控制设备或设施;工程采用的是玻璃钢装配式水箱,其位置设置在用水房间附近;采用出入口封堵的方式将其防护区隔开;防护区划分为两个抗爆单元,其间用粗砂袋堆垒的方法构建抗爆挡隔墙。

④战时干厕及盥洗室设置

战时干厕和盥洗室对房间的设备要求十分简单,故可以采取平时预留位置,临战时构筑的做法。但要注意作为战时干厕的房间内应设置地漏,并要预先做好局部排风设施所需的预埋件,其位置应设置在工程主体排风口附近。

7.6　人防工程实例

1. 医疗救护工程（图 7.56）

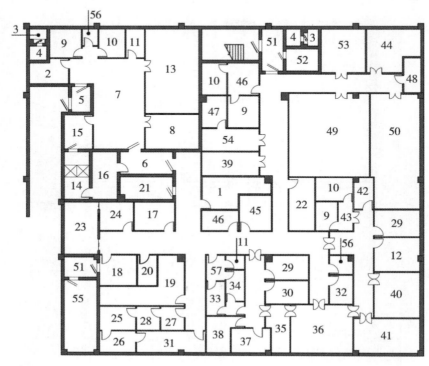

1—总务室；　　　　　　2—战时排风机房；　　　　3—风井；
4—扩散室；　　　　　　5—第一防毒通道；　　　　6—第二防毒通道；
7—分类厅；　　　　　　8—诊疗室；　　　　　　　9—男厕所；
10—女厕所；　　　　　11—污物间；　　　　　　12—治疗室；
13—急救观察室；　　　14—淋浴室；　　　　　　15—脱衣间；
16—穿衣检查间；　　　17—临床检查室；　　　　18—心电图 B 超室；
19—药房兼发药室；　　20—贮血库；　　　　　　21—防化验室；
22—计算机房；　　　　23—X 线机室；　　　　　24—操作诊断室；
25—整理室；　　　　　26—消毒灭菌室；　　　　27—接收室；
28—洗涤室；　　　　　29—医护办；　　　　　　30—石膏室；
31—库房兼发放室；　　32—清洗室；　　　　　　33—男更衣浴厕；
34—女更衣浴厕；　　　35—洗手室；　　　　　　36—手术室；
37—麻醉药械室；　　　38—无菌器械敷料室；　　39—库房；
40—外科病房；　　　　41—重症、隔离室；　　　42—库房兼敷料室；
43—盥洗室；　　　　　44—战时水箱间；　　　　45—站长室；
46—警卫室；　　　　　47—食品库；　　　　　　48—配电间兼防化通信值班室；
49—男寝室；　　　　　50—女寝室；　　　　　　51—密闭通道；
52—除尘滤毒室；　　　53—平时/战时进风机房；　54—配餐间；
55—空调室外机防护室；56—污泵间；　　　　　　57—换鞋处

图 7.56　某人防医疗救护工程平面示意图

2. 防空专业队工程（图 7.57、图 7.58）

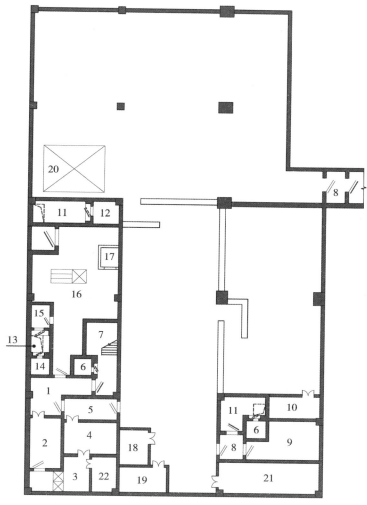

1—第一防毒通道；　　　　2—脱衣间；　　　　　3—淋浴间；

4—检查穿衣间；　　　　　5—第二防毒通道；　　6—扩散室；

7—楼梯间；　　　　　　　8—密闭通道；　　　　　9—除尘滤毒室；

10—防化通信值班室；　　　11—战时进风竖井；　　12—进风扩散室；

13—战时排风排烟竖井；　　14—排烟扩散室；　　　15—排风扩散室；

16—移动式柴油发电站；　　17—储油间污水泵间；　18—男干厕；

19—女干厕；　　　　　　　20—贮水水箱；　　　　21—战时进风机室；

22—污水泵间

图 7.57　某防空专业队队员掩蔽工程平面示意图

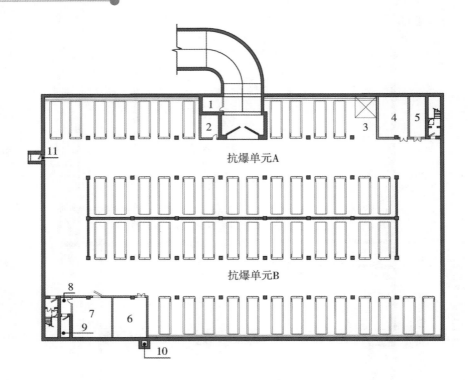

1—管理值班室；　　　　　2—戊类库房；　　　　　3—水箱；
4—消防水泵房（仅车库使用）；　5—消防控制室；　　　　6—配电间；
7—平战风机房；　　　　　8—集气室；　　　　　　9—竖井；
10—防爆波电缆井；　　　　11—预留连通口

图 7.58　某防空专业队装备掩蔽工程平面示意图

3. 人员掩蔽工程（图 7.59）

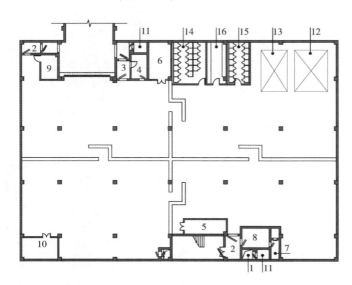

1—竖井；

2—密闭通道；

3—防毒通道；

4—简易洗消间；

5—战时进风机房；

6—战时排风机房；

7—除尘室；

8—滤毒室；

9—配电间兼防化通信值班室；

10—封堵构件储藏室；

11—扩散室；

12—饮用水箱；

13—生活水箱；

14—战时男干厕；

15—战时女干厕；

16—盥洗间

图 7.59　某人员掩蔽工程平面示意图

4. 配套工程
（1）物资库（图7.60）

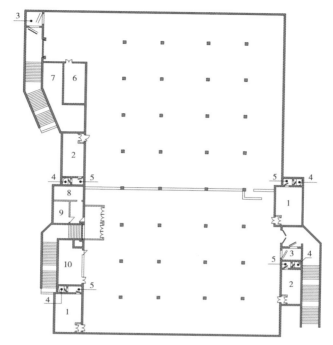

1—进风机房； 2—排风机房； 3—密闭道通； 4—竖井； 5—扩散室；
6—消防泵房； 7—消防水库； 8—女卫生间； 9—男卫生间； 10—配电室

图7.60 某物资库工程平面示意图

（2）柴油电站（图7.61）

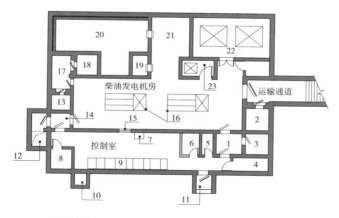

1—防毒通道； 2—进风扩散室； 3—滤毒室； 4—进风机房； 5—干厕；
6—深井泵房； 7—控制台； 8—休息间； 9—低压配电柜； 10—防爆波电缆井；
11—预留人防连通口； 12—竖井式出入口； 13—排烟扩散室； 14—密闭通道； 15—密闭观察窗；
16—柴油发电机组； 17—排风排烟竖井； 18—排风扩散室； 19—混合水池； 20—水库；
21—水泵房； 22—储油间； 23—油泵间

图7.61 独立设置的固定电站平面示意图

第8章 其他地下空间建筑

对于行政办公、文化、体育、医疗、科教等地下公共建筑而言,其在设计原理及功能布局上与相应的地上公共建筑基本相同。由于地下综合体具有极强的公共属性,地下公共建筑内部的公共空间设计要求与地下综合体也基本一致,因此本章对地下公共建筑将不再赘述。其他类型的地下民用建筑还有很多,本章将主要介绍几种城市中重要的、常见的地下空间建筑,包括地下道路、地下人行通道、地下综合管廊及地下仓储建筑。

8.1 城市地下道路

城市地下道路是指地表以下供机动车或兼有非机动车、行人通行的城市道路。随着社会的发展,地面交通拥挤和混乱已成为城市十分突出的矛盾,解决这一矛盾的有效措施就是在交通矛盾突出并且具备建设条件的地段修建地下道路。实践证明了城市地下道路对缓解交通具有十分显著的作用。地下道路的范畴很广,城市中的地下立交、越江隧道等都属于地下道路。

8.1.1 地下道路分类

根据交通功能,地下道路主要分为地下快速道路和地下车库联络道两类;根据服务对象可分为机动车专用地下道路和机动车与行人、非机动车共用的地下道路;按主线封闭端长度可分为特长距离、长距离、中等距离及短距离地下道路4类(表8.1)。

表8.1 地下道路按长度分类

分类	特长距离 地下道路	长距离 地下道路	中等距离 地下道路	短距离 地下道路
长度 L/m	$L > 3\ 000$	$3\ 000 \geqslant L > 1\ 000$	$1\ 000 \geqslant L > 500$	$L \leqslant 500$

本章将从交通功能角度着重介绍地下快速道路和地下车库联络道。

1.地下快速道路

地下快速道路以满足过境、到发交通为主,完善和补充地上道路系统,方向性明确,可分离过境交通,形成快速通道,提高主线交通效率。规划应根据客流需求、工程技术条件、环境景观等因素统筹布局,在受地面控制要素、环境景观要求的地段,如城市中心区、历史风貌保护区、旅游风景区等,宜考虑建设地下道路。

南京九华山玄武湖建设了全长为6.2 km的双向6车道越湖地下道路,减轻了环湖交通的压力,缩短了原来绕湖行车时间。上海市延安东路越江隧道,东起浦东陆家嘴,西至浦西延安东路福建路,全长2 261 m,隧道外径11.3 m,盾构法施工,车道宽7.5 m,净高4.5 m,

每小时通行能力达5万车次(图8.1)。

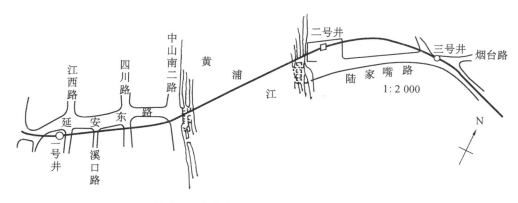

图8.1　上海市延安东路越江隧道示意图

除了交通功能显著以外,地下道路对于地面环境优化的效果明显,有利于保持地面步行系统和景观风貌的连续性,如美国波士顿中央大道原为6车道的高架桥,之后的改造方案为拆除高架桥,在地下开发建设了10车道的地下快速路,地面改造为景观绿地和可以适度开发的城市用地。西班牙马德里的M-30快速路改造工程是结合城市河岸改造建设地下快速路的成功案例之一,图8.2(a)为改造前的状况,曼萨纳雷斯河河岸两侧被拥挤的城市公路所占据,交通繁忙、绿化不足、噪音混杂、污染严重,滨水空间更是紧张。改造后的方案是把道路建设在地下,如图8.2(b)所示,通过河岸两侧恢复100万平方米的绿化,建成滨水景观空间,美化和净化了环境,消除了车辆运行带来的空气污染及噪声污染,成为当地特色的滨水休闲活动区域。

(a)　　　　　　　　　　　　　　　　(b)

图8.2　西班牙马德里M-30快速路改造前后对比

(a)改造前;(b)改造后

2. 地下车库联络道

地下车库联络道是一种新型的城市地下道路,是指用于连接各地块地下车库,并直接与城市道路相衔接的地下车行道路,一般以服务小型客车为主,设计车速低,可作为一个独立系统的公共交通设施。

在合适的区域布局形成地下环路,将周边地下停车库等设施连接起来,整合成一个停车系统,能够使车辆由城市路网快速到达目的地停放,实现静态交通与动态交通的转换,提高停车效率,净化、分流地面交通,提高核心区域的环境品质(图8.3)。

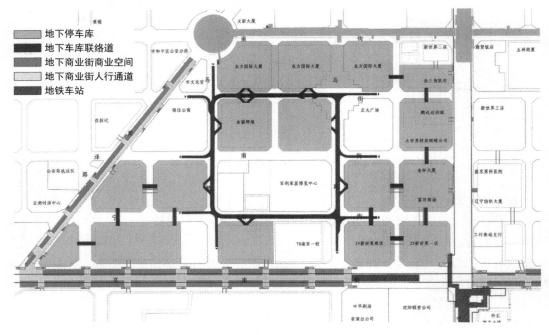

图8.3 某区域地下二层地下车库联络道布局方案

8.1.2 原则与要求

1. 规划原则

(1)分流交通

地下道路建设应以缓解城市地面交通问题为导向,如交通拥堵、通行效率低等,地下道路应与地面道路布局相统一,衔接合理,注重地面交通的分流。地下道路可以与地铁、综合管廊、地下人行通道等统筹规划建设。

(2)经济合理

地下道路建设造价很高,针对不同的现场条件应选择合适的设计及施工方案,并做到适度超前,最大限度地解决交通问题并能适应后续发展。

(3)现状适宜

统筹考虑与现状环境的协调,如地面建筑、地下建(构)筑物、地质条件及江河湖海山等不同环境。

(4)环境保护

注重地面环境及历史风貌的保护,做到公共优先、保护优先。拉近城市空间距离,充分发挥土地的集聚效益。

2. 设计要求

(1)地下道路的建设是解决交通拥堵的重要途径之一,根据地面交通的具体情况,应充分研究建设地下道路的可行性,地面保护是建设地下道路的重要因素之一。

（2）对立项进行充分论证，规划应与近、中、远期的城市路网合理衔接，与区域路网规划、区域地下空间规划相结合。

（3）加强对基础资料的调研，掌握规划段的地面建筑性质、间距、环境条件、工程水文地质及地下空间、地下管线的状况。

（4）从我国城市防灾观念出发，地下道路建设需与人防体系相结合，形成整体的疏散干线体系。

（5）符合城市地下空间规划确定的深度层次、限界等规划要求，合理确定地下段的长度及埋深。

（6）处理好与市政管线、轨道交通设施、综合管廊、地下文物及其他地下基础设施的关系，合理安排、集约化利用地下空间。

（7）地下道路应协调与地面交通的衔接，保证地下道路主线畅通，进出交通有序，出入交通组织顺畅合理。

（8）城市地下道路建设涉及面大，造价高，设计应结合周边环境，从技术、经济、工期、环境影响等方面综合比较，选择合理的结构形式和施工方法。

8.1.3 地下道路规划设计

城市地下道路在规划设计上与地面道路具有较大的差异，我国于2015年发布并实施了《城市地下道路工程设计规范》（CJJ221—2015），更加符合了城市地下道路的特点。

地下道路规划设计主要包括：地下道路线形的平面、纵断面与横断面的综合设计，地下道路出入口的综合设计与出入口交通组织，交通设施设计以及防灾设计等内容。

1. 设计速度

地下道路的等级应与两端衔接的地面道路等级一致，并且应与两端衔接的地面道路采用相同的设计速度（表8.2），条件困难时，可降低一个等级。

表8.2 各级城市地下道路的设计速度

道路等级	快速路			主干路			次干路			支路		
设计速度/(km/h)	100	80	60	60	50	40	50	40	30	40	30	20

注：除短距离地下道路外，设计速度应不大于80 km/h

为了避免车辆在短距离范围内改变运行速度，从而不利于行车安全，短距离的地下道路应与两端接线地面道路的设计速度相一致。地下道路匝道宜为主线设计速度的0.4~0.7倍。

由于地下车库联络道通常需要在有限的区域空间内将各地块地下停车库串联起来，需要接入的地下停车库出入口或车行连接通道较多，因此过高车速会带来较大的行车安全隐患，地下车库联络道的设计速度应为20 km/h。北京金融街、无锡锡东新城高铁商务区以及武汉王家墩商务区等地下车库联络道的设计速度均为20 km/h。

2. 建筑限界

地下道路建筑限界应为道路净高线和两侧侧向净宽边线组成的空间界线（图8.4），地下道路建筑限界内不得有任何物体侵入。建筑限界顶角宽度(E)不应大于机动车道或非机动车道的侧向净宽度。在《城市地下道路工程设计规范》中,对建筑限界组成最小值(表8.3)及地下道路的最小净高(表8.4)进行了规定。

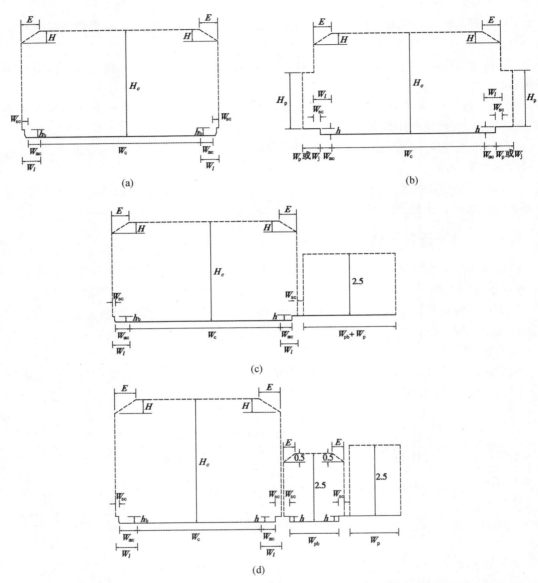

E—建筑限界顶角宽度;H—建筑限界顶角高度;h—缘石外露高度;h_b—防撞设施高度;H_c—机动车车行道最小净高;H_p—检修道或人行道最小净高;W_c—机动车道的车行道宽度;W_j—检修道宽度;W_1—侧向净宽;W_{mc}—路缘带宽度;W_p—人行道宽度;W_{pb}—非机动车道的路面宽度;W_{pc}—机动车道路面宽度;W_{sc}—安全带宽度

图8.4 城市地下道路建筑限界

(a)不含人行道或检修道;(b)含有人行道或检修道;

(c)含有非机动车道和人行道(情况一);(d)含有非机动车道和人行道(情况二)

表8.3 建筑限界组成最小值

建筑限界组成	路缘带宽度（W_{mc}）		安全带宽度（W_{sc}）	检修带宽度（W_j）	缘石外露高度（h）	建筑限界顶角高度（H）	
	设计速度 ≥60 km/h	设计速度 <60 km/h				$H_c < 3.5$ m	$H_c \geq 3.5$ m
取值 /m	0.50	0.25	0.25	0.75	0.25～0.40	0.20	0.50

注:1. 当两侧设置人行道或检修道时,可不设安全带宽度。

2. 非机动车道路面宽度（W_{pb}）或人行道宽度（W_p）应符合行业标准《城市道路工程设计规范》的规定。

表8.4 城市地下道路最小净高

道路种类	行驶交通类型	净高/m	
机动车道	小客车	一般值	3.5
		最小值	3.2
	各种机动车	4.5	
非机动车道	非机动车	2.5	
人行或检修道	人	2.5	

3. 横断面设计

地下道路的横断面设计应在满足建筑限界的条件下,为通风、给排水、消防、供电照明、监控、内饰装修等各类设施设备提供安装空间,通过合理的布置充分利用空间,同时对结构变形、施工误差、路面调坡等进行预留。

（1）横断面组成与布置

地下道路的典型横断面宜由机动车道、路缘带等组成,根据需要可设置人行道与非机动车道,特殊横断面还应包括紧急停车带及检查道等。

地下道路按道路用地和交通运行特征可选用单层式横断面或双层式横断面。单层式地下道路是指在同层布置车辆行驶,设置单层车道板,车道下部和上部的空间用于设备布线、通风孔道和疏散逃生设施的布置,通常采用双孔实现双向交通通行。如上海延安东路隧道、上海长江隧道（图8.5）、南京长江公路隧道、武汉长江隧道、钱塘江隧道等均为单层形式。

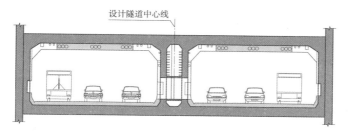

图8.5 上海长江隧道横断面布置（明挖段）

双层式地下道路是指采用上下两层布置车辆行驶,在同一断面上布置双层车道板,分别满足上、下行方向的交通通行,利用行车道的上、下部空间布置排风道,侧壁空间布置管线和逃生设施。从空间利用的角度来看,双层式空间利用更为紧凑,尤其是在城市地下空间极其有限的情况下,应节约布局,尽量减少占用地下空间资源。如上海外滩隧道(图8.6)、法国 A86 隧道(图8.7)、马来西亚 SMART 隧道等均采用双层形式。

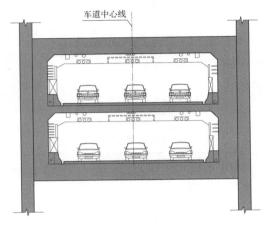

图 8.6　上海外滩隧道横断面(明挖段)

　　根据地下道路内的空间是否封闭,横断面可分为敞开式和封闭式(图8.8)两种形式。敞开式的地下道路是指顶部打开且交通通行限界全部位于地表以下的形式。其中顶部打开包含顶部全部敞开和局部打开两种形式(图8.9)。敞开式和封闭式的地下道路在通风、照明等方面设计存在较大差异。

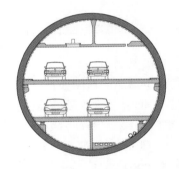

图 8.7　法国 A86 隧道横断面

　　地下道路横断面的布置形式多样,在设计中可从能否便于两端接线路网的交通疏解、是否要满足大型车(如公交车)通行、地下道路内部空间利用是否紧凑、合理等众多角度进行分析和方案比选,通过综合考虑合理确定地下道路的横断面形式。

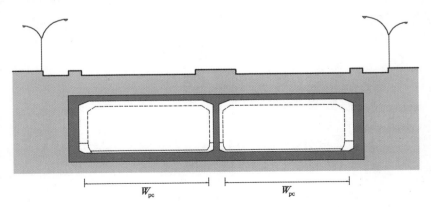

图 8.8　封闭式地下道路示意图

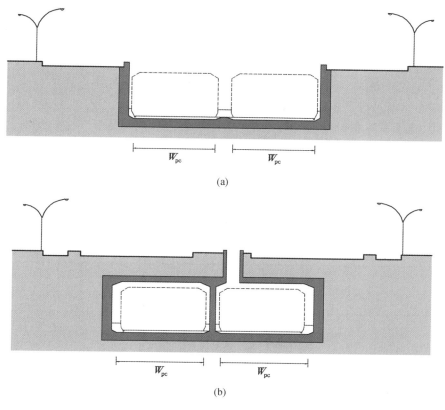

W_{pc}—机动车道路面宽度

图8.9 敞开式地下道路示意图

(a)顶部全部打开;(b)顶部局部打开

　　地下道路不宜在同一通行孔布置双向交通,当断面布置困难需在同一通行孔布置双向交通时,必须采用中央安全隔离措施,并满足运营管理安全可靠的要求。

　　(2)横断面宽度

　　地下道路机动车道的宽度应符合《城市道路工程设计规范》的规定。当采用小客车专用道时,车行道宽度(表8.5)一般情况下应采用规范中的一般值,条件受限时可采用最小值。

表8.5 小客车专用地下道路的一条机动车道宽度

设计速度/(km/h)		>60	≤60
车道宽度 /m	一般值	3.50	3.25
	最小值	3.25	3.00

　　由于在地下道路的同孔内满足人、车的交通通行具有一定的安全隐患,因此城市地下快速路严禁在同孔内设置非机动车道或人行道,当城市地下主干路、次干路、支路需在同孔内设置非机动车道或人行道时,必须严格设置安全隔离设施,实现行人、非机动车与机动车的安全分隔。机、非之间的分隔措施为在机动车道外侧设置隔离护栏,行人与非机动车之

间可采用护栏、侧石或路缘石等分隔措施。

（3）紧急停车带

长或特长单向两车道地下道路宜在行车方向的右侧设置连续式紧急停车带,单向两车道的地下快速路应在行车方向的右侧设置连续式紧急停车带。连续式紧急停车带宽度应根据设计速度、设计车型、使用功能、经济成本以及工程可实施性等方面综合论证确定,规范中对其最小宽度进行了规定(表8.6)。单向单车道的地下道路主线或匝道应设置连续式紧急停车带,宽度不应小于规定中的一般值。当设置连续式紧急停车带困难时,宜设置应急停车港湾(图8.10、表8.7)。

表 8.6　连续式紧急停车带最小宽度

车型及车道类型	一般值/m	最小值/m
大型车或混行车道	3.0	2.0
小客车专用车道	2.5	1.5

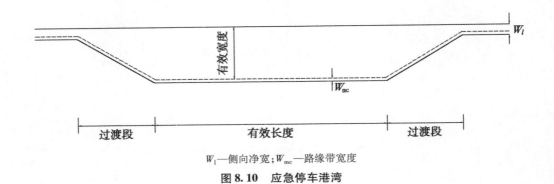

W_l—侧向净宽;W_{mc}—路缘带宽度

图 8.10　应急停车港湾

表 8.7　应急停车港湾设置规定

设置位置	设置间距	有效宽度	长度
不宜设置在曲线内侧等行车视距受影响路段	宜为 500 m	≥3.0 m	有效长度≥30 m 过渡段长度≥5 m

4.平面及纵断面设计

（1）平面设计

地下道路的平面线形布置应根据城市总体规划及道路交通规划的要求,综合考虑地面道路、地形地物、地质条件、地下设施、障碍物及施工方法等进行确定。

地下道路的直线、平曲线、缓和曲线、超高、加宽等平面设计应符合《城市道路路线设计规范》(CJJ 193—2012)的规定。地下道路洞口内外各 3 s 设计速度行程长度范围内的平纵线形应一致。

（2）纵断面设计

地下道路的纵断面线形布置应根据道路交通规划控制高程、道路净高、地质条件、地下管网设施布置、道路排水、覆土厚度等要求,综合考虑交通安全、施工工艺、造价、运营期间的经济效益、节能环保等因素合理确定(图8.11)。

地下道路的纵坡宜平缓,尽量采用较小的纵坡,机动车道的最大纵坡(表8.8)及坡长应满足规范的要求。设计中应综合考虑各类机动车辆动力性能、道路等级、设计速度以及地形条件等因素,当纵坡大于最大纵坡的一般值时应限制坡长,但不得超过最大纵坡最大值。

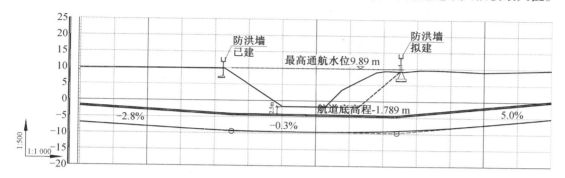

图8.11　芜湖市中山路地下道路纵断面设计(越江段)

表8.8　地下道路机动车道最大纵坡

设计速度/(km/h)	80	60	50	40	30	20
一般值(%)	3	4	4.5	5	7	8
最大值(%)	5			6		8

注:除快速路等级外,受地形条件或其他特殊情况限制,经技术经济论证后,最大纵坡最大值可增加1%。

①积雪和冰冻地区承担快速路功能的地下道路,洞口敞开段最大纵坡不应大于3.5%,其他等级地下道路最大纵坡不应大于6%,否则应在洞口敞开段采取相应措施以确保路面不积雪结冰。

②地下道路最小纵坡不宜小于0.3%。考虑到城市地下空间的一体化开发,地下道路与其他地下建筑设施整合开发共同建设的情况越来越多(图8.12),因此在条件受限路段,与其他地下建筑设施合建的地下道路最小纵坡可适当降低至小于0.3%,但应严格控制坡长,并且采取相应措施确保排水畅通。

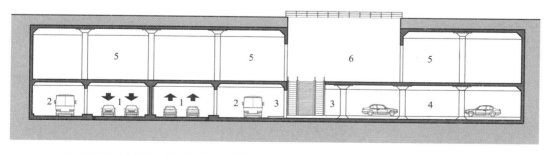

1—地下道路主线;2—辅助车道;3—公交站台;4—地下停车库;5—地下商业街;6—下沉广场

图8.12　芜湖市中山路地下空间综合利用示意图

③长度小于100 m的地下道路,纵坡可与地面道路相同。

④设置非机动车道的地下道路纵坡应满足《城市道路路线设计规范》中对非机动车道的要求。

地下道路的标高通常比两端接线的地面道路标高低,为防止周边地面雨水汇入,通常在地下道路引道两端接地口处设置倒坡,形成排水驼峰。排水驼峰高度应根据排水重现期、地形、道路功能等级等综合确定,一般情况下可参照《城市桥梁设计规范》中对下立交的驼峰高程的规定,即应高于地面0.2~0.5 m。但当受地下道路总体纵断面布置限制,驼峰高程很难达到此要求时,应在综合计算的基础上,采取其他措施,如在地下道路两侧设置截水措施,加强引道排水,减少坡底聚水量,同时还应提高周边区域的排水能力,以防止周边地面雨水倒灌地下道路。

(3)停车视距

视距是道路设计中一个重要的技术指标,行车视距直接影响行车安全与运行速度,行车视距包括停车视距、会车视距和超车视距。由于地下道路通常采用单向交通形式,因此在设计中主要考虑停车视距要求。

地下道路设置平曲线及凹型竖曲线的路段,必须进行停车视距验算。在地下道路进出洞口处由于亮度的急剧变化会造成驾驶人明暗适应困难,使驾驶人认知反应时间适当延长,因此进出洞口的停车视距应为主线路段的1.5倍。当条件受限时应对洞口光过渡段进行处理。

5.出入口设计

地下道路应做好出入口位置、间距和形式的综合设计以及出入口的交通组织,协调好与地面交通的衔接,确保地下道路主线通畅,分合流处行车安全,进出交通有序,并且与周边路网衔接顺畅。

(1)出入口布局与交通组织

地下道路出入口的形态布局可根据出入口数目分为单点进出型和多点进出型。

单点进出型地下道路通常是较为简易的下立交或下穿水体、山体等障碍物的隧道,交通功能较为单一,其功能标准受两端接线道路控制,主要是因穿越障碍物、环境风貌保护、立体交通等目的而修建(图8.13)。

图8.13 南充市人民中路地下道路规划平面图(单点进出型)

多点进出型地下道路的交通功能较为完善,交通服务能力较强。近年来越来越多的地下道路采用这种布置形式,如上海规划建设的东西通道、外滩隧道等,并且未来的应用会更为广泛。长距离的多点进出型地下道路以服务过境交通为主,并通过多个出入口兼顾服务沿线重点区域的到发交通,具有适应城市交通需求、协调地面道路以及地下道路通行能力强等众多优点(图8.14)。多点进出型地下道路在设计中需充分考虑地下道路内部的分合流以及出入口与接线道路的交通组织。

不合理的出入口设置和交通组织会使地下道路交通对周边路网产生冲击,导致交通瓶颈产生,从而影响地下道路与周边道路交通功能的发挥,因此地下道路出入口的设置需综合考虑周边地面的路网情况,做好出入口的交通组织,最大限度地保证出入口与周边路网的交通畅通。

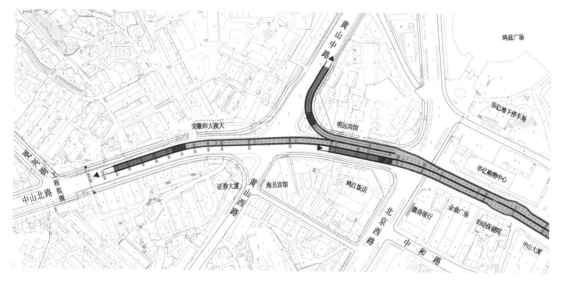

图8.14 芜湖市中山路地下道路北出入口段(多点进出型)

出入口交通组织的一般原则如下:

①与地下道路衔接的外部地面道路,其等级宜与地下道路相同或相近。地下道路也可与低等级的地面道路相接,但需采取设置过渡段等措施,保证低等级地面道路的疏散能力;

②最大限度地保证地下道路的交通畅通,充分发挥地下道路应有的交通功能;

③出入口的交通组织设计应满足周边地区的交通需求,减少地下道路交通对周边地区的交通冲击,保证区域内的交通畅通;

④出入口处的车道划分应遵循车道平衡原则。

(2)出入口间距

我国快速路运营经验表明主线出入口位置设置、出入口间距将直接影响主线的运行效率。当前我国北京、上海等大城市快速路交通拥挤现象日益严重,主要原因之一就是快速路出入口匝道间距较小,加之沿线地面商业开发程度高,辅路交通流量大,交织现象严重,降低了快速路的通行能力。地下道路也具有类似的特性,不合理的出入口间距设置容易导致进出主线的车辆形成严重交织,从而降低服务水平,造成交通拥堵。对于多点进出的长距离地下道路,其出入口的设置应统筹考虑所下穿区域的到发交通,以及全线整体的运行效率。

地下道路的出入口间距应能保证主线交通不受分合流交通的干扰,并为分合流交通加减速及转换车道提供安全、可靠的条件。地下道路路段上相邻两个出入口端部之间的最小净距应符合表8.9的规定。

表8.9　城市地下道路出入口最小净距

设计速度/(km/h)	出—出/m	出—入/m	入—入/m	入—出/m
80	610	210	610	1020
60	460	160	460	760
50	390	130	390	640
40	310	110	310	510

地下道路中的一对进出匝道,宜采取先出后进的布置方式,匝道进出口之间的间距应满足表8.9中的最小距离要求,必要时还应设置辅助车道。当采用先进后出的布置方式时,匝道之间路段宜设置辅助车道并保证长度满足交织要求。

地下车库联络道由于主线设计速度低,控制出入口间距时,不适合采用表8.9中的要求,出入口接入间距应控制不小于30 m(图8.15)。地下车库联络道应在有地块接入侧设置辅助车道,并将出入口与辅助车道相连,当两侧均有接入地块时,宜采用"主线车道+两侧辅助车道"的布置形式;仅有单侧接入地块,宜采用"主线车道+单侧辅助车道"的布置形式(图8.16)。

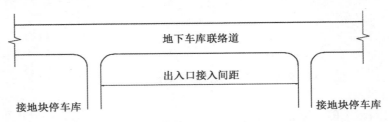

图8.15　地下车库联络道出入口接入间距

(3)分合流端与变速车道

地下道路中出入口的分合流端宜设置在平缓路段,匝道接入主线的合流段汇流鼻端与洞口距离不宜过近(图8.17、表8.10),并且合流段从汇流鼻端开始应设置与主线直行车道的隔离段,隔离段长度不应小于主线的停车视距且隔离设施不遮挡视线(图8.18)。

表8.10　城市地下道路洞口与汇流鼻端最小距离

设计速度/(km/h)	最小间距/m
80	165
60	85
50	60
≤40	35

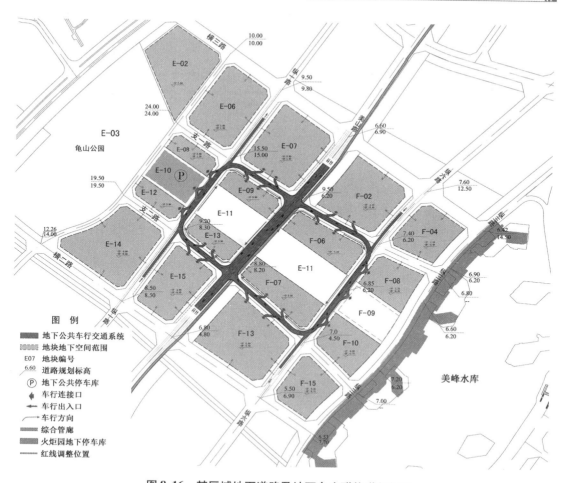

图 8.16 某区域地下道路及地下车库联络道规划图

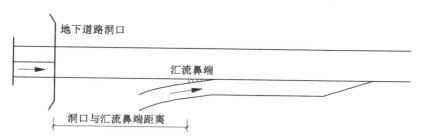

图 8.17 地下道路洞口与汇流鼻端距离

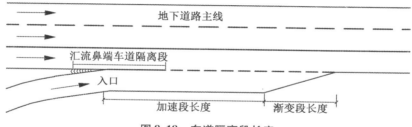

图 8.18 车道隔离段长度

地下道路单车道加减速车道长度根据主线的设计速度确定(表8.11),双车道的变速车道长度宜为单车道变速车道规定长度的1.2~1.5倍。

表8.11 城市地下道路单车道的加减速车道长度

主线设计速度/(km/h)	80	60	50	40
减速车道长度/m	80	70	50	30
加速车道长度/m	220	140	100	70

由于地下道路施工复杂,横断面变化会给施工带来困难,尤其是采用盾构法施工时,不宜频繁地变化、更改横断面布置,因此宜将匝道的加、减速车道直接连接,形成匝道间的辅助车道,利用辅助车道实行加减速功能,可避免横断面的过度变化带来的施工困难。

(4)地下道路与地面道路衔接

地下道路与地面道路的衔接主要考虑出洞口与地面交叉口的距离要求。由于地下道路进出口亮度的急剧变化会造成驾驶人明暗适应困难,若交叉口与地下道路出洞口距离过近,驾驶人不易识别交叉口,从而带来极大的安全隐患,因此在交叉口与地下道路出洞口之间应保持足够的距离。这个距离根据交叉口类型不同,要求不同。规范中从保证行车安全角度规定了地下道路出口接地点与下游地面道路平面交叉口的距离(表8.12)。

表8.12 地下道路接地点与地面平面交叉口距离最小值

	距离控制要求	备注
无信号控制交叉口	2倍停车视距	当视线条件好、具有明显标志条件下,可以适当降低至1.5倍停车视距
信号控制交叉口	1倍停车视距	

对于城市区域而言地下道路出洞口至地面交叉口的距离除应满足视距要求外,还应满足红灯期间车辆排队长度、交织段长度、交叉口通行效率和交通组织等需求。对于重要交叉口,可进行专项的交通渠化设计与交通组织设计,优化布置出入口的接入点。

8.2　地下人行通道

步行是一种最基本的交通方式,也是最有利于环境保护的绿色出行方式。地下人行通道顾名思义就是建在地下专供行人使用的通道,其主要功能是步行穿越街道或连接地下建筑,必要时也可以作为地下掩体。以人为本的地下人行通道具有维护地上景观、人车分流、缓解交通、全天候步行等优点。其不仅是解决城市中心区交通矛盾的有效手段,而且已成为体现人文关怀,优化城市环境的重要标志。

1.地下人行通道的特点

(1)中介性　地下人行通道起到整合地上与地下空间以及连接各地下空间设施的作用。

（2）公共性 地下人行通道本身就是城市公共活动空间,具有步行交通、集散等作用,又可兼顾商业、展示等其他功能。

（3）系统性 地下人行通道越连续通达、组织有序,才能越有效发挥人行系统的价值。

（4）便捷性 满足使用方便的需求,不受地面道路、街区的分割,可便捷顺畅地到达步行目的地。

2. 地下人行通道的优点

（1）改善城市的交通 人车分流,提高中心区交通效率,同时降低交通事故,给行人安全的通行保障。

（2）改善步行条件 在地下人行通道中行走,可以降低恶劣气候的影响,为行人提供舒适的步行环境。

（3）改善城市环境景观 维护地上环境,人行组织有序,地下人行系统是中心区立体化发展的重要标志。

8.2.1 地下人行通道的类型

地下人行通道主要有三种类型(表8.13)。

表 8.13 地下人行通道的主要类型

分类		特点	实例
地下人行过街通道		直通式地下过街通道	天安门广场地下过街通道 哈尔滨中央大街地下过街通道
		环形地下过街通道	法国巴黎凯旋门星形广场地下过街通道
地下公共人行通道	连通型地下公共人行通道	建筑地下室 + 地下公共人行通道 + 建筑地下室/地下公共空间	美国纽约洛克菲勒中心地下公共人行通道
	地下商业街	地下公共人行通道 + 沿街商店	日本、新加坡等地下商业街
地下人行系统		多条地下公共人行通道组合 地铁车站 + 地下公共人行通道 + 建筑地下室/地下公共空间	蒙特利尔地下城,多伦多地下人行系统

1. 地下人行过街通道

供行人穿越道路的地下过街通道,功能单一,长度较短,可增加行人过街的安全感(图8.19)。目前地下过街通道很少单独建设,多与地下商业、地下交通等设施结合建设(图8.20)。

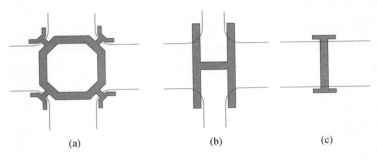

图8.19 地下过街通道常见形式

（a）环形地下过街通道；（b）"H"直通式地下过街通道；（c）"I"形直通式地下过街通道

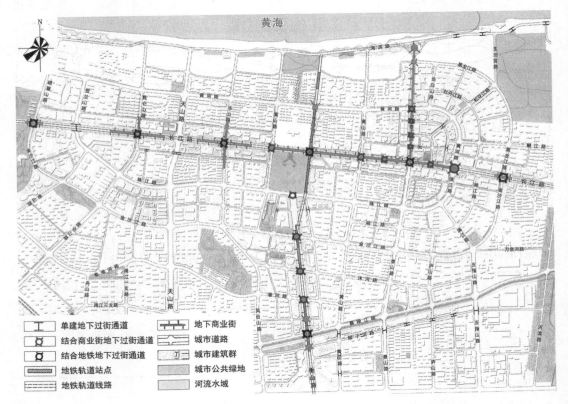

图8.20 烟台市经济开发区地下过街通道规划图

2. 地下公共人行通道

地下公共人行通道可便捷连接地下空间中的各功能设施，从而充分发挥综合作用。如地铁车站之间，大型公共建筑地下室之间的连接通道，可提高行人在中心区步行的安全性、连续性和舒适度（图8.21）。地下公共人行通道可与商业结合设置，形成地下商业街。

3. 地下人行系统

地下人行系统是由多条专供行人使用的地下公共人行通道组织在一起构成的道路系统。在美国和加拿大等一些城市，在市中心区建设了规模庞大的地下人行系统，并与地铁车站及其他地下空间相联系。实践表明,这些地下人行系统的建设有利于地面环境改善、节约地面空间、提高防灾能力等,具有很高的综合效益。

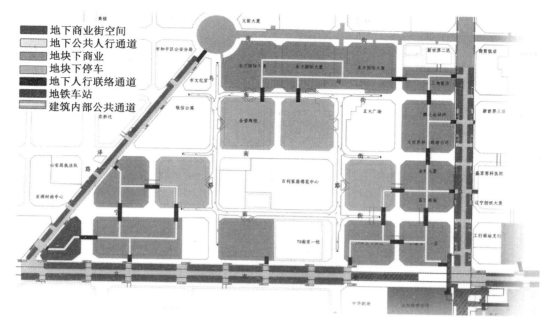

图8.21 某区域地下公共人行通道连通布局方案

8.2.2 地下人行系统规划设计

在城市中心区大规模开发地下空间的过程中,要求各单体地下空间相互连接,形成地下人行系统。规划的目标是通过地下人行网络,改善该地区地面交通环境,给人创造一个便捷、舒适、安全的步行环境,形成一体化的地下公共空间,提高地下空间的综合价值。

1.规划原则

(1)便捷适用

地下公共人行系统的首要任务是为行人创造内外通达、进出方便的通行条件。在繁华的城市中心区可将人行系统连接到各个地下及地面公共空间设施。如:广场、公园、各种车站、停车库、公共建筑地下室、地铁车站及地下综合体等,从而形成地上地下完整的、连续的城市立体人行交通系统。

加拿大多伦多地下人行系统以庞大的规模、方便的交通、综合的服务和优美的环境闻名于世(图8.22)。它连接了30多幢高层办公楼的地下室,20多个地下停车库,上千家地下商店和5个地铁车站,地下人行系统中还布置了绿化、喷水、壁画等景观,上百个出入口与地上空间形成了完整的联系。

(2)空间舒适

城市地下公共人行系统应具备空间明亮及景观优美的内部环境,可通过阳光引入、灯光设施、绿化、壁画、展品及展览等手段为行人提供舒适、安全方便的步行空间。

(3)经济适用

各地下功能空间之间的连通应满足实际需要,并进行充分的必要性研究,避免盲目的、

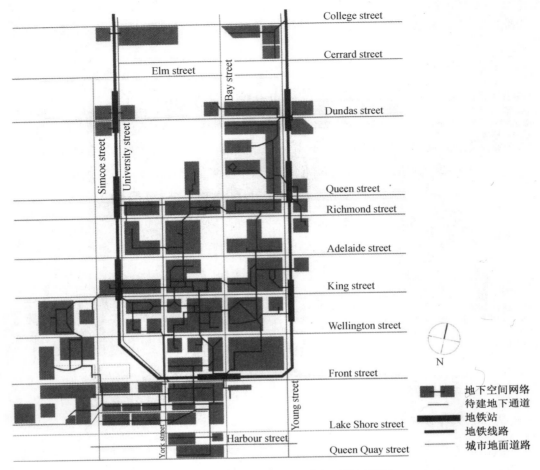

College street
Cerrard street
Elm street
Bay street
Dundas street
Simcoe street
University street
Queen street
Richmond street
Adelaide street
King street
Wellington street
Front street
Young street
Lake Shore street
York street
Harbour street
Queen Quay street

	地下空间网络
	待建地下通道
	地铁站
	地铁线路
	城市地面道路

图 8.22　加拿大多伦多地下人行系统平面图

不必要的连通,造成经济上的浪费。地下人行系统可充分与商业设施相结合,提高开发效益。

（4）远近期结合

地下公共人行系统建设应根据城市发展的实际情况确定近期建设目标,统筹考虑远期的发展衔接,把近期规划建设与远期目标结合起来。如加拿大蒙特利尔地下人行系统用了近 35 年的时间才形成目前的这种建设规模。

2. 规划布局与连通整合

地下公共人行系统主要是由点状和线状要素构成,其平面布局可反映出系统形态的发展趋势。由于地下公共人行系统的连接方式及平面形态多种多样,这里提出主要的布局要点。

（1）以地铁车站为节点

地铁是城市最重要的公共交通设施之一,地铁车站带来了巨大的人流量,将地铁车站通过地下公共人行通道与周边商业服务、文体活动等公共空间相连接,从而促进地上、地下的共同发展。

（2）以整合地下公共交通为主线

从城市中心区的发展趋势来看,通过地下公共人行系统来整合地铁车站、地下停车库、地下综合交通枢纽等交通设施,使地上地下、各公共服务空间形成快速、便捷、安全的联系与换乘,提升城市整体的交通效率。

（3）以功能复合为依托

地下公共人行系统除了本身的公共通行功能以外,常与其他的一些城市功能结合设置,如与商业、文化展示、公益活动等结合。这样地下人行系统在发挥步行交通功能的同时,还兼具人流带来的商业效益,如日本东京池袋站地区地下人行系统(表8.14)。

表8.14　日本东京池袋站地区地下人行系统组成情况

建筑物名称	使用性质	地上层数	地下层数
东武霍普中心	百货店/停车库	—	3
池袋地下街	百货店/停车库	—	3
三越百货店	百货店	7	2
伯而哥	百货店	8	3
西武百货店	百货店	8	3
东武会馆	百货店	8	3
东武会馆增建	百货店	11	4
东武会馆别馆	事务所/商业街	9	3

加拿大蒙特利尔地下城是由地下人行系统串联起不同功能的地下公共空间,将地铁车站、地下停车库、地下商业及地下综合体等功能设施进行有机连通,形成地上、地下立体的人行交通网络,提升了附近区域的商业价值,整合与优化了蒙特利尔中心区的城市功能(图8.23)。

3.规划要点

（1）在城市中心交通密集的地区,应根据人流方向合理确定地下通行路线,建立地上、地下一体化的公共人行系统。

（2）地下公共人行系统应与城市中心区立体化再开发以及新建建筑结合建设,并积极与地面建筑地下室、地铁车站、地下停车库、地下综合交通枢纽等设施相连通。

（3）规划考虑地下人行系统的防灾标准并与具有防灾功能的其他地下空间设施实现顺畅连接。

（4）地下公共人行通道适宜设在地下一层且深度不宜超过−10 m,具有较强的可达性及疏散能力。规划应控制地下公共人行通道的直线长度和转弯次数,使人流路线便捷适用,并具有完善的标志系统等。

（5）规划注重地下公共人行通道的内部空间环境,打造舒适宜人的空间尺度,使之成为城市具有特色的步行空间,如内部的照明艺术、环境营造、自动人行道等。

（6）健全地下人行系统的建筑产权、使用权和管理权,积极鼓励多种投资建设方式,使产权、投资及收益得到法律的保障。

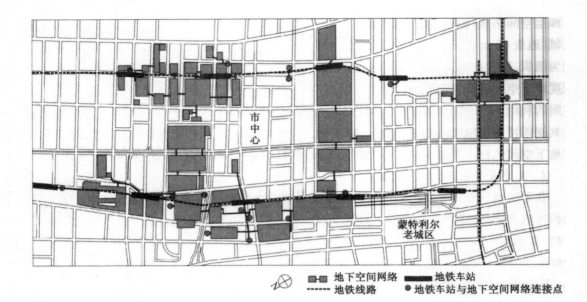

	地下空间网络		地铁车站
	地铁线路		地铁车站与地下空间网络连接点

图 8.23　加拿大蒙特利尔地下城

8.3　地下综合管廊

随着城市的现代化发展及社会经济水平的不断提高,城市中的地下市政工程管线日益增多。据有关部门调查在杭州某城区 4 km² 的范围内,地下埋设 20～30 家不同权属的长约 360 km 的管线。由于各类管线的无序建设,占据着有限的地下空间,给城市的发展带来了诸多问题。地下综合管廊则可以解决这些问题,有利于促进城市道路地下空间的综合开发和利用,促进市政工程管线的集约化建设与管理。

8.3.1　综合管廊概述

地下综合管廊是指建于地下用于容纳两类及以上城市工程管线的构筑物及附属设施。综合管廊实现了对市政工程管线的"统一规划、统一建设、统一管理",是城市基础设施现代化、集约化发展的体现。在日本称之为"共同沟",在我国台湾称为"共同管道"。

1. 综合管廊建设优点

综合管廊的发展是对传统直埋式市政管线设置与布局方式的彻底变革,其最大的优越性是具有突出的耐久性,远胜于传统的直埋式布局。

（1）将道路下原来分散的各类市政工程管线集中设置于综合管廊中,可增强道路地下空间的高效利用。

（2）便于施工和维护,增强各类市政管线使用安全性和耐久性,降低管线设施的维护成本。

（3）大力改善因路面反复开挖而引起的路面维护、道路阻塞、地面环境混乱等问题,确保道路交通功能的充分发挥,具有较好的环境效益和社会效益。

（4）综合管廊可有效降低自然灾害对市政工程管线的破坏,抵御战时冲击波带来的地面超压和土壤压缩波,并且对有侵彻作用的航弹起到一定的遮蔽作用,因此综合管廊具有较强的防灾能力。

（5）城市市政工程属于城市重要的生命线系统,综合管廊可定期进行巡视与管理、检查与维修,确保市政输送系统的稳定安全。

2.综合管廊建设概况

（1）国外综合管廊发展概况

综合管廊发源于19世纪欧洲,最早是在圆形排水管道内装设自来水、通信等管线。法国巴黎于1832年霍乱大流行后建造了高2.5~5 m,宽1.5~6 m的砖石结构地下综合管廊,其内设有自来水管道、压缩空气管道、通信管线及交通信号电缆等,分期建造完成,长达1500 km,形成了规模庞大的排水系统(图8.24)。

图8.24　法国巴黎综合管廊

英国伦敦于1861年开始修建宽12 ft,高7.6 ft(相当于宽3.65 m、高2.32 m)的半圆形综合管廊。其容纳的管线包括燃气管道、自来水管道、污水管道以及通往用户的电力和通信电缆(图8.25)。

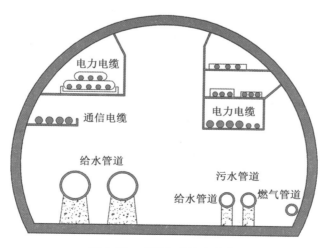

图8.25　英国伦敦综合管廊

美国和加拿大因城市发展高度集中,城市公共空间用地矛盾十分突出。美国纽约的大型供水系统完全设置在地下岩层的综合管廊中(图8.26)。

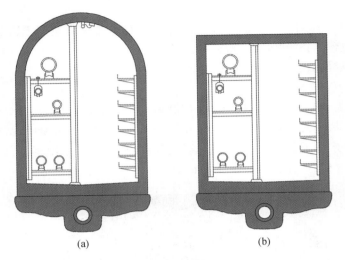

(a)　　　　　　　　　　(b)

图8.26　美国综合管廊

1926年的千代田、1958年东京等是日本较早建设地下综合管廊的城市,日本于1963年颁布了《共同沟实施法》。东京临海副都心建设了大规模的综合管廊,管廊中科学合理地布置了给水、中水、排水、燃气、电力、通信、空调冷热管、垃圾收集等9种城市市政基础设施管线(图8.27)。为了防止地震的破坏,工程采用了先进的管道变形调节技术和橡胶防震系统。该项目覆土深度10 m,宽19.2 m,高5.2 m,长16 km,建设工期7年,总投资3 500亿日元。它是当近代具有代表意义的综合管廊建设项目,为城市新区的综合管廊建设打造了理想的模式。

图8.27　日本东京综合管廊

(2)国内综合管廊发展概况

1958年北京市的天安门广场敷设了一条1 076 m长的综合管廊(图8.28),这是我国建设的第一条综合管廊。1977 年配合"毛主席纪念堂"施工，又敷设了一条 500 m 长的综合管廊。

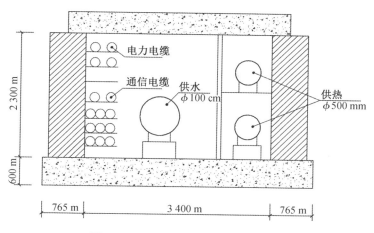

图 8.28　天安门广场地下综合管廊

20 世纪 80 年代以来，台湾许多城市逐步完成了地下综合管廊的建设。上海宝钢建设过程中，采用日本先进的建设理念，建造了长达数十千米的工业生产专用综合管廊系统（图 8.29）。

图 8.29　上海宝钢综合管廊

进入 20 世纪 90 年代国内第一条规模较大、距离较长的综合管廊在上海市浦东新区张杨路初步建成，其全长约 11.125 km，埋设在道路两侧的人行道下，为钢筋混凝土结构，其断面形状为矩形，由燃气室和电力室两部分组成（图 8.30）。

上海于 2004 年启动了《2010 年上海世博会园区地下空间综合开发利用研究》工作，为满足世博会期间市政建设的需要，规划在园区主要道路下敷设综合管廊。管廊内收纳了通信、电力、给水、供热、气力输送等管线，排水及燃气管道另行敷设（图 8.31）。综合管廊的建设兼顾了世博园区的后续开发，可减少市政设施重复建设，避免主要道路开挖，提高市政设施维护及管理水平。

进入 21 世纪，全国许多大城市都开始建设大规模的地下综合管廊，至此我国地下综合管廊的建设在全国范围内进入快速发展阶段。

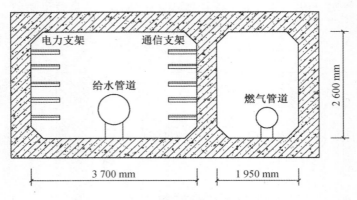

图 8.30 上海张杨路综合管廊断面示意图

图 8.31 上海世博会综合管廊

3. 综合管廊分类

综合管廊根据其容纳的管线不同,其性质及结构也有所不同。

(1)按照功能划分

①干线综合管廊

干线综合管廊是容纳城市主干工程管线,采用独立分舱方式建设的综合管廊(图 8.32)。管廊空间内部根据规模与需要设置工作通道、监控室及变配电间等,在设备方面要求有消防、通风、供电、照明、监控及排水等相关设备。管廊断面通常为多舱箱形、直墙连续拱形、落地拱形或圆形结构等。干线综合管廊的主要功能是保障电力从超高压变电站输送至一、二次变电站,通信电缆主要为转接局之间的信号传输,燃气管道主要为燃气厂至高压调压站之间的输送等。

②支线综合管廊

支线综合管廊用于容纳城市配给工程管线并直接服务于邻近地块的终端用户,采用单舱或双舱方式建设,多为钢筋混凝土框架结构(图 8.33),主要负责将各种供给从干线综合管廊分配、输送至各直接用户,其一般设置在道路两旁,收容直接服务的各类管线。支线综合管廊的断面以矩形断面较为常见,一般为单舱或双舱箱形结构,内部一般要求设置工作通道及照明、通风等相关设备。

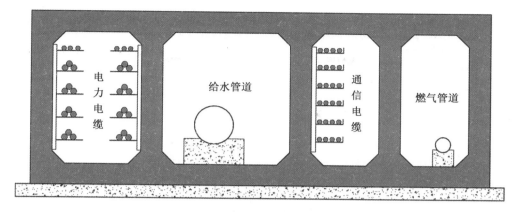

图 8.32 干线综合管廊示意图

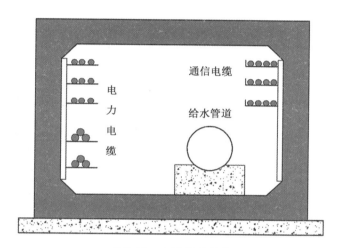

图 8.33 支线综合管廊

③缆线管廊

缆线管廊用于容纳电力电缆和通信线缆,采用浅埋沟道方式建设,设有可开启盖板,内部空间不能满足人员正常通行要求(图 8.34)。一般设置在道路的人行道下方,其埋深较浅,一般在 1.5 m 左右。缆线管廊的断面多为矩形断面,一般不要求设置工作通道及照明、通风等设备,仅增设供维修时使用的工作手孔即可。

(2)按照施工方法划分主要有明挖法、暗挖法等

明挖法施工方便经济,但需要封闭道路,对城市的交通及环境影响很大,常用于埋深较浅或与其他浅埋的地下空间设施整合建设的工程。结构形式有矩形、直墙拱形等,根据施工方式可分为明挖现浇混凝土综合管廊和明挖预制拼装综合管廊。

暗挖法施工对城市的交通及环境影响较小,适合于山区岩层地质、城市繁华区的狭窄路段及深层的管廊建设等,施工方法主要有盾构法、矿山法等,断面一般为圆形或椭圆形(图 8.35)。

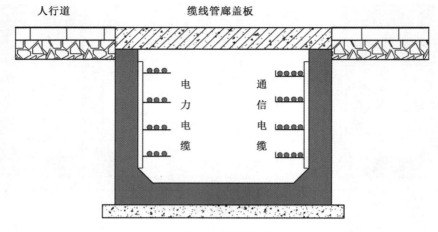

图 8.34　缆线管廊

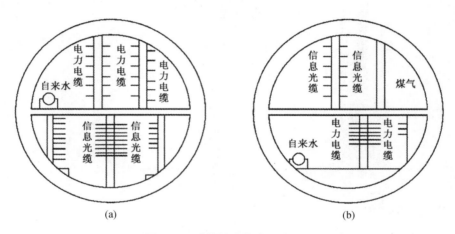

(a)　　　　　　　　　　　　　　(b)

图 8.35　暗挖综合管廊断面形式

8.3.2　综合管廊规划设计

1. 规划原则

（1）与城市发展相结合

根据城市的市政工程设施现状、发展需要、经济技术水平与城市的总体规划,科学合理地预测综合管廊的规划建设规模,包括对现有市政工程管线调整与改造的规模、新建的需求量并制定分步实施的原则。

（2）与城市建设相结合

综合管廊规划应与城市建设相结合,综合城市老城区与新城区的建设发展特征,统筹考虑城市地下空间开发、海绵城市建设、工程管线专项规划及管线综合规划等建设因素。比如城市建设包括新区开发、旧城改造、道路新（扩、改）建、地铁、地下道路、地下商业街、地下人防及其他重大市政工程等,大力提高地下空间开发利用的经济效益,降低综合管廊的造价。

（3）提高综合管廊使用效益

根据综合管廊不同的功能类型,切实提高各类管廊的使用效率,要综合考虑给水、排水、热力、电力、燃气、信息、防洪、人防等各个系统,尽可能将各类管线都纳入管廊内,以充分发挥其综合效益。

2. 规划布局

综合管廊中长期发展计划应与各城区的发展相适宜,确定综合管廊的重点发展区域,在城市新区开发、旧城改造、道路新(扩、改)建、城市更新重点地段等优先考虑规划建设综合管廊。在新城区建设中应充分考虑为管网增容、扩容预留空间,利用一次性高投入创造长效的社会效益和经济效益。在规划上应与现状地下市政管线相结合,并与轨道交通、人防工程、给水、雨水、污水、再生水、天然气、热力、电力、通信等相结合,并在其专项规划的基础上,最终确定综合管廊的近期及远期的规划布局。

（1）布局形态

综合管廊规划布局与城市的功能分区、空间布局、建设用地有关,与道路网规划紧密结合。干线综合管廊主要建设在主干路下,支线综合管廊根据相应区域的情况进行合理布局。综合管廊布局形态主要有下面几种:

①环状布局

环状布局的干线综合管廊相互联系,形成闭合的环状管网。在环状管网内任何一条管线都可以由两个方向提供服务,从而提高了服务的可靠性。环状布局管路长、投资大,但系统的阻力减小,降低了动力损耗。

②脊状布局

脊状布局的综合管廊是以干线综合管廊为主线,向两侧辐射出支线综合管廊或缆线管廊。这种布局分级明确,服务质量高,且管网路线短,投资小,相互影响小。

③环状、脊状结合布局

许多城市根据实际情况,综合管廊采用环状、脊状相结合的规划布局(图8.36),从而发挥管廊的最大优势。

图 8.36　某市主城区地下综合管廊规划布局

（2）布局要点

当遇到下列情况时，宜采用综合管廊建设：城市核心区、中央商贸区、老城市政工程需要改造的区域、地下空间高强度成片集中开发区等区域；城市重要广场与主干道路交通等重点地段；可结合地下空间开发进行建设，如轨道交通、地下道路、地下综合体或其他地下市政基础设施等；城市其他特殊地段如江、河、湖、山、保护区等区域。

3. 管线入廊分析

根据综合管廊收容管线的标准和技术要求，给水、雨水、污水、再生水、天然气、热力、电力、通信等市政工程管线均可纳入综合管廊，纳入综合管廊的各类管线应有各自对应的主管单位批准的专项规划。

（1）电力电缆

目前国内许多大中城市都建有不同规模的电力隧道或电缆沟。电力管线纳入综合管廊需要解决的主要问题就是防火、防灾及通风降温。在工程中当电力电缆数量较多时，可将电力电缆单独设置一个舱室。

（2）通信线缆

通信线缆纳入综合管廊需要解决信号干扰等技术问题，但随着光纤通信技术的普及，可以避免此类问题。电力、通信线缆在综合管廊内具有可以变形、灵活布置、不易受综合管廊纵断面影响等优点。

（3）给水、再生水管道

给水、再生水管道纳入综合管廊具有明显的优势，依靠先进的管理与维护手段，可以克服管道的渗漏问题，为管道扩容提供必要的弹性空间，避免了外界因素引起的水管爆裂，以及维修引起的交通堵塞。

（4）排水管道

排水管道分为雨水管道（渠）和污水管道两种，雨水纳入综合管廊可利用结构本体或采用管道方式排水。重力流排水管道需按一定坡度埋设，综合管廊如收纳排水管道，则必须满足排水输送的纵坡要求，否则会引起埋深增加及相应造价增高。

综上所述，需根据工程的地形情况、城市建设的实际需要及经济发展的具体条件，决定是否将污水管道和雨水管道（渠）纳入综合管廊。

（5）天然气管道

天然气管道考虑安全因素，应敷设在独立舱室内。在上海市张杨路综合管廊中，天然气管道采用了独立分舱的形式。在上海市安亭新镇综合管廊中，天然气管道设置在综合管廊的上部沟槽中。在北京中关村综合管廊中，也是采用分舱独立设置的方式敷设天然气管道。

（6）热力管道

在我国北方集中供暖地区，可将热力管道纳入综合管廊。管道及附件具有保温要求，占综合管廊的内部空间较大。

4. 断面类型

综合管廊多以钢筋混凝土为材料，一般采用现浇或预制方式进行建设。应根据纳入管线的种类及规模、建设方式、预留空间等因素，综合确定综合管廊的分舱、断面形式及控制尺寸。一般情况下采用明挖现浇混凝土施工时宜采用矩形断面，其内部空间使用比较高效；采用明挖预制拼装施工时宜采用矩形断面或圆形断面，实现施工的标准化、模块化；采用暗挖施工时宜采用圆形断面或马蹄形断面,具有受力性能好、易于施工等优点(表 8.15)。

表 8.15　综合管廊标准断面特点

适用的施工方式	标准断面特点	断面示意图
明挖现浇混凝土施工	内部空间使用方便高效	
明挖预制拼装施工	施工的标准化、模块化易于实现	
暗挖施工	受力性能好、易于施工	

综合管廊标准断面内部净高、净宽应根据容纳管线的种类、规格、数量、运输、安装、运行、维护等要求综合确定(图 8.37)。一般情况下干线及支线综合管廊的内部净高不宜小于2.4 m。干线及支线综合管廊中的检修通道根据支架单侧或双侧布置的不同,人行通道的最小宽度也有所区别。当综合管廊内双侧设置支架或管道时,人员通行最小净宽不宜小于1.0 m,当内部单侧设置支架或管道时,人员通道最小净宽不宜小于 0.9 m。

5. 位置控制

(1)平面位置

综合管廊纵向主要为沿道路走向的线型构筑物。干线综合管廊宜设置在机动车道或道路绿化带下方,支线综合管廊宜设置在道路绿化带、非机动车道或人行道下方,缆线管廊宜设置在人行道下方(表 8.16),与其他地下空间设施如地铁、地下综合体结合布置时需考虑各设施间的组合关系。

(2)竖向布置

综合管廊竖向布置宜为 0 ~ −15 m 的浅层空间。竖向布置的深浅应与城市的现状、发展规划、地下空间开发程度以及城市经济水平等相一致。无论深埋或浅埋均会对城市未来的发展带来巨大影响。覆土深度应根据地下设施的功能及竖向规划、各种荷载、冰冻深度、施工方法、工程与水文地质、绿化种植及建设场地环境状况等因素综合确定。一般标准段应保持在 2.5 m 以上,以利于横越的其他管线和构筑物通过,特殊段的覆土深度不得小于1 m,纵向坡度应保持在 0.2% 以上,便于管道内排水。当综合管廊在绿化地块下方穿过时,覆土深度至少要保留 2.5 m 以上,以免影响植物生长。

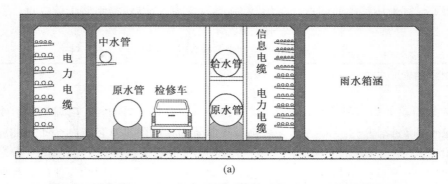

(a)

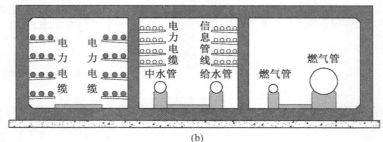

(b)

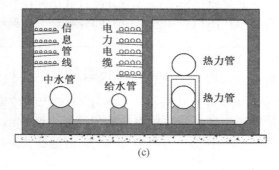

(c)

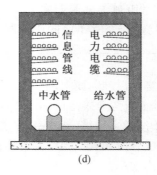

(d)

图 8.37　综合管廊标准断面示意图

(a)断面示意图一;(b)断面示意图二;(c)断面示意图三;(d)断面示意图四

表 8.16　不同类型综合管廊设计要点

	干线综合管廊	支线综合管廊	缆线管廊
主要功能	负责向支线综合管廊提供配送服务	负责向终端用户提供配送服务	直接供应终端用户
敷设位置	城市主、次干路机动车道或道路绿化带下方	道路绿化带、非机动车道或人行道下方	人行道下方
建设时机	城市新区、地铁建设、地下道路、道路改造等	新区建设、道路改造	结合道路改造、居住区建设等
断面形式	圆形、多舱箱形	单舱或双舱箱形	多为矩形

表 8.16（续）

	干线综合管廊	支线综合管廊	缆线管廊
收容管线	电力(35 kV 以上)、通信、光缆、有线电视、天然气、给水、热力等主干管线;排水系统	电力、通信、有线电视、天然气、热力、给水等直接服务的管线	电力、通信、有线电视等
维护设备	工作通道及照明、通风等设备	工作通道及照明、通风等设备	不要求工作通道及照明、通风等设备,设置维修手孔即可

6. 整合设计

城市地下综合管廊与其他地下空间设施进行整合规划与统筹建设可减少重复建设、缩短工期和实现投资效益最大化。这种整合规划与建设在日本、法国等国家甚至具有法律约束,日本在 20 世纪 80 年代前开发地下空间基本都包含综合管廊,并规划在未来开发城市地下 50~100 m 的空间时进行地下道路与综合管廊整合建设。整合的主要方式是把综合管廊与其他地下空间设施如地铁、地下道路(图 8.38)、地下商业街、地下停车库及地下高速公路等,根据各自的功能要求设在同一结构体系中的不同位置。

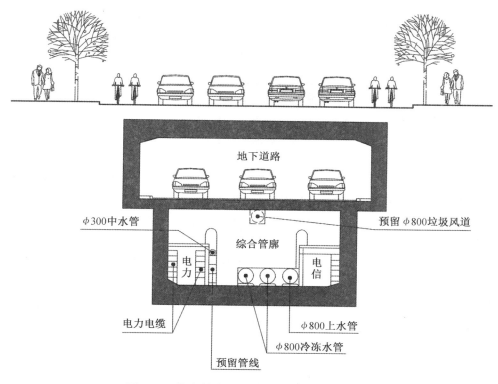

图 8.38　综合管廊与地下道路整合建设示意图

未来地下空间将向深层发展,综合管廊与深层的地下道路结合可形成大断面的地下综合隧道(图8.39),亦可与远期开发的地下物流设施整合建设,有利于地下深层空间的综合开发。

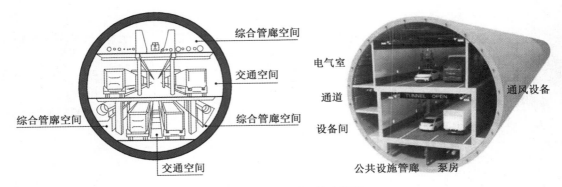

图8.39　大断面地下综合隧道

7.配套及附属设施

综合管廊的配套与附属设施应按相应标准建设,如合理确定控制中心、变电所、投料口、通风口、人员出入口等配套设施的规模、用地和建设标准,并与周边环境相协调。同步建设消防、供电、照明、监控与报警、通风、排水、标志等附属设施,明确配置原则与要求。

8.4　地下仓储建筑

8.4.1　地下仓储建筑概述

地下仓储建筑是用于储存各类食品、物资、能源、危险品、核废料等的地下建筑设施,通常被称作"地下储库"。

1.地下仓储的特点

地下空间开发仓储具有相当多的优越性,它可以利用岩土的围护性能,具有天然的热稳定、密闭性、容量大等优点,适合存储各类物资和能源。

大容量的地下储库,在投资建设费用、管理运行费用、占地及库存损失方面等都少于地面库,如在地下油库中,挥发损失仅为地面钢罐油库的5%;地下储库在安全性能方面优于地面库,不仅能有效防护外部灾害,而且适于存放危险品。

2.地下储库的存在条件

地下储库必须依靠一定的地质介质才能存在。从宏观上看存在的条件为岩层和土层两大类(图8.40)。

3.地下储库的发展

人类自古就有利用地下空间储存物资的传统,地下储库在我国具有悠久的历史。5 500年前,我国就有口小底大的袋状储粮仓。公元605年,隋炀帝杨广在洛阳兴建的含嘉仓和兴洛仓等也是地下粮仓。

地下仓储建筑在近几十年有了大规模的发展,瑞典、挪威、芬兰等北欧国家,在近代最先发展了现代化的地下储库,利用有利的地质条件,大量建设大容量的地下石油库、天然气

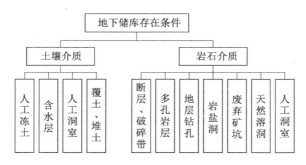

图8.40 地下储库存在条件

库及食品库等,近年来又开始发展地下储热库和地下深层核废料库等。

我国地域辽阔,地质条件多样,客观上具备发展地下储库的有利条件。不论是为了战略储备,还是为了平时的物资储存和周转,都有必要发展各种类型的地下储库。从20世纪60年代末期开始,我国在地下储库的建设中取得了很大的成绩,已建成相当数量的地下粮库、冷库、物资库以及燃油库。

4. 地下储库的类型

现代的地下储库适用范围迅速扩大,新类型不断增加,涉及人类生产和生活的许多方面。到目前为止,大体上可以概括为地下水库、地下食物库、地下能源库、地下物资库、地下废物库五大类型(图8.41)。本章主要介绍地下粮库和地下冷库。

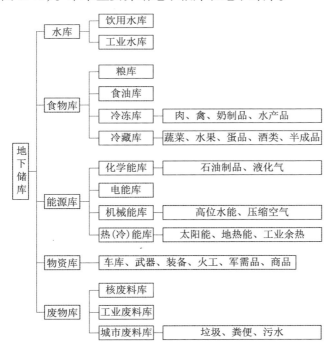

图8.41 地下储库主要类型及使用功能

8.4.2　地下粮库

1. 基本要求

地下粮库是用于储存粮食且满足储粮功能要求的地下仓储建筑。地下粮库主要由储粮仓、运输、设备、管理等几个部分组成，一般储存面积占建筑面积的50%左右。在地下环境中储粮的主要优点是储量大、占地少、储存质量高、库存损失小、运行费用省等。据我国经验，地面粮库的合理损耗为3‰，地下粮库只有0.3‰，相差10倍。

地下粮库的建筑布置在地质、结构、施工等方面与一般地下建筑没有很大差别，但应注意解决好下列问题：

（1）主要控制粮食储库内的温湿度，解决好通风、密闭和除湿，保证适宜的储粮环境；

（2）具备良好的密封性与保鲜功能，做到既不发生虫、鼠害，又能保持一定的新鲜度；

（3）平面布局合理，提高粮库的使用效率，提高内外交通运输的便捷；

（4）具有可靠的防火设施。

2. 实例

某单建式地下粮库的建筑面积为570 m²，粮仓面积270 m²，结构为8个6 m×6 m的双曲扁壳（图8.42）。

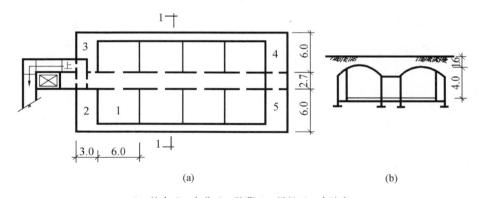

1—粮仓；2—办公；3—贮藏；4—风机；5—食油库

图8.42　某单建式地下粮库（单位：m）

（a）地下平面图；（b）1-1剖面图

黄土地区的某马蹄形圆筒仓，用砖衬砌后直接装粮，容量大且造价低，储粮效果很好（图8.43）。

某岩层中大型粮库方案，地形、岩质条件较好时，可扩大粮库规模。粮库温度常年为11.5～13.0 ℃，相对湿度夏季70%，冬季60%。构造的处理是在混凝土衬砌内另做衬套（图8.44）。

8.4.3　地下冷库

地下冷库是用于在低温条件下保藏货物的地下仓储建筑，包括库房、氨压缩机房、变配电室及其附属建（构）筑物，主要储存食品、药品及生物制品等。

地下冷库的优越性在于其密闭和易于维持库内稳定低温的特点，可节省投资、节约运行费用、节约能源。地下冷库构造简单，维修方便，无论在土层或岩层中都可建造。

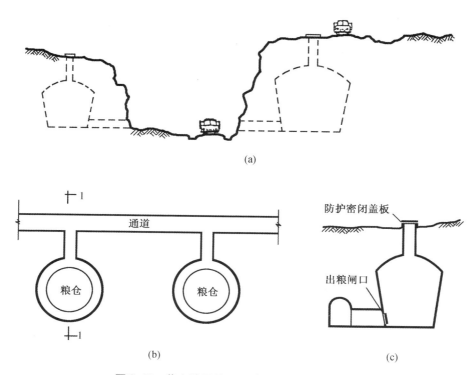

图 8.43 黄土地区地下马蹄形散装粮库示意图

(a)单仓,利用地形自流装卸;(b)多仓散装库;(c)1-1 剖面图

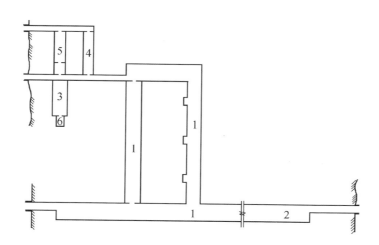

1—粮仓;2—食油库;3—水库;4—碾米间;5—电站;6—磨面间

图 8.44 某岩层中的地下粮库

地下冷库分为"高温"和"低温"冷库两种。高温冷库温度为 0 ℃左右,主要用于冷藏,属于冷藏库。低温冷库温度为 -30 ～ -2 ℃,主要用于冷冻,属于冷冻库。

1.设计原则

(1)确定地下冷库的规模、技术要求、冷藏物品的种类。

(2)按照制冷工艺要求进行布局,结合制冷工艺与功能。

(3)洞体高度 6～7 m 为宜,洞体宽度不宜大于 7 m。

(4)选址要考虑地形、地势、岩性及环境情况等,应选择山体厚,排水畅通、稳定且导热系数小的地段。

2. 功能分析

冷库的一般工艺为加工、检验分级、称重、冷冻、储存、称重、出库等环节(图 8.45)。

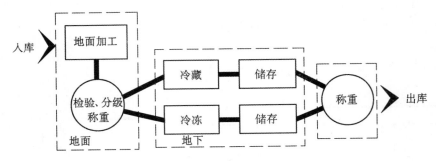

图 8.45 地下冷库平面功能分析图

3. 平面布局

地下冷库平面类型除必须满足的工艺要求外,还要结合基地环境及岩土状况、性质来确定。总体来说地下冷库平面布局主要有如下两种形式(图 8.46):

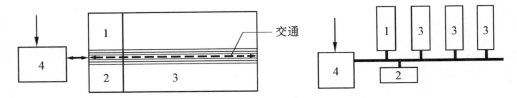

1—冷藏;2—冷冻;3—冻储;4—辅助用房

图 8.46 地下冷库平面类型

(a)矩形平面;(b)走道式组合平面

(1)矩形平面,中间为交通空间可通行小车,两侧冻藏物品;

(2)走道式平面组合,即通过走道连接各组成部分,此种类型更适合岩石地段。

某地下冷库规划方案,设计为肉类储库,储藏量约 1 500 t,方案采用走道式平面组合,建设基地为山区岩层地带。方案的辅助用房均设在地面,冷冻和储藏部分设在地下岩洞内。方案中储库与通道都垂直布局,形成一个个内伸洞室,走道将所有洞室连接起来(图 8.47)。

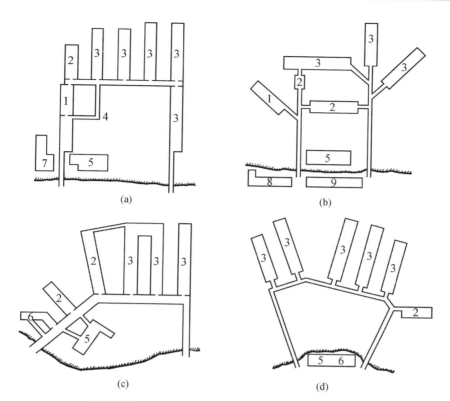

1—冷却储存库;2—冻结间;3—冻结储存库;4—前室;5—冷冻机房;
6—制冷间;7—变配电间;8—屠宰加工间;9—办公室

图8.47 岩石中中小型冷库方案

(a)方形方案;(b)长方形方案;(c)梯形方案;(d)多边形方案

第9章 地下建筑实例

9.1 深圳福田地下火车站

深圳福田站位于深圳市中心的主干路和绿地地下位置,东起金田路,西至新洲路,南起福华路,北至福中路,总建筑面积约为14万平方米,是国内首座大型地下火车站,也是目前亚洲最大、仅次于美国纽约中央火车站的全球第二大地下火车站,已于2015年底通车,未来将连接香港(图9.1～图9.3)。

图9.1 福田站地面实景图

图9.2 车站主入口立体绿化

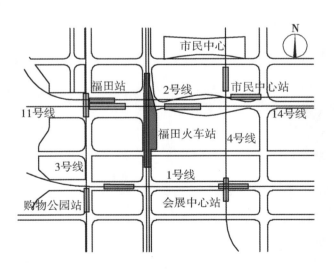

图9.3 总平面图

福田站共地下3层,地下一层为换乘大厅,地下二层为站厅层,地下三层为站台层,共设4座岛式站台,8条到发线路。车站与地铁1、2、3、4、11号线5条地铁线以及10座地铁车站接驳换乘,并汇集了公交首末站、地下停车库,组成了一个立体化的综合交通枢纽(图9.4~图9.6)。

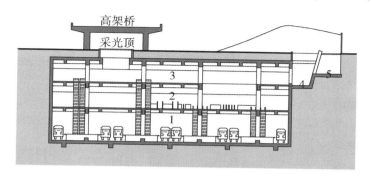

图9.4 横剖面图

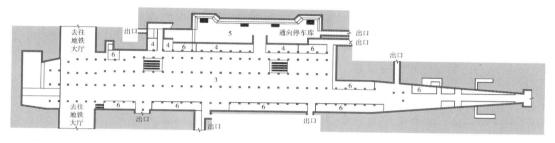

1—站台;2—站厅;3—换乘大厅;4—采光井;5—集散广场;6—办公

图9.5 地下一层平面图

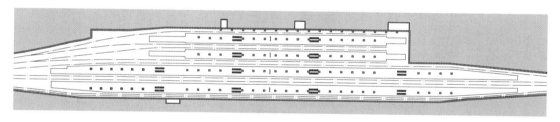

图9.6 地下三层平面图

9.2 西安钟鼓楼广场金花购物中心

钟鼓楼广场位于西安市历史风貌保护区,建成于1998年,是一项古迹保护与旧城更新的综合性工程,工程结合了城市地下空间开发、人防工程、旧城改造、历史建筑保护及商业开发,形成了绿化广场、下沉广场与商业街、传统商业建筑与地下商城等多元化的空间组合(图9.7)。

西安钟鼓楼广场总用地21 800 m²,广场东西长270 m,南北宽95 m,东起钟楼,西至鼓楼,北依商业楼,南至西大街(图9.8)。广场下开发的地下空间建筑面积为31 386 m²,为地下 2 层,包括地下商城及停车库,商城设有两层通高的中庭,通过广场上的塔泉取得自然采光。广场北侧为地上 3 ~ 4 层商业建筑,建筑面积为 12 957 m²(图 9.9 ~ 图 9.13)。

图 9.7 钟鼓楼广场实景图

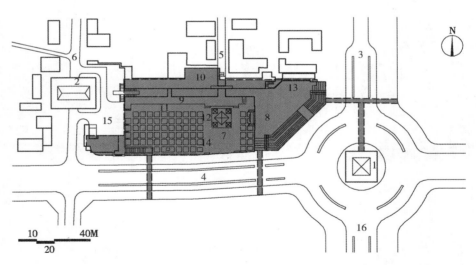

1—钟楼;2—鼓楼;3—北大街;4—西大街;5—社会路;6—北院门街;7—绿化广场;8—下沉广场;
9—下沉街;10—商业楼;11—王朝柱列;12—塔泉;13—雕塑;14—城史碑;15—停车场;16—南大街

图 9.8 广场总平面图

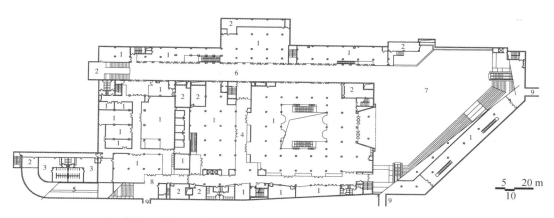

1—商业;2—设备用房;3—后勤用房;4—室内商业街;5—地下停车库坡道;
6—下沉商业;7—下沉广场;8—下沉庭院;9—地下过街通道

图9.9 地下一层平面图

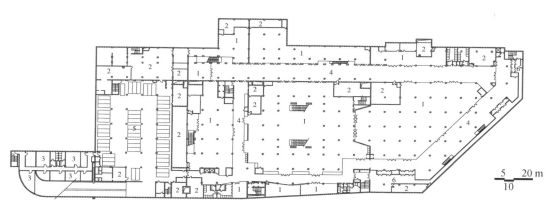

1—商业;2—设备用房;3—后勤用房;4—室内商业街;5—地下停车库;6—避难通道

图9.10 地下二层平面图

图9.11 纵剖面图

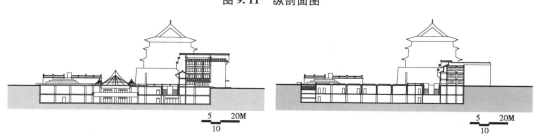

图9.12 横剖面图一　　　　　　**图9.13 横剖面图二**

9.3　珠江新城地下综合体

　　珠江新城地下综合体位于广州市珠江新城 CBD 核心区的中央广场地下空间(图 9.14),占地 556 000 m²,总建筑面积 370 999 m²。地下共 3 层,整合了轨道交通、地下车行道路、地下停车库(2 200 个停车位)、地下公共人行系统、大型商业服务、市政及人防工程,并与周边地块的地下建筑相连通,形成多功能的大型城市综合体(图 9.15 ~ 图 9.17)。

图 9.14　核心区中央广场实景图

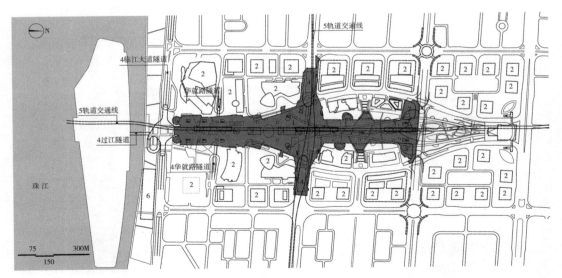

1—花城广场地下综合体;2—周边建筑;3—地铁车站;4—城市地下行车通道;
5—地铁轨道线;6—区域地下冷站;7—区域地下变电站;8—地下垃圾压缩站

图 9.15　总平面图

地面广场设置了下沉广场、大型坡道和楼梯,将自然环境引入地下,使地下空间和地面环境景观从视觉及空间上融为一体。

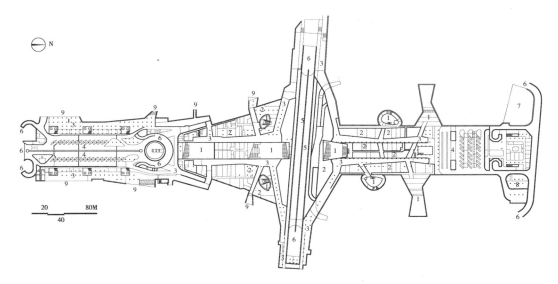

1—下沉广场;2—商铺;3—人行通道;4—大客车停车库;5—地下行车通道;6—地下行车出入口;7—区域地下变电站;8—地下垃圾压缩站;9—联络周边地下通道;10—旅客自动运输系统车站;11—地下停车库;12—空调管廊

图9.16 地下一层平面

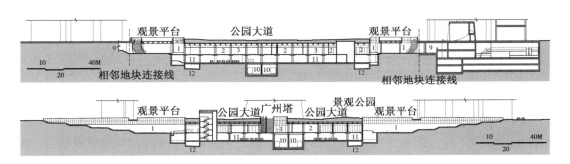

图9.17 局部剖面图

9.4 法国国家图书馆

法国国家图书馆总占地面积70 000 m^2,总建筑面积350 000 m^2。地面为4幢用于藏书的塔楼,塔楼对称设计,中间是一个大型的下沉式中心花园,周围为阅览室(图9.18~图9.20)。

下沉花园占地面积10 782 m^2,四周的阅览室层高13 m。阅览室和花园同时降到地下,在心理感觉上容易获得安静感,尤其在周围环境不好的情况下,下沉式花园改变了地下空间的不适感,最重要的一点是此方案利用地下改变了地形地貌,创造了新的空间环境(图9.21~图9.23)。

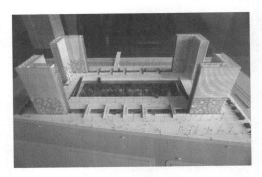

图9.19　图书馆模型

图9.18　法国国家图书馆外景图

图9.20　图书馆内景图

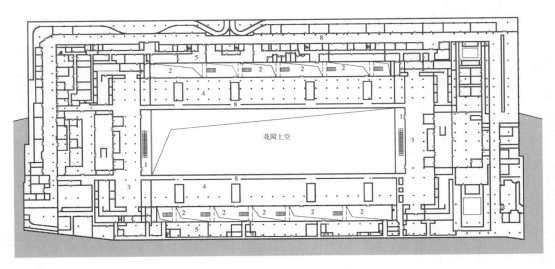

花园上空

图9.21　地下一层(入口层)平面图

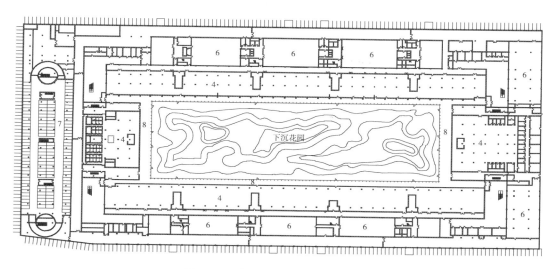

图 9.22   地下四层下沉花园平面图

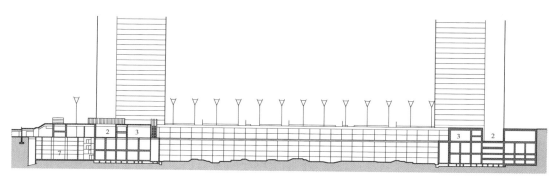

1—主入口;2—下沉庭院;3—主门厅;4—阅览室;5—编排业务室;6—书架;7—地下停车库;8—走廊

图 9.23   纵剖面图

9.5   法国巴黎卢浮宫博物馆改扩建工程

在卢浮宫原有的宫殿建筑的正面,由建筑围合成一个大广场,称为拿破仑广场。原广场均为硬质地面,没有绿地,地下空间资源较大。地下扩建建筑把参观路线在地下中心大厅分成东、西、北三个方向从地下通道进入原展厅,中心大厅则成为博物馆总的出入口(图9.24)。

地下建筑总面积6.2万平方米,主要为地下2层,局部地下3层。在拿破仑广场以南的空地,另建一座大型地下停车库,地面恢复绿化(图9.25~图9.27)。

图 9.24　巴黎卢浮宫外景

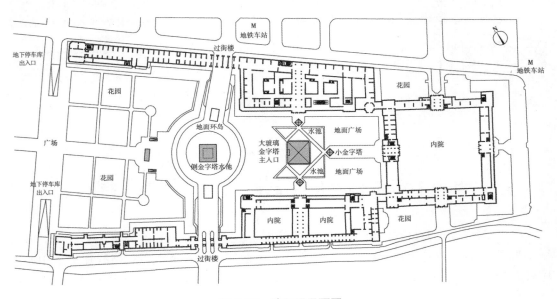

图 9.25　地面层平面图

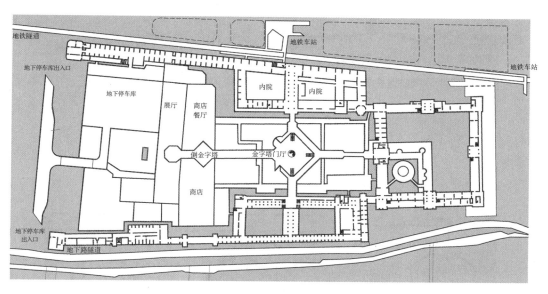

图 9.26 地下夹层平面图

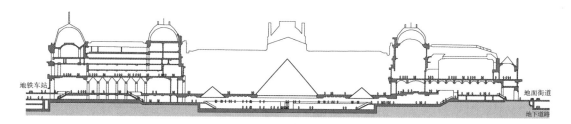

图 9.27 广场横向剖面图

9.6 美国旧金山莫斯康尼会展中心

美国旧金山莫斯康尼会展中心总建筑面积 45 000 m²,包括展览大厅面积约为 23 000 m²;31 个会议室可供 50~600 人使用,最大的面积为 2 800 m²;可供 6 000 人用餐的餐厅和机房、卫生间等辅助用房。展览大厅长 255 m,宽 90 m,占整个平面的 3/5,结构为 8 对后张拉预应力钢筋混凝土落地拱,跨度 83.8 m,拱下最高点距地 11.3 m,形成一个无柱的大空间,当厅内没有展品时,最多可容纳 24 000 人(图 9.28~图 9.31)。

图 9.28　莫斯康尼会展中心内景

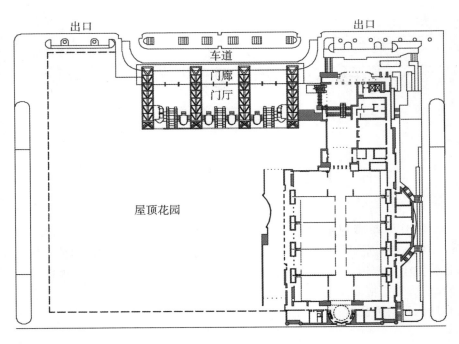

图 9.29　地面入口层平面图

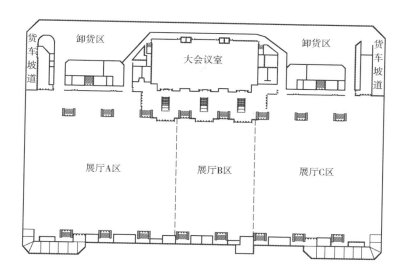

图9.30 地下展厅平面图

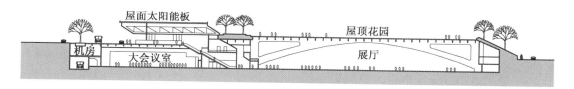

图9.31 剖面图

9.7 美国乔治城大学雅斯特体育馆

美国华盛顿特区的乔治城大学,校园亟待扩充体育设施,却没有增加新建筑的用地,因此决定在原有的一个足球场下,建一座全地下的浅埋体育馆,建成于1979年,屋顶不覆土,仍恢复为足球场(图9.32)。

体育馆建筑面积共13 200 m²,其中运动大厅8 000 m²(80 m×100 m),内有12个多功能球场和200 m室内跑道。在大厅以外有一个长25 m的室内游泳池,容纳2 000人的更衣室和一个面积1 000 m²的舞厅,另有8个壁球室和一些辅助设施(图9.33~图9.34)。

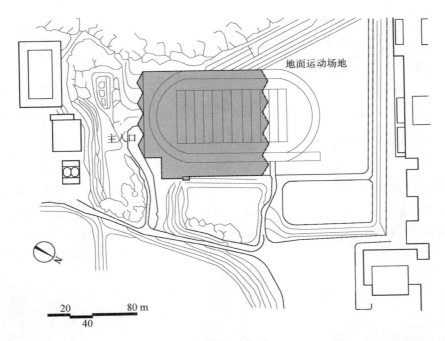

图9.32　总平面图

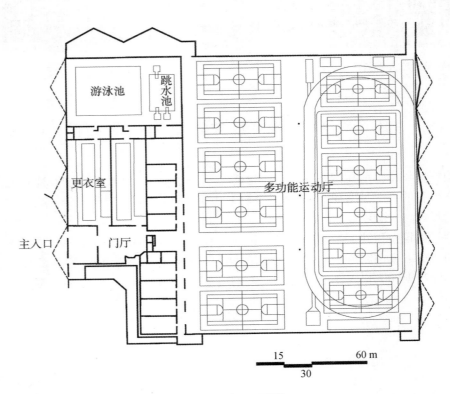

图9.33　地下平面图

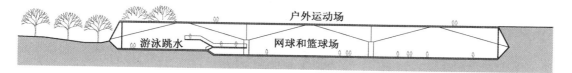

图 9.34 剖面图

参 考 文 献

[1] 耿永常.地下空间建筑与防护结构[M].哈尔滨:哈尔滨工业大学出版社,2005.

[2] 童林旭.地下建筑学[M].北京:中国建筑工业出版社,2011.

[3] 束昱,路姗,阮叶菁.城市地下空间规划与设计[M].上海:同济大学出版社,2015.

[4] 童林旭,祝文君.城市地下空间资源评估与开发利用规划[M].北京:中国建筑工业出版社,2008.

[5] 童林旭.地下建筑图说100例[M].北京:中国建筑工业出版社,2006.

[6] 陈志龙,刘宏.城市地下空间总体规划[M].南京:东南大学出版社,2011.

[7] 陶龙光,刘波,侯公羽.城市地下工程[M].北京:科学出版社,2011.

[8] 郭院成.城市地下工程概论[M].郑州:黄河水利出版社,2014.

[9] 王文卿.城市地下空间规划与设计[M].南京:东南大学出版社,2000.

[10] 陈志龙,刘宏.城市地下空间规划控制与引导[M].南京:东南大学出版社,2015.

[11] 杨延军,李建军,吴涛.人民防空工程概论[M].北京:中国计划出版社,2006.

[12] 贾坚.城市地下综合体设计实践[M].上海:同济大学出版社,2015.

[13] 卢济威,庄宇.城市地下公共空间设计[M].上海:同济大学出版社,2015.

[14] 凤凰空间·华南编辑部.地下空间规划与设计[M].南京:江苏科学技术出版社,2014.

[15] 吴涛,谢金容,杨延军.人民防空地下室建筑设计[M].北京:中国计划出版社,2006.

[16] 中华人民共和国住宅和城乡建设部.全国民用建筑工程设计技术措施(2009版)[S].北京:中国计划出版社,2009.

[17] 马吉民,朱培根,耿世彬,等.人民防空工程通风空调设计[M].北京:中国计划出版社,2006.

[18] 王恒栋.城市地下市政公用设施[M].上海:同济大学出版社,2015.

[19] 束昱.城市地下空间环境艺术设计[M].上海:同济大学出版社,2015.

[20] 郭小碚,郭文龙,张江宇.中国城市及城际轨道交通发展与规划[M].北京:中国铁道出版社,2006.

[21] 张庆贺,朱合华,庄荣.地铁与轻轨[M].北京:人民交通出版社,2006.

[22] 高峰,梁波.城市地铁与轻轨工程[M].北京:人民交通出版社,2012.

[23] 中国建筑学会.建筑设计资料集:第7分册[G].3版.北京:中国建筑工业出版社,2017.

[24] 中国建筑学会.建筑设计资料集:第8分册[G].3版.北京:中国建筑工业出版社,2017.

[25] 中华人民共和国国家质量监督检验检疫总局,中国国家标准化管理委员会.城市地下空间设施分类与代码:GB/T 28590—2012[S].北京:中国标准出版社,2012.

[26] 中华人民共和国公安部.建筑设计防火规范:GB 50016—2014[S].北京:中国计划出版社,2014.

[27] 中华人民共和国住房和城乡建设部.车库建筑设计规范:JGJ 100—2015[S].北京:中

国建筑工业出版社,2015.

[28] 中华人民共和国公安部. 汽车库、修车库、停车场设计防火规范:GB 50067—2014[S]. 北京:中国计划出版社,2014.

[29] 中华人民共和国住房和城乡建设部. 地铁设计规范:GB 50157—2013[S]. 北京:中国建筑工业出版社,2013.

[30] 中华人民共和国住房和城乡建设部. 地铁限界标准:CJJ/T 96—2018[S]. 北京:中国建筑工业出版社,2018.

[31] 中华人民共和国建设部. 人民防空地下室设计规范:GB 50038—2005[S]. 北京:国标图集出版社,2005.

[32] 中华人民共和国住房和城乡建设部. 人民防空工程设计防火规范:GB 50098—2009[S]. 北京:中国计划出版社,2012.

[33] 上海市城乡建设和管理委员会. 轨道交通地下车站与周边地下空间的连通工程设计规程:DG/T J08 - 2169—2015[S]. 上海:同济大学出版社,2015.

[34] 上海城乡建设管理委员会. 城市地下综合体设计规范:DG/TJ 08 - 2166—2015[S]. 上海:同济大学出版社,2015.

[35] 中华人民共和国住房和城乡建设部. 城市地下道路工程设计规范:CJJ 221—2015[S]. 北京:中国建筑工业出版社,2015.

[36] 中华人民共和国住房和城乡建设部. 城市综合管廊工程技术规范:GB 50838—2015[S]. 北京:中国计划出版社,2015.

[37] 中华人民共和国住房和城乡建设部. 地铁设计防火标准:GB 51298—2018[S]. 北京:中国计划出版社,2015.

[38] 中国城市轨道交通协会. 城市轨道交通 2018 年度统计和分析报告[R]. 城市轨道交通,2019,4:16 - 34.

[39] 中华人民共和国住房和城乡建设部. 城市地下空间利用基本术语标准:JGJ/T 335—2014[S]. 北京:中国建筑工业出版社,2014.